高等职业教育系列教材

PHP 动态网站开发项目实战

林龙健　主　编

李观金　李春燕　副主编

机 械 工 业 出 版 社

本书为 PHP 动态网站开发的实践教材，以一个完整的动态网站项目的设计与开发贯穿其中。本书项目分解后的任务包括分析网站需求、设计网站前台版面、网站前台版面“切图”、设计网站数据库、搭建 PHP 开发环境、开发网站后台（包括登录验证模块、框架模块、网站基本配置模块、管理员管理模块、关于花公子管理模块、新闻动态管理模块、产品中心管理模块、留言管理模块、友情链接管理模块、联系我们管理模块、退出后台模块）、网站前后台整合、网站测试与发布，所涉及的知识包括软件工程、网站 UI 设计、HTML、CSS、网页布局、JavaScript、MySQL 数据库、PHP 程序设计、计算机网络基础等知识。

本书可作为高职高专、高职本科、应用型本科院校相关专业教材，也可作为相关培训教材，还可作为网页设计师、网站程序员、PHP 动态网站开发爱好者的参考书。

本书配有电子资源包，包括项目素材、教学设计、教学课件、项目任务书、知识拓展等，需要的读者可登录 www.cmpedu.com 进行免费注册，审核通过后即可下载；或者联系编辑索取（QQ：1239258369，电话 010-88379739）。

图书在版编目（CIP）数据

PHP 动态网站开发项目实战 / 林龙健主编. —北京：机械工业出版社，2018.3（2023.9 重印）
高等职业教育系列教材
ISBN 978-7-111-63170-5

Ⅰ. ①P… Ⅱ. ①林… Ⅲ. ①网页制作工具－PHP 语言－程序设计－高等职业教育－教材 Ⅳ. ①TP393.092.2②TP312.8

中国版本图书馆 CIP 数据核字（2019）第 140093 号

机械工业出版社（北京市百万庄大街 22 号 邮政编码 100037）
策划编辑：李文轶 责任编辑：李文轶
责任校对：张艳霞 责任印制：郜 敏

北京富资园科技发展有限公司印刷

2023 年 9 月 • 第 1 版 • 第 6 次印刷
184mm×260mm • 15.25 印张 • 2 插页 • 374 千字
标准书号：ISBN 978-7-111-63170-5
定价：49.00 元

电话服务
客服电话：010-88361066
010-88379833
010-68326294
封底无防伪标均为盗版

网络服务
机 工 官 网：www.cmpbook.com
机 工 官 博：weibo.com/cmp1952
金 书 网：www.golden-book.com
机工教育服务网：www.cmpedu.com

前　言

随着互联网的普及和高速发展，网站已经成为企业在互联网上进行网络营销和形象宣传的平台，越来越多的公司或企业建立自己的网站来宣传公司的产品，发掘潜在的客户和商机，提高自身的竞争力。目前，国内各企业对网站的需求量非常大，因此网站设计与开发相关工作岗位的人才更是供不应求。在网站搭建中，一个网站项目通常是按照图 1 所示的工作过程来完成的。

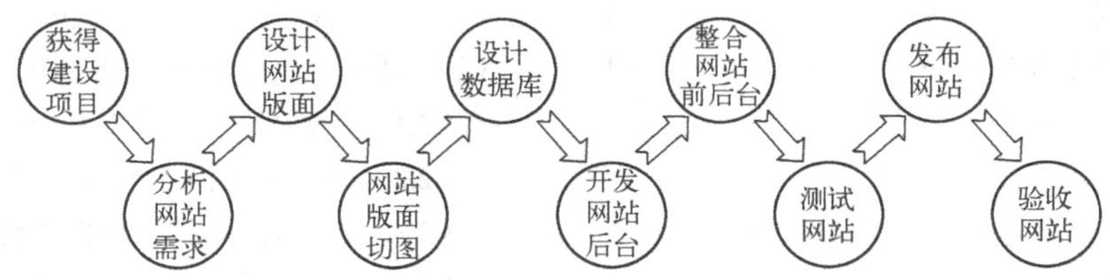

图 1　网站搭建过程

本书从行业从业者的角度，以一套完整的动态网站开发项目为载体，结合软件工程思想和真实工作过程为读者介绍动态网站的设计及开发，让读者参与网站“生产”的全过程。本书的特色表现在以下几点。

- 本书以一套完整的动态网站项目为载体，按照软件工程的思想划分功能模块并设计教材内容，以任务驱动方式编写，同时增加拓展知识，让读者在完成任务的过程中学习动态网站开发项目实践技能。
- 本书按照网站实际搭建的工作过程来编排，在每个任务中强调知识目标和能力目标（含情感目标），图文并茂地展现设计与开发过程。在每个任务实施前，引入完成该任务所需掌握的知识，体现“实用，够用”的原则。
- 本书适用于开展项目教学、任务驱动教学、小组教学、角色扮演教学法等。在每个任务实施后，分享了编者多年的开发经验，便于读者了解开发过程中需要注意的细节及技巧。
- 对本书中精心设计的项目案例，读者只需对其做少量的修改便可直接投入商用，具有较强的实用性。

本书提供免费的电子资源包，包括项目素材、教学设计、教学课件、项目任务书、知识拓展等，需要的读者可登录 www.cmpedu.com 进行免费注册，审核通过后即可下载；或者联系编辑索取（QQ：1239258369，电话 010-88379739）。如需项目程序源代码（含安装说明）可联系编者索取，编者邮箱为 dreammymavy@163.com。

本书是机械工业出版社组织出版的“高等职业教育系列教材”之一，由广东省惠州经济职业技术学院林龙健、李观金、李春燕、邝楚文、李剑辉、华楚霞、李磊和韩启生老师共同编写。由于时间仓促，加之编者水平有限，书中难免存在不足之处，敬请广大读者批评指正。

编　者

目录

【项目引入】

花公子蜂业科技有限公司是一家集科研、生产、经营于一体的蜂产品高新技术企业。根据公司的发展需要，为提高产品在互联网宣传的力度，该公司决定制作一个动态（企业官方）网站，以便访问者能通过公司的网站快速了解公司情况，查看蜂蜜产品详细信息、公司新闻和行业新闻等。另外，访问者还可以进行在线留言、QQ 咨询、查看联系方式等。公司相关人员经过讨论，将网站标题确定为花公子蜂蜜。另外，基于网站推广与优化之目的，网站还需要设置友情链接模块。

【项目效果抢先看】

扫描二维码，抢先查看花公子蜂蜜网站效果（温馨提示：建议手机横屏查看）。

二维码　花公子蜂蜜网站效果演示

任务1　分析网站需求

【知识目标】

1. 了解功能结构图的定义及作用；
2. 掌握功能结构图的画法；
3. 了解用例图的定义及作用；
4. 掌握用例图的元素及用例之间的关系；
5. 掌握用例图的画法。

【能力目标】

1. 能够分析网站项目的功能结构；
2. 能够对网站项目进行用例分析；
3. 能够根据网站项目功能分析及用例分析画出相应的功能结构图和用例图。

【任务描述】

本任务是根据项目的描述，从功能结构和用例模型两方面对花公子蜂蜜网站项目进行分析，从而使读者明确该网站项目的功能结构与用例模型，真正掌握网站项目的需求，为后续设计开发奠定基础。

1.1　知识准备

1.1.1　功能结构图

1．功能结构图的定义

功能结构图是对硬件、软件、解决方案等进行解剖，用于详细描述功能列表的结构、构成等而描绘或画出来的结构图。从概念上讲，上层功能包括（或控制）下层功能，越往上层走功能越笼统，越往下层去功能越具体。功能分解的过程就是一个由抽象到具体、由复杂到简单的过程。如某美容美发会员管理系统功能结构图如图 1-1 所示。

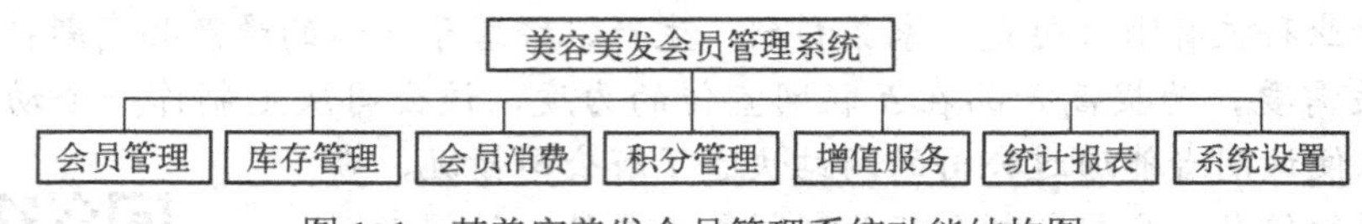

图 1-1　某美容美发会员管理系统功能结构图

2．功能结构图的设计

功能结构的建立是设计者的设计思维由发散趋向于收敛、由理性化变为感性化的过程。它能够简洁、明确地表示设计问题或设计要求，并以框图形式表示系统间输入与输出的相互关系，是概念设计的关键环节。

功能结构图的设计过程是把一个复杂的系统分解为多个功能较单一模块的过程，这种分解为多个功能较单一模块的方法称作模块化。模块化是一种重要的设计思想，它把一个复杂的系统分解为一些规模较小、功能较简单、易于建立和修改的部分。一方面，各个模块具有相对独立性，可以分别设计实现；另一方面，模块之间的相互关系如信息交换、调用关系等可通过一定方式予以说明。各模块在这些关系的约束下共同构成统一的整体，完成系统的各项功能。

3．功能结构图的作用

功能结构图的作用主要是为了明确地体现内部组织关系，理清内部逻辑关系，规范各部分的功能，并使之条理化。

4．功能结构图的应用范围

功能结构图多应用于程序开发、工程项目施工、组织结构分析、网站设计等模块化场景。

5．绘制功能结构图的工具

绘制功能结构图的工具非常多，例如 Photoshop、Fireworks、Word 2010、Microsoft Visio 等。

1.1.2　用例图

用例图主要用于描述用户、需求、系统功能单元之间的关系，它展示了一个外部用户能够观察到的系统功能模型，它的主要作用是帮助开发团队以一种可视化的方式理解系统的功能需求。

用例图包括参与者（Actor）、用例（Use Case）、子系统（Subsystem）、关系、项目（Artifact）、注释（Comment）等元素。

1．参与者

参与者表示与应用程序或系统进行交互的用户、组织或外部系统，可以用一个小人表示，如图 1-2 所示。

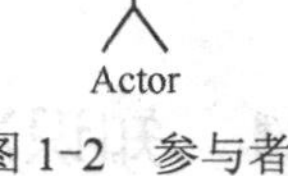

图 1-2　参与者

2．用例

用例是对包括变量在内的一组动作序列的描述。系统执行这些动作，并产生传递特定参与者的价值的可观察结果。对于用例的命名，可以取一个简单、描述性的名称，一般为具有动作性的词。用例在图中用椭圆来表示，椭圆里面附上用例的名称，如图 1-3 所示。

图 1-3　用例

3．子系统

子系统用来展示系统的一部分功能，这部分功能联系紧密。例如，学籍管理系统的学生信息管理子系统，如图 1-4 所示。

4．关系

用例图中涉及的关系有关联、泛化、包含、扩展，具体如表 1-1 所示。

表 1-1　用例关系表

关系类型	说　明	表示符号
关联	参与者与用例之间的关系	——→
泛化	参与者之间或用例之间的关系	——→
包含	用例之间的关系	<<include>> - - - →
扩展	用例之间的关系	<<extend>> - - - →

（1）关联（Association）：表示参与者与用例之间的通信。不同的参与者可以访问相同的用例。在用例图中，一般使用带箭头的实线表示。

箭头指向：箭头指向的方向为消息接收方，示例如图 1-5 所示。

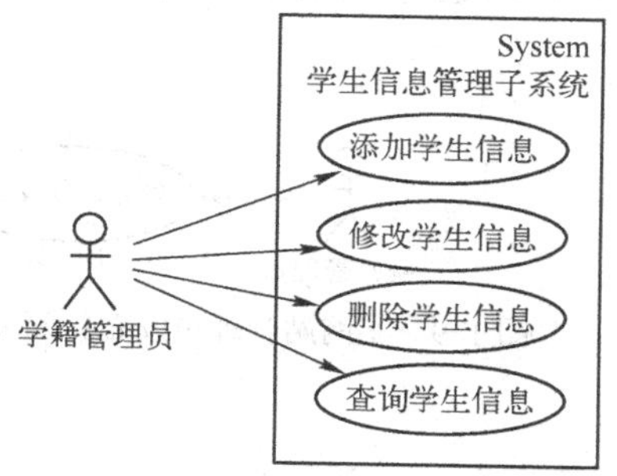

图 1-4　学籍管理系统的学生信息管理子系统

学生　查询课程成绩

图 1-5　学生与查询课程成绩用例的关联关系

（2）泛化（Inheritance）：就是通常人们所理解的继承关系，子用例和父用例相似，但会表现出更特别的行为。子用例将继承父用例的所有结构、行为和关系。

箭头指向：指向父用例，示例如图 1-6 所示。

（3）包含（Include）：用于把一个较复杂的用例所表示的功能分解成较小功能的步骤。

箭头指向：指向分解出来的功能用例，示例如图 1-7 所示。

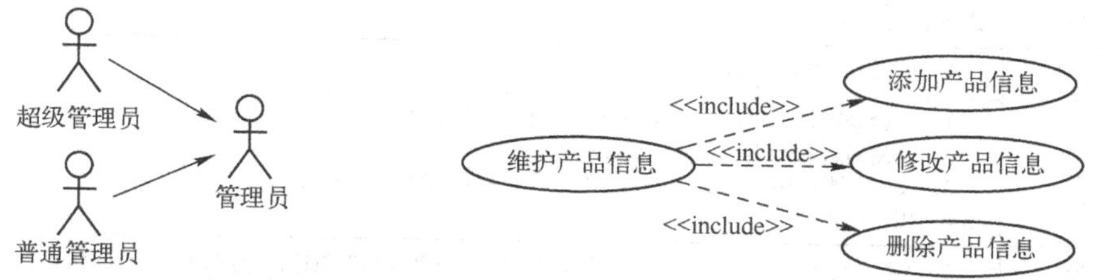

图 1-6　管理员与超级管理员、普通管理员的泛化关系

图 1-7　维护产品信息用例与添加产品信息用例、修改产品信息用例、删除产品信息用例的包含关系

（4）扩展（Extend）：指用例功能的延伸，相当于为基础用例提供一个附加功能。

箭头指向：指向基础用例，示例如图 1-8 所示。

5. 用例规约

用例图在总体上描述了系统所能提供的各种服务，使人们对系统的功能有一个总体的认识。除此之外，还需要描述每一个用例的详细信息，这些信息包含在用例规约中。用例模型是由用例图和每一个用例的详细描述——用例规约所组成的。通常，用例规约包含以下内容。

（1）简要说明（Brief Description）：简要介绍该用例的作用和目的。

（2）事件流（Flow of Event）：包括基本流和备选流，事件流应该表示出所有的场景。

（3）用例场景（Use-Case Scenario）：包括成功场景和失败场景，场景主要由基本流和备选流组合而成。

（4）特殊需求（Special Requirement）：描述与该用例相关的非功能性需求（包括性能、可靠性、可用性和可扩展性等）和设计约束（所使用的操作系统、开发工具等）。

（5）前置条件（Pre-Condition）：执行用例之前系统必须所处的状态。

（6）后置条件（Post-Condition）：用例执行完毕后系统可能处于的状态。

用例规约基本上是用文本方式来表述的。为了更加清晰地描述事件流，也可以使用状态图、活动图或序列图来辅助说明。只要有助于表达，就可以在用例中任意粘贴用户界面和流程的图形化，或是其他图形。

某网站管理员发布新闻文章的用例如图 1-9 所示，描述用例的规约如表 1-2 所示。

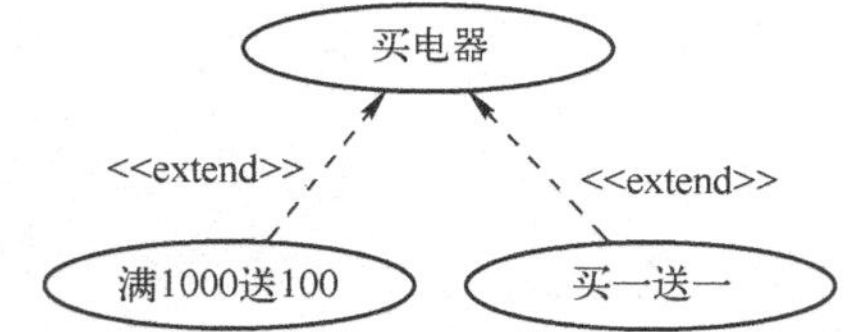

图 1-8 买电器用例与满 1000 送 100 用例、买一送一用例的扩展关系

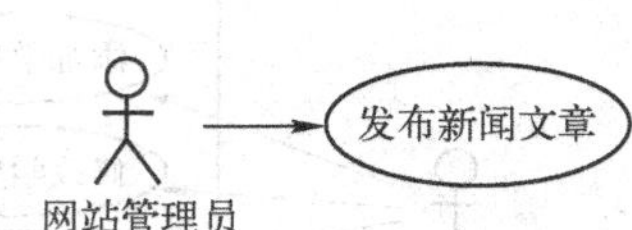

图 1-9 某网站管理员发布新闻文章的用例

表 1-2 网站管理员发布新闻文章的用例规约

规约	内容
用例名称	发布新闻文章
用例标识号	2-11
参与者	网站管理员
简要说明	网站管理员进入新闻文章发布页面，编辑好信息后将其发布，新闻标题将显示在网站前台的新闻动态列表上
前置条件	网站管理员登录网站后台
基本事件流	1．网站管理员选择后台左侧的“发布文章”子菜单 2．网站后台右侧出现新闻信息编辑框 3．文章信息编辑完成后，单击“发布”按钮，文章发布完成 4．用例终止
其他事件流	在单击“发布”按钮之前，网站管理员可以单击“返回”按钮，返回到原来页面状态
异常事件流	1．提示错误信息，网站管理员确认 2．返回到网站后台的主界面
后置条件	文章信息在网站上成功发布
注释	无

6．绘制用例图的工具

带有用例图的产品需求说明书可以使开发人员更容易理解，既提高了工作效率，又减少了沟通成本。因此，作为项目设计人员或开发人员，熟练掌握一款用例设计工具是非常有必要的。常用的工具有 Rational Rose、StarUML 等。

（1）Rational Rose 简介。

Rational Rose 是 IBM 公司出品的一款面向对象的统一建模语言的可视化建模工具，用于可视化建模和公司级水平软件应用的组件构造。确切地说是面向对象的建模工具，通过 Rational Rose，可以清晰地把一些烦琐的业务实现原理、对象协调流程通过图示表达出来。Rational Rose 提供了用例图、类图、序列图、状态图、活动图、组件图、部署图等。

（2）StarUML 简介。

StarUML 简称（SU）是一款开放源码的 UML 开发工具，是由韩国公司主导开发出来的产品，可以直接到 StarUML 网站下载。利用这款工具可以绘制用例图、类图、序列图、状态图、活动图、通信图、模块图、部署图、复合结构图共 9 款 UML 图，绘制完成后可导出为 JPG、JPEG、BMP、EMF 和 WMF 等格式的图片文件，使用非常方便。

1.2 任务实现

1.2.1 花公子蜂蜜网站项目功能结构分析

花公子蜂蜜网站项目是一个动态网站项目，网站分为网站前台和网站后台两部分，在实现上需使用动态网站开发技术、数据库应用技术等。

1．网站前台栏目

☆ 首页：用于展示网站的全局信息，包括花公子蜂蜜网站简介、新闻动态、最新蜂蜜产品、友情链接等。

☆ 关于花公子：用于展示企业简介信息。

☆ 新闻动态：用于展示花公子蜂蜜的新闻动态。

☆ 产品中心：用于展示公司最新的蜂蜜产品信息。

☆ 给我留言：用于访问者进行留言。

☆ 联系我们：用于展示公司的联系电话等联系类信息。

☆ 友情链接：用于展示友情链接信息。

2．网站的后台功能模块

☆ 登录验证模块：是花公子蜂蜜网站后台的入口。

☆ 基本配置模块：用于设置网站的基本配置信息。

☆ 管理员管理模块：用于管理网站管理员。

☆ 关于花公子管理模块：用于管理花公子蜂蜜网站简介信息。

☆ 新闻动态管理模块：用于管理新闻动态信息。

☆ 产品中心管理模块：用于管理蜂蜜产品信息。

☆ 给我留言管理模块：用于查看及处理访问者留言信息。

☆ 友情链接管理模块：用于管理网站的友情链接信息。

☆ 联系我们管理模块：用于管理联系我们信息。

☆ 退出后台模块：用于退出网站的后台。

通过对网站功能结构分析，为了更加直观了解花公子蜂蜜网站的功能结构，使用相关工具设计出花公子蜂蜜网站系统的功能结构图，如图 1-10 所示。

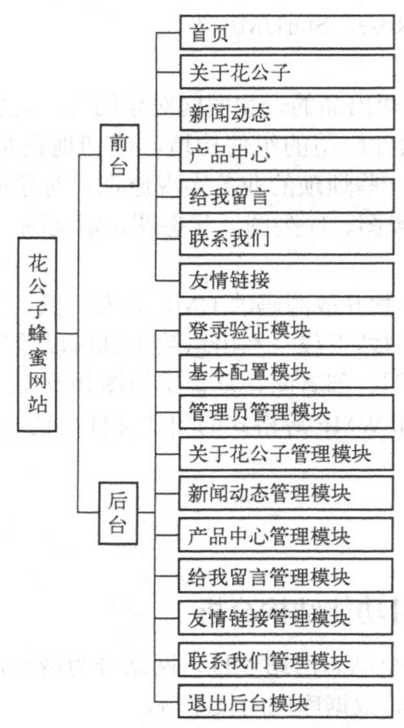

图 1-10　花公子蜂蜜网站功能结构图

1.2.2　花公子蜂蜜网站项目用例分析

通过分析可知，网站用户（参与者）有网站访问者和网站管理员，下面将从用户的角度来分析用户、需求、系统功能单元之间的关系。

1．网站访问者

访问者通过浏览器打开花公子蜂蜜网站后，可以浏览网站首页、关于花公子、新闻动态、产品中心、联系我们等栏目信息；可以单击“友情链接”，跳转到相应的网站；可以通过给我留言页面填写留言信息；可以通过 QQ 咨询公司客服人员等。

2．网站管理员

网站管理员登录后台后，可以管理网站信息，包括网站基本配置、管理员、关于花公子、新闻动态、产品中心、友情链接、联系我们等信息，也可以查看及处理留言、退出网站后台等。

为了更清晰地描述参与者与网站需求、网站功能单元之间的关系，对网站访问者和网站管理员的用例模型进行分析，并使用相关工具画出用例图：网站访问者的用例图如图 1-11 所示，网站理管理员的用例图如图 1-12 所示，网站访问者用例与网站管理员用例的关系图如图 1-13 所示。

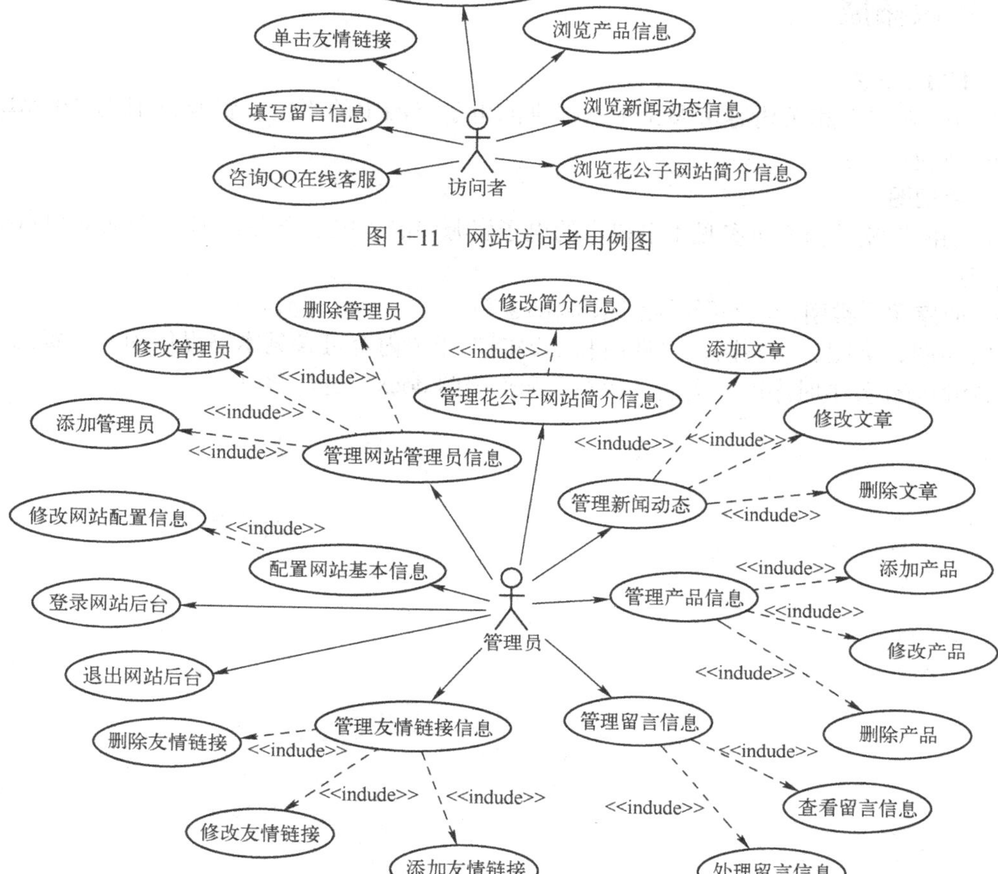

图 1-11　网站访问者用例图

图 1-12　网站管理员用例图

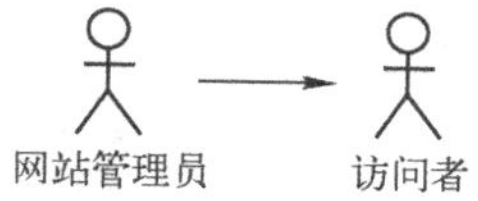

网站管理员　　访问者

图 1-13　网站访问者用例与网站管理员用例关系图

1.3　经验传递

☆ 在进行需求分析时，根据客户对网站的了解程度采取相应的沟通方式。

☆ 与客户沟通过程中，详细记录客户的描述，并进行分析总结，最后需与客户确认需求分析结果。

☆ 如果是一个较大的网站项目，相关人员如网页设计师（美工）、网站程序员等都应参与需求分析。

1.4 知识拓展

1．UML 概述

“UML 概述”相关内容可参见本书提供的电子资源中的“电子资源包/任务 1/UML 概述.docx”进行学习。

2．活动图

“活动图”相关内容可参见本书提供的电子资源中的“电子资源包/任务 1/活动图.docx”进行学习。

3．时序图、类图、状态图、组件图和部署图

“时序图、类图、状态图、组件图和部署图”相关内容可参见本书提供的电子资源中的“电子资源包/任务 1/时序图、类图、状态图和部署图.docx”进行学习。

任务 2　设计网站前台版面

【知识目标】

1. 了解网页布局及网站版面布局图的定义。
2. 掌握网站版面布局图的绘制。
3. 熟悉网站版面设计的重要性、过程和方法。
4. 了解网站版面设计的工具。
5. 掌握网站主题分析知识。
6. 掌握网站色彩搭配知识。

【能力目标】

1. 能够根据网站的需求完成网站版面的布局图。
2. 能够根据网站版面的布局图，结合网站主题搜集相关素材，设计出网站的整套版面。
3. 培养审美能力和鉴赏能力。
4. 培养细心、严谨的工作态度。

【任务描述】

本任务主要是根据网站需求分析结果，利用相关知识和相关工具设计出花公子蜂蜜网站的整套版面。

2.1　知识准备

2.1.1　网站版面设计流程

在网站建设行业中，一个网站项目，首先需要设计出网站版面，然后与客户沟通，客户确认版面后，才开始进入版面“切图”环节。因此，网站版面的质量，直接关系到网站项目的设计开发效率和效果。通常，一个网站项目的版面是按照图 2-1 所示的流程设计出来的。

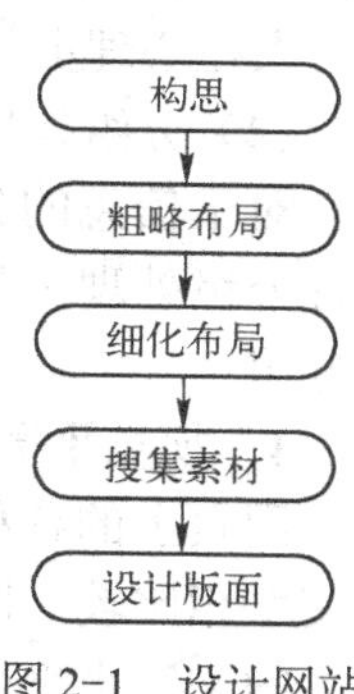

图 2-1　设计网站版面的流程图

1．构思

网站版面的构思是在充分了解客户的需求、网站的定位、受众群等基础上进行的，如果这些问题没弄清楚，就不要去设计，因为在不了解客户需求的情况下，盲目地通过页面设计来达到某种效果是很难的，也会很容易被客户推翻。当真正了解客户需求后，尽可能发挥想象力，将想到的“构思”画出来。这是一个构思的过程，不讲究细腻工整，也不必考虑细节部分，只需用几条粗陋的线条勾画出创意的轮廓即可。

2．粗略布局

粗略布局阶段主要根据前面的构思画出页面的粗略布局图，然后对照客户需求，分析框架是否合理，是否符合客户的需求。

3．细化布局

细化布局是对粗略布局的进一步细化，使得布局图上的版位能体现网站的内容描述。

4．搜集素材

搜集素材阶段主要是紧密结合网站主题，根据版面布局的版位实际状况，通过互联网等手段搜集相关的素材，包括图片、文字以及视音频等。

5．设计版面

设计版面阶段主要是结合版面布局，使用相关工具对素材进行加工处理，最终设计出网站项目版面。

2.1.2 网站版面设计原则

网站界面的设计，既要从外观上进行创意以达到吸引眼球的目的，还要结合图形和版面设计的相关原理，使得网站版面设计成为一门独特的艺术。通常，企业网站用户界面的设计应遵循以下几个基本原则。

1．用户导向原则

设计网站版面之前，先要明确到底谁是使用者，要站在用户的立场以用户的观点考虑问题。要做到这一点，必须与用户沟通，了解他们的需求、目标、期望和偏好等。

2．KISS 原则

KISS 就是 Keep It Simple And Stupid 的缩写，简洁和易于操作是网页设计中非常重要的原则。毕竟，网站建设出来要便于普通网民查阅信息和使用网络服务，没有必要在网页上设置过多的操作，堆集过多复杂和花哨的图片。

3．布局控制原则

关于网页排版布局，通常要遵循的原则如下。

（1）Miller 公式。

根据心理学家 George A・Miller 的研究，人一次性接受的信息量在 7 比特左右为宜，公式描述为：一个人一次所接受的信息量=(7±2)比特。这一原理被广泛应用于网站建设中，一般网页上的栏目数量在 5～9 比特为最佳。如果网站提供给浏览者的内容链接超过这个范围，人在心理上就会烦躁、压抑。

（2）分组处理。

对于信息的分类，一行不超过 9 个栏目，但如果内容实在太多，超出了 9 个，则需要进行分组处理。如果网页上提供几十篇文章的链接，需要每隔 7 篇加一个空行或平行线加以分组。

4．视觉平衡原则

网页上的各种元素如图形、文字、空白等都会产生视觉作用。根据视觉原理，图形与一块文字相比较，图形的视觉作用要大一些。所以，为了达到视觉平衡，在设计网页时需要以更多的文字来平衡一幅图片。另外，中国人的阅读习惯是从左到右、从上到下，因此视觉平衡也要遵循这个这个习惯。例如，很多文字采用左对齐，则需要在网页的右侧加一些图片或一些较明亮、较醒目的颜色。一般情况下，每张网页都会设置一个页眉部分和一个页脚部分，页眉部分常放置一些 Banner 广告或导航条，而页脚部分通常放置联系方式和版权信息等，页眉和页脚在设计上也要注重视觉平衡。同时，决不能低估空白的价值，如果网页上所显示的信息非常密集，那么不但不利于读者阅读，甚至会引起读者反感，破坏网站的形象，因此，在页面设计上适当增加一些空白，可以精练网页，使得页面更加简洁。

5．色彩的搭配和文字的可读性

色彩是创造美感的重要元素，不同的颜色会给人不同的感觉，例如，红色和橙色使人兴奋，黄色让人感觉温暖，黑色显得比较庄重等。因此，在版面设计的过程中，应根据项目版面情况构建配色系统，赋予每一个元素合理的色彩。

文字是传递信息的重要载体，为了提高其可读性，通常将文字与图片混合排版，并设置合理的字体、字形和字号。

6．一致性原则

通常，网站设计要保持一致性的原则。因为一致的结构设计，可以让浏览者对网站的形象有深刻的记忆；一致的导航设计，可以让浏览者迅速而又有效地进入感兴趣的页面；一致的操作设计，可以让浏览者快速学会整个网站的各种功能操作。破坏这一原则，会误导浏览者，并且让整个网站显得杂乱无章，给人留下不良的印象。当然，网站设计的一致性并不意味着刻板和一成不变，有的网站在不同栏目使用不同的风格，或者随着时间的推移不断地改版网站，都会给浏览者带来新鲜的感觉。

7．个性化

（1）符合网络文化。

企业网站不同于传统的企业商务活动，要符合网络文化的要求。首先，网络最早是非正式性、非商业化的，只是科研人员用来交流信息的方式。其次，网络信息只在计算机屏幕上显示而没有被打印出来，而且网络上的交流具有隐蔽性，谁也不知道对方的真实身份。另外，许多人是在家中或网吧等一些比较休闲、随意的环境下上网，此时网络用户在该使用环境下的思维模式与坐在办公室里正式工作时大相径庭。因此，整个互联网的文化是一种休闲、非正式、轻松活泼的文化。在网站上使用幽默的网络语言，创造一种休闲、轻松愉快、非正式的氛围，会使网站的访问量增加。

（2）塑造网站个性。

网站的整体风格和整体气氛表达要与企业形象相符合，并应该很好地体现企业 CI（企业形象）。在这方面比较经典的案例有：可口可乐公司的“Life Tastes Good”网站；通用电气公司的“We bring good things to life（GE 带来美好的生活）”网站；通用汽车公司的“以人为本”网站；希尔顿大酒店“宾至如归”理念的网站。

2.1.3 网站版面布局

网站版面布局是设计网站版面的第一步。选择一个正确的网页布局，对网站的整体建设具有举足轻重的作用。

1．网页布局

网页布局是指在页面上划分出不同的区域，按照设计的原则和方法，把不同的内容放置在不同的位置，并通过色彩调和出不同的网站色彩基调，使网页内容形成一个有机的整体，充分表达网站主题的过程。

2．网站版面布局图

网站版面布局图通常是指根据网页布局使用线条勾画出来的框图，是网页布局在宏观上的表现。某网站首页版面的布局图如图 2-2 所示。

3．绘制网站版面布局图的工具

绘制网站版面布局图的工具非常多，常用的有Word、Photoshop、Firework 等。使用原型设计工具，如Axure、Mockup，也能快捷画出网站版面布局图，当然也可以用笔在纸上画出来。

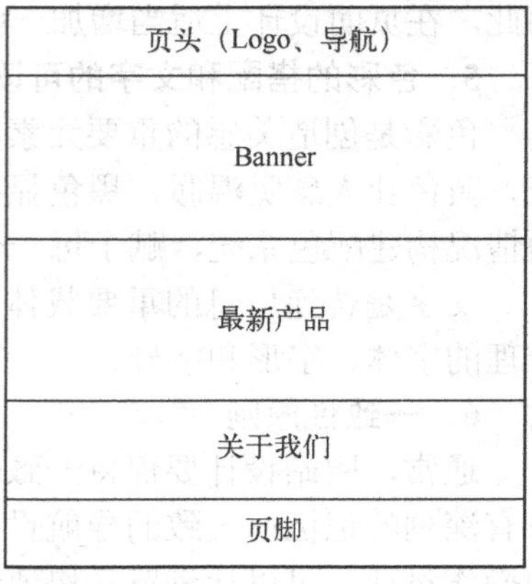

页头（Logo、导航）

Banner

最新产品

关于我们

页脚

图 2-2　某网站首页版面布局图

2.1.4　常见的网站版面布局

常见的网站布局结构有“国”字形布局、“匡”字形布局、“三”字形布局、“川”字形布局、海报式布局、Flash 布局、框架式布局、“顶部大图 Banner+简单栅格”布局、单页单栏布局、极简分层布局、变化式布局等。

1．“国”字形布局

“国”字形布局也可以称为“同”字形布局。该布局，从上到下主要包括 3 部分：上面的部分（页头）通常用于展示网站的标题以及横幅广告条；中间部分为左、中、右 3 列，并罗列到底；最下面的部分（页脚）用于展示网站基本信息、联系方式、版权声明等。这种结构是常见的网站布局。“国”字形布局简化示意图如图 2-3 所示。

2．“匡”字形布局

“匡”字形布局与“国”字形布局的区别在于它去掉了“国”字形的最右边部分，给主内容区释放出更多空间。这种布局的页头是标题及广告横幅，接下来的左侧是一窄列链接等，右列是很宽的正文，页脚也是网站基本信息、联系方式、版权声明等内容。“匡”字形布局简化示意图如图 2-4 所示。

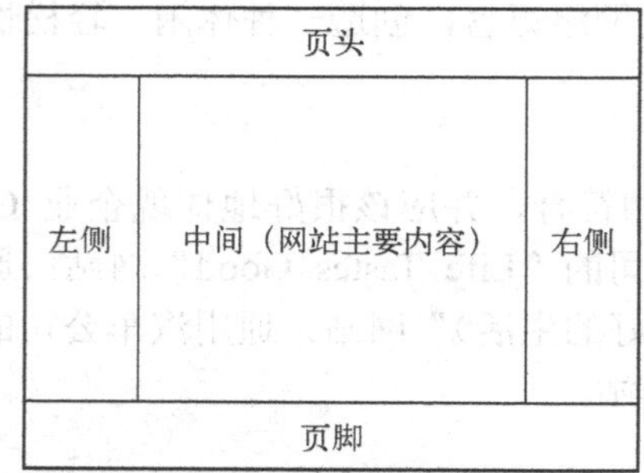

图 2-3　“国”字形布局简化示意图

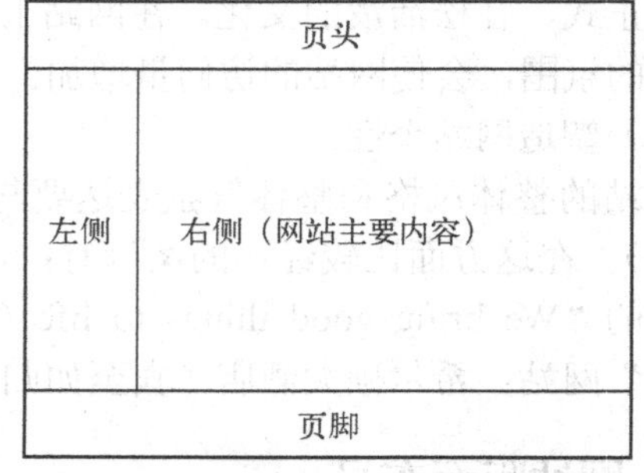

图 2-4　“匡”字形布局简化示意图

3．“三”字形布局

“三”字形布局是一种简洁的网页布局。这种布局的特点是页面由横向上、中、下 3 部分构成：上面的部分为页头，中间部分为页面内容，下面的部分为页脚。该布局通常用于注册页面、文章内容页面以及其他介绍性单页面等。“三”字形布局简化示意图如图 2-5 所示。

4．“川”字形布局

“川”字形布局是把整个页面纵向从左到右分为 3 列，网站的内容按栏目分布在这 3 列中，通常左列为网站内容的一级栏目，中间列为网站内容的二级栏目，右侧列为网站的详细内容。该布局的最大特点是突出主页的索引功能。在 Web 页面的实现上，左、中列所占的宽度较小，右侧列所占的宽度较大，通常自适模式居多。“川”字形布局简化示意图如图 2-6 所示。

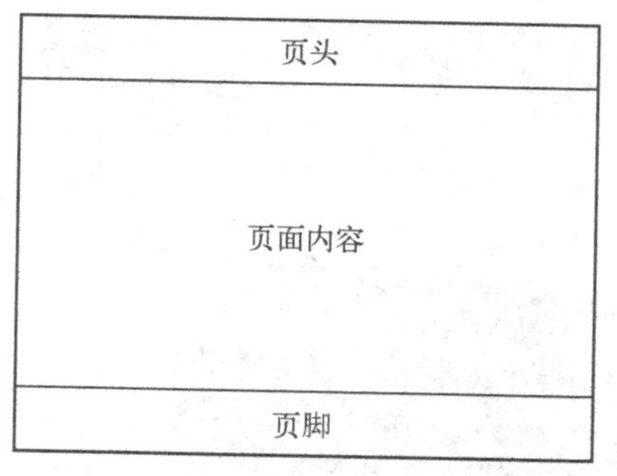

图 2-5 “三”字形布局简化示意图

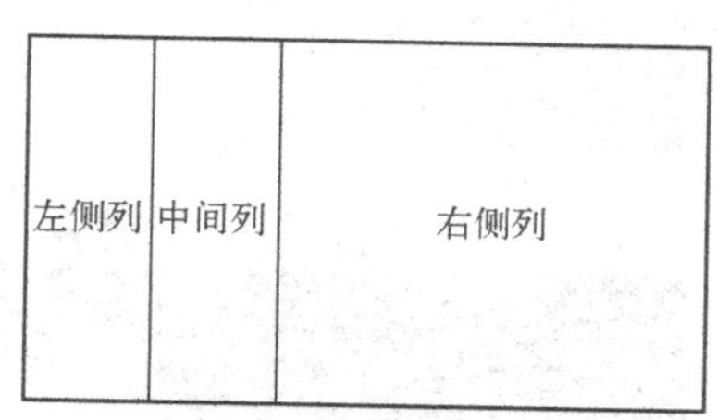

图 2-6 “川”字形布局简化示意图

5．海报式布局

海报式布局没有固定的结构，它根据网站主题设置精美的海报来作为网页布局的主体，并引入一些动画、图片链接等元素。这种布局通常用在时尚类网站版面设计上，如果把握到位，可以给人带来赏心悦目的感觉，在视觉上也会带来较强的冲击。该布局的示例如图 2-7 所示。

图 2-7 海报式布局示例

6．Flash 布局

Flash 布局是指整个网页就是一个 Flash 动画，它本身就是动态的，画面一般比较艳丽、有趣，是一种比较新潮的布局方式。这种布局结构与海报式布局相类似，不同的是，由于 Flash 强大的功能，页面所表达的信息更丰富。如果视觉效果及听觉效果处理得当，则会是一种非常有魅力的布局。该布局示例如图 2-8 所示。

7．框架式布局

框架式布局采用框架布局结构，常见的有左右框架形、上下框架形和综合框架形。由于兼容性和美观等因素，对于这种布局，目前专业设计人员采用得已不多，不过在一些大型论坛的网页布局上还是比较受青睐的。左右框架式布局简化示意图如图 2-9 所示，上下框架式布局简化示意图如图 2-10 所示，综合框架式布局简化示意图如图 2-11 所示。

图 2-8　Flash 布局示例

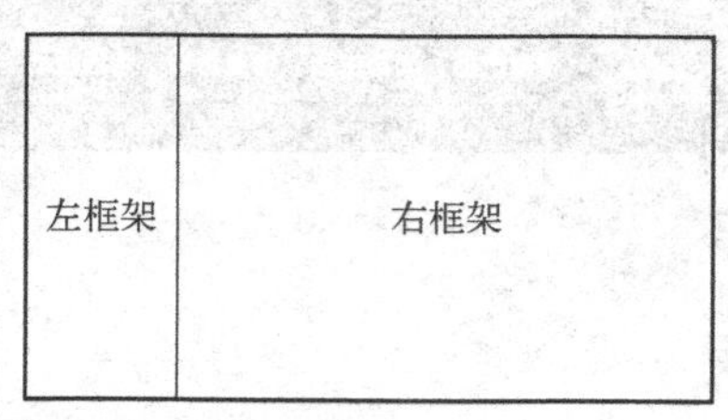

图 2-9　左右框架式布局简化示意图

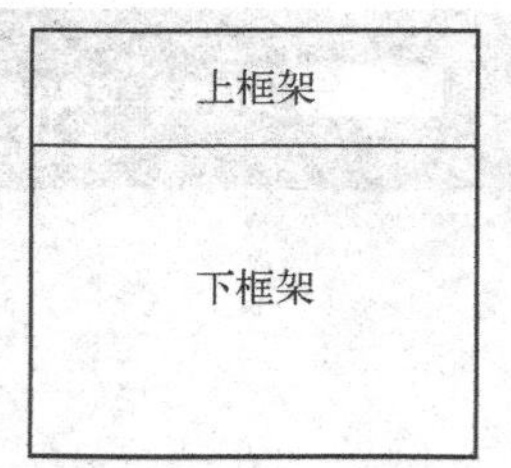

图 2-10　上下框架式布局简化示意图

8.“顶部大图 Banner+简单栅格”布局

该布局无论屏幕多大都能为用户展示充足的内容，供用户浏览和探索。这种布局随着屏幕设置、设备的不同而有所差异，有的设计师会设计成固定宽度或者横跨整个页面的布局，使设计画面干净清爽，有较强的视觉表现力，并且常采用响应式设计。使用该布局的网页，每个元素都各司其职，并且整个流程富有逻辑。顶部大图足以营造氛围，给予用户特定的体验。越来越多的这类网页开始采用色彩丰富的插画式的图标，而扁平化的设计与这种布局页面有着天然的契合。图 2-12 所示的版面采用了该种布局。

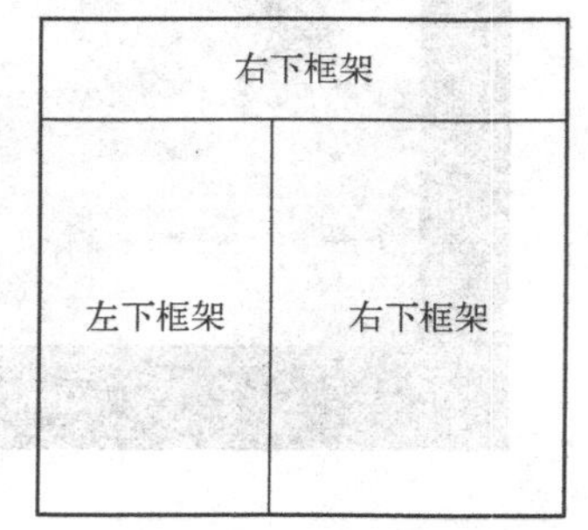

图 2-11　综合框架式布局简化示意图

9. 单页单栏布局

目前，单页单栏布局非常流行，它非常适宜于展现极简的内容，或者专注于呈现一个主题。当网站的主题集中，内容也比较固定的时候，不必采用复杂的布局来呈现，单页单栏式的布局就足以应付一切。采用这种布局模式的时候，空间的控制至关重要，相当考验设计师设计留白和布局平衡的功力。元素和元素之间的疏密关系是需要设计师反复推敲的，如果空间控制不合理，就会给用户一种混乱的感觉，如果过于紧密则会产生局促感。

图 2-12 “顶部大图 Banner+简单栅格”布局示例

该布局适合于小网站或者小型项目的展示，它可以用来制造一个简单的介绍页面，让简单的内容显得不那么单调，强化内容的形式感和重量感。对于内容简单的博客网站而言，单页单栏式设计也是不错的选择。

该布局和单页设计结合最紧密的是动效设计和视差滚动，这让单页单栏式设计更加生动有趣，淡化单调的设计，赋予页面更强的生命力。单页单栏布局简化示意图如图 2-13 所示。

页头
单栏1
单栏2
⋮
单栏n
页脚

图 2-13 单页单栏布局简化示意图

10．极简分层布局

极简分层布局风格一直在流行，该布局所呈现的开放式空间让用户感觉更加轻松，也使得其中展现的内容更容易被聚焦。如果在页面中加入不多的几个并列的内容层，则可以让信息更有层次，也使得极简的页面拥有了细节。这种设计并不复杂，但是让页面更加有趣了，它可以适配多种不同类型的项目，这也解释了为什么用户会如此地喜爱类似某网站这样的设计，如图 2-14 所示。

11．变化式布局

变化式布局是融合上述多种布局形成的一种版面布局。

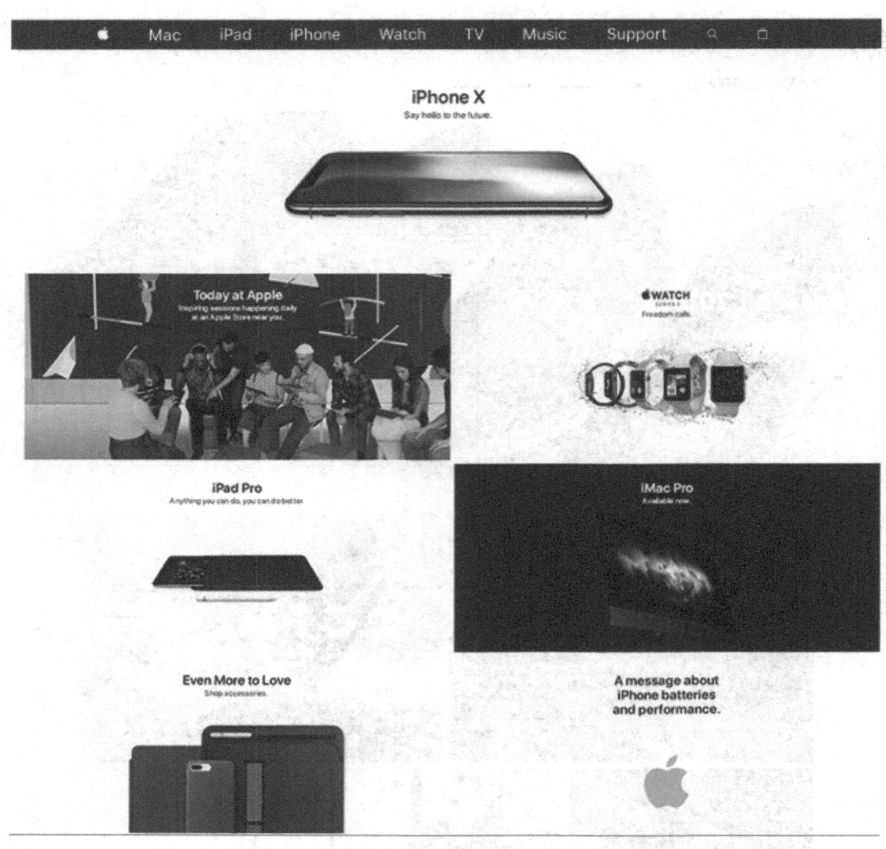

图 2-14　某网站部分截图

2.2　任务实现

通过网站需求分析，网站整体结构的设计思路已经非常清晰，在与客户当面沟通确认后，开始搜集相关素材来设计网站版面。版面设计完成后，应积极与客户沟通，若客户对版面效果不满意，应继续设计或修改直至客户满意或认可。

花公子蜂蜜网站项目的前端版面共有 9 个，分别为首页、关于花公子、新闻动态列表页、新闻动态内容页、产品中心列表页、产品中心内容页、给我留言、联系我们、网站后台登录页。下面以首页版面设计为例讲解设计过程，具体设计版面的步骤不做演示，其他版面设计只给出设计的最终结果。

2.2.1　设计首页版面

1. 首页版面构思

网站首页是展示给访问者的第一个页面，是给访问者第一印象的页面。当用户第一时间访问首页时，将以一种简约、清新、和谐的风格展现在眼前，并且通过 banner 营造出浓厚的蜂蜜芳香和纯天然生产过程的氛围，同时在首页添加网站简介、新闻动态和最新蜂蜜产品内容，让访问者能够方便找到想了解的信息。在页面的配色上，以绿色作为主色调，给人传递绿色、健康的理念，再配以蜂蜜的浅黄色，突出蜂蜜的品质。

2. 首页版面粗略布局

根据需求及首页设计思路，粗略画出首页版面的布局，如图 2-15 所示。

3. 首页版面细化布局

根据首页版面的粗略布局，进一步细化到具体的栏目及栏目的位置，首页版面细化布局图如图 2-16 所示。

页头
导航+banner
简介+新闻动态+产品+友情链接+其他
页脚

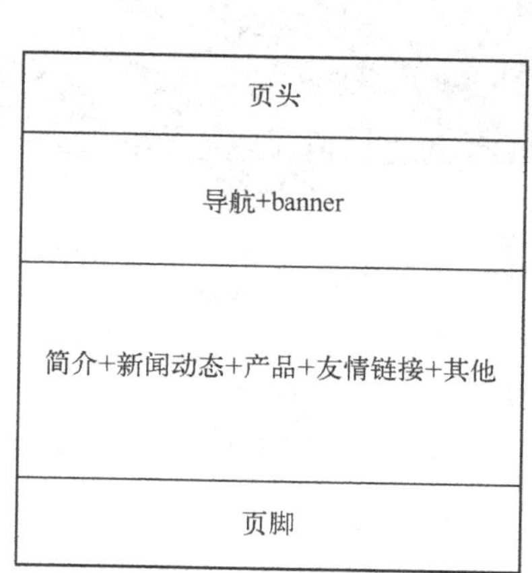

图 2-15　首页版面粗略布局图

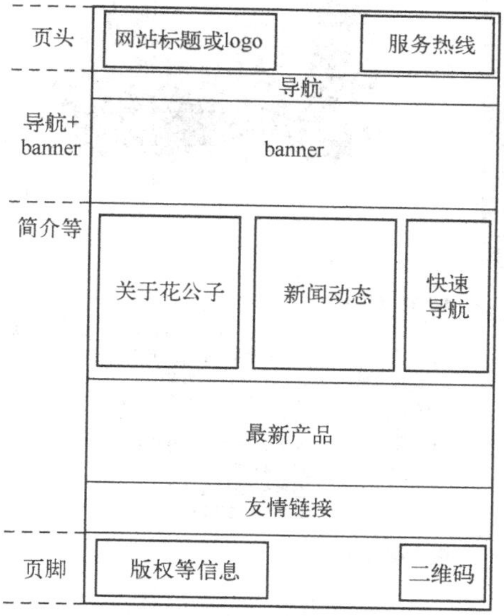

页头
网站标题或logo
服务热线
导航
导航+
banner
banner
简介等
关于花公子
新闻动态
快速
导航
最新产品
友情链接
页脚
版权等信息
二维码

图 2-16　首页版面细化布局图

4. 搜集首页版面相关素材

搜集素材是网站版面设计的重要环节。在这个环节中不要盲目去找素材，应该紧密结合网站的主题，有针对性地去搜集。例如搜集页头的素材时，可以围绕着小蜜蜂、电话图标这两个关键词去进行，又如在搜集 banner 的素材时，围绕着“蜂蜜”这个关键词就能搜集到很多相关的图片素材，如图 2-17 和图 2-18 所示。

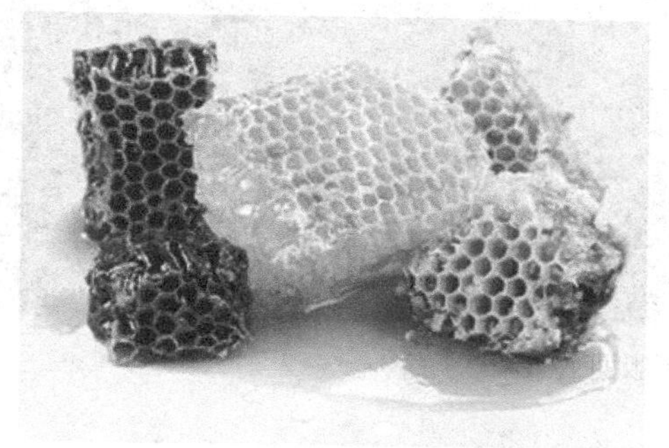

图 2-17　蜂蜜图片 1

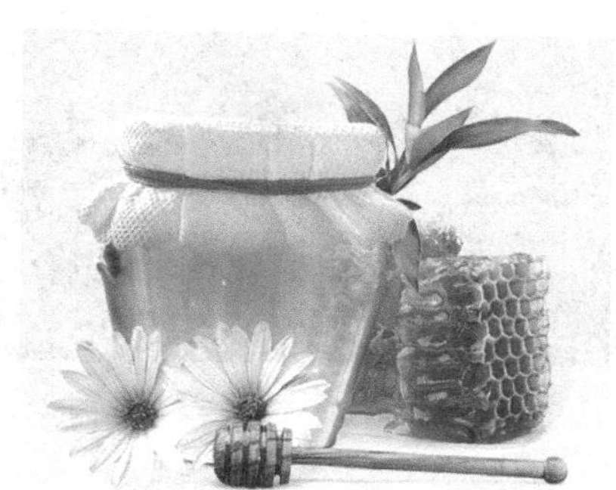

图 2-18　蜂蜜图片 2

5. 设计首页版面

根据首页版面的细化布局图和搜集到的素材，使用相关的工具对素材进行加工处理，然后进行排版、设计，最终设计出首页版面，效果如图 2-19 所示。

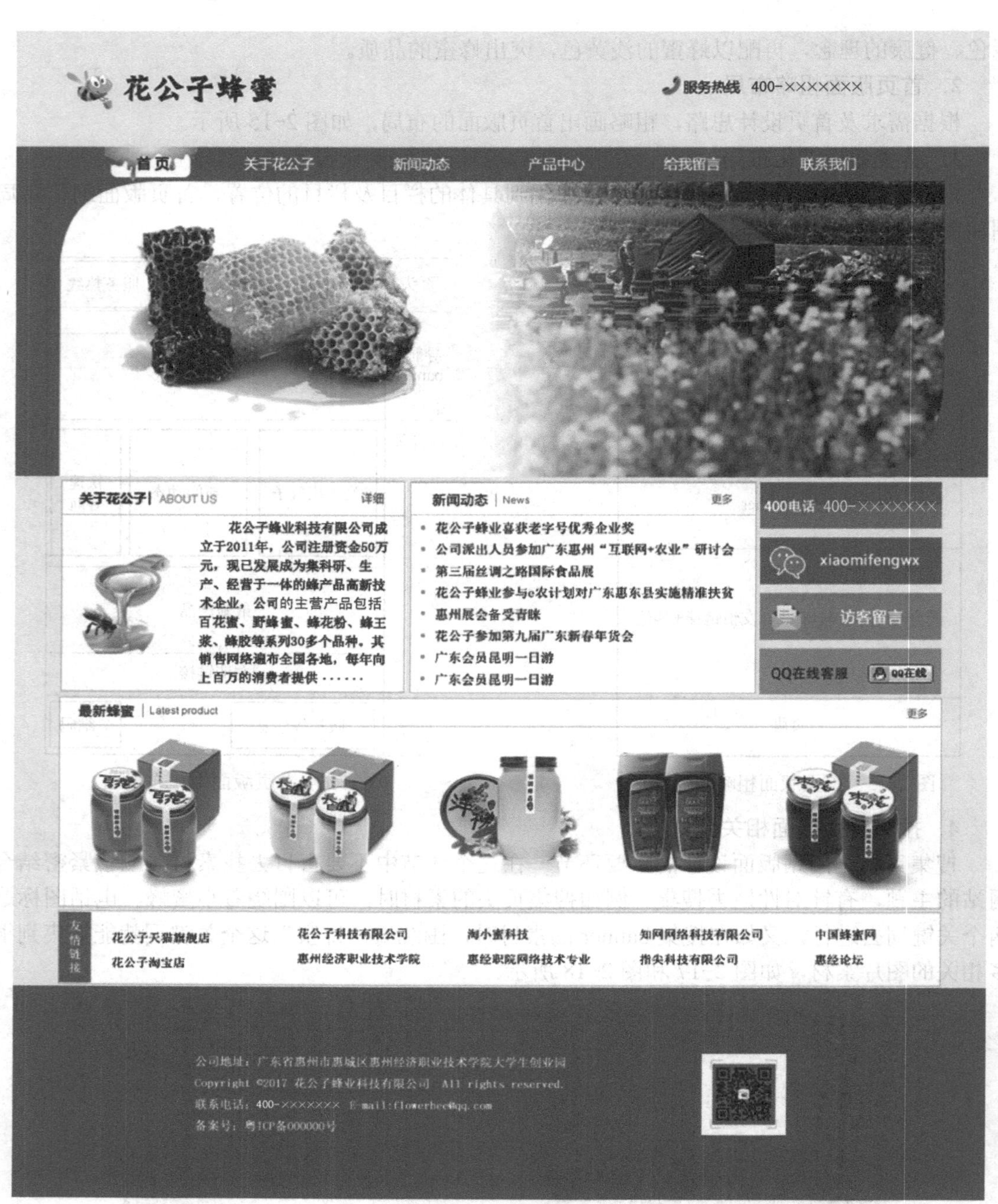

图 2-19 首页版面效果图

2.2.2 设计关于花公子版面

根据版面设计的原则，按照首页版面设计的过程设计关于花公子版面，页面效果如图 2-20 所示。

图 2-20　关于花公子版面效果图

2.2.3　设计新闻动态列表页版面

根据版面设计的原则，按照首页版面设计的过程设计新闻动态列表页版面，页面效果如图 2-21 所示。

图 2-21 新闻动态列表页版面效果图

2.2.4 设计新闻动态内容页版面

根据版面设计的原则，按照首页版面设计的过程设计新闻动态内容页版面，页面效果如图 2-22 所示。

图 2-22 新闻动态内容页版面效果图

2.2.5 设计产品中心列表页版面

根据版面设计的原则，按照首页版面设计的过程设计产品中心列表页版面，页面效果如图 2-23 所示。

图 2-23　产品中心列表页版面效果图

2.2.6 设计产品中心内容页版面

根据版面设计的原则，按照首页版面设计的过程设计产品中心内容页版面，页面效果如图 2-24 所示。

图 2-24 产品中心内容页版面效果图

2.2.7 设计给我留言版面

根据版面设计的原则，按照首页版面设计的过程设计给我留言版面，页面效果如图 2-25 所示。

图 2-25 给我留言版面效果图

2.2.8 设计联系我们版面

根据版面设计的原则，按照首页版面设计的过程设计联系我们版面，页面效果如图 2-26 所示。

图 2-26 联系我们版面效果图

2.2.9 设计网站后台登录页版面

根据版面设计的原则，按照首页版面设计的过程设计网站后台登录页版面，页面效果如图 2-27 所示。

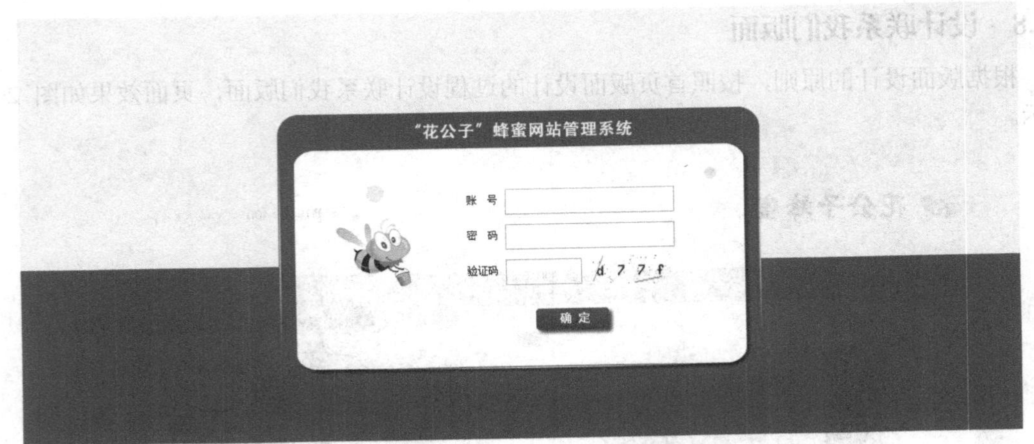

图 2-27　网站后台登录页版面效果图

2.3　经验传递

☆ 在设计网站版面的过程中，一定要多与客户沟通，在充分了解客户需求的基础上设计版面，否则有可能设计出来的版面得不到客户的确认或认可，从而影响项目的开发进度。

☆ 不同的客户对网站的了解程度不一样，因此，需要掌握沟通技巧，根据客户对网站的认知程度及时调整沟通策略。

☆ 根据网站的主题及网站所属行业情况，构思网站的布局与整体风格，在客户没有指定网站主色调的情况下，网站的配色可根据配色原理来确定。

☆ 细节决定成败。网站版面设计是一项“细心活”，在设计每个元素的时候一定要细心严谨，勿以细小而不为，如在加工素材的时候，一定要处理到位。

☆ 网站设计所需的资料，可要求客户提供。如果客户没有提供，可以围绕着网站的主题编写，千万不可用“无”字或其他字符如“XXX”代替。因为网站版面是网站的“蓝图”，设计出来后，需要客户认可版面后才能进入到版面“切图”环节。

☆ 网站版面设计出来后，一定要展示给客户审查。客户认可了，才可进入版面“切图”环节。如果客户不认可，还需要继续修改网站版面或重新设计，切不可在客户没确认之前就进入下一环节。

☆ 在网站版面设计上，可以结合当前流行的风格，如近两年流行扁平化风格、大Banner+分层风格和单页单栏风格。

☆ 在页面尺寸方面，通常按约定的标准或者大多数访问者的浏览习惯来确定。目前，大部分网络科技公司所设计的网站项目页面宽度适应分辨率为1600×900的浏览器。

2.4　知识拓展

“网页配色”相关内容可参见本书提供的电子资源中的“电子资源包/任务 2/网页配色.docx”进行学习。

任务3　网站前台版面“切图”

【知识目标】

1. 了解网站版面“切图”的含义;
2. 熟悉网站版面“切图”的流程;
3. 掌握DIV+CSS页面布局的核心技术;
4. 学会使用网页特效;
5. 了解网页兼容性测试知识。

【能力目标】

1. 能够根据CSS盒子模型分析网站版面版位结构;
2. 能够使用相关工具和技术设计出网站静态页面;
3. 能够对网页进行兼容性测试，并解决存在的问题;
4. 养成良好的代码编写习惯;
5. 培养严谨的工作态度和吃苦耐劳的精神。

【任务描述】

本任务是使用网站设计开发相关工具和相关网页设计技术将网站版面图转换为静态网页。

3.1　知识准备

3.1.1　网站版面“切图”的含义

在网站建设行业中，并没有对网站版面“切图”进行统一的定义，但是“切图”这个词经常会出现，比如在面试网页设计师岗位或美工岗位时，面试官通常会问:“你会不会切图?”因为“切图”技术是这两个工作岗位的核心内容之一。读者需要注意，此处的“切图”并不是传统意义上的使用工具对版面进行裁切，而是指把网站版面图转换为静态页面的过程。在转换的过程中需要使用相关的工具（如 Photoshop、Fireworks、Dreamweaver 等）和相关知识技术（如HTML语言、JavaScript语言、CSS、DIV+CSS网页布局技术等)。

在中小型网站建设公司或从事网站建设的科技公司，网页设计师（也称为美工）的工作职责就是根据客户的需求设计网站的版面，并利用“切图”技术形成静态网页。而在大型网站建设公司，按照工作过程划分的职位更细，如平面设计师（或界面设计师）主要负责设计网站版面图，网页设计师负责把网站版面图利用“切图”技术转换成静态网页。

3.1.2　网站版面“切图”的流程

在网站建设行业，网站版面“切图”通常按图3-1所示的流程进行。

1. 分析版面、版位

使用相关工具打开网站版面图，根据 CSS 盒子模型的知识，按照自上而下、从左至右的顺序分析网站版面结构和版位结构，为了便于对版位进行描述，可以结合版位内容给版位取名，例如“新闻动态”版位，分析的结果通常通过 CSS 盒子模型来表示。

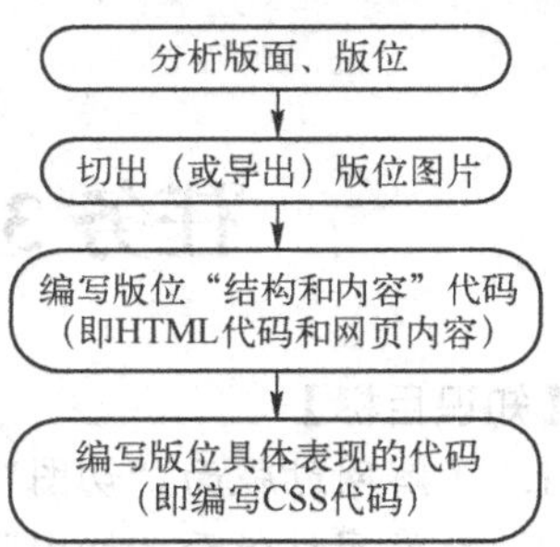

图 3-1　网站版面“切图”流程图

2．切出（或导出）版位图片

根据版位的结构，使用工具将需“切”出来的图片“切”出来，并保存在相应的目录中。

3．编写版位“结构和内容”代码

将版位的图片“切”出来后，使用 HTML 语言编写页面的结构并输入版位内容。

4．编写版位具体表现的代码

根据版面的效果图，编写 CSS 代码实现版面版位的表现效果。

3.1.3　DIV+CSS 布局的核心技术

1．盒子模型

盒子模型是 HTML+CSS 中最核心的基础知识，只有真正理解盒子模型的概念，才能更好地进行排版和页面布局。在 CSS 盒子模型理论中，所有页面中的元素都可以被看成一个盒子，并且占据着一定的页面空间。一个页面由很多这样的盒子组成，这些盒子之间会互相影响，因此，需要从两个方面来理解盒子模型：一是理解一个盒子的内部结构；二是理解多个盒子之间的相互关系。盒子模型是由内容（content）、内边距（padding）、外边距（margin）和边框（border）这 4 个属性组成。此外，还有宽度（width）和高度（height）两大辅助性属性。图 3-2 所示为一个 CSS 盒子模型的内部结构。通过分析可知，一个元素的实际宽度（盒子的宽度）=左外边距+左边框+左内边距+内容宽度+右内边距+右边框+右外边距。

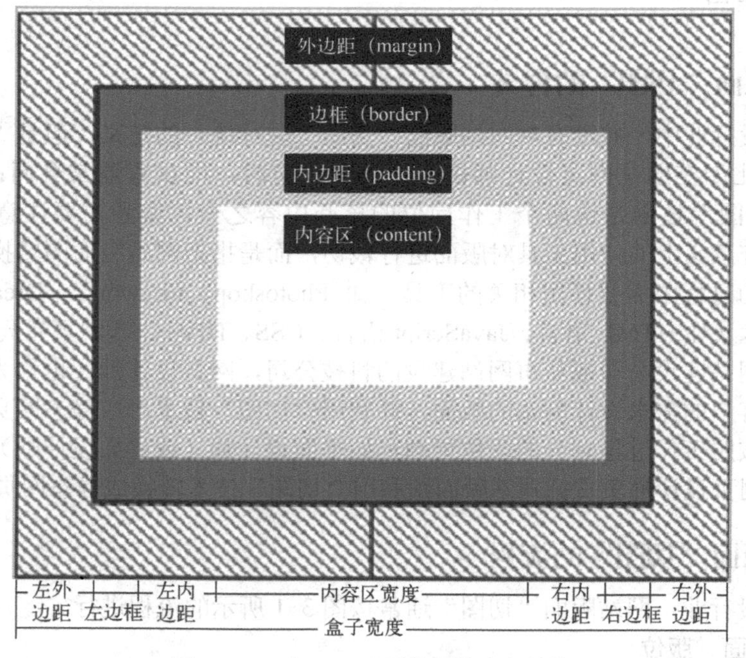

图 3-2　一个 CSS 盒子模型的内部结构

（1）内容区。

内容区是 CSS 盒子模型的中心，它呈现了盒子的主要信息内容，这些内容可以是文本、图片等多种类型。内容区有 3 个属性：宽度（width）、高度（height）和溢出（overflow）。使用 width 和 height 属性可以指定盒子内容区的高度和宽度。在这里注意一点，width 和 height 这两个属性是针对内容区而言的，并不包括 padding 部分，当内容信息太多超出内容区所占范围时，可以使用溢出（overflow）属性来指定处理方法。

（2）内边距。

内边距是指内容区和边框之间的空间。内边距的属性有 5 种，即 padding-top、padding-bottom、padding-left、padding-right，以及综合了以上 4 个方向的简洁内边距属性 padding。使用这 5 种属性可以指定内容区域各方向边框之间的距离。

（3）边框。

在 CSS 盒子模型中，边框属性有 border-width、border-style、border-color，以及综合了 3 种属性的简洁边框属性 border。其中，border-width 指定边框的宽度，border-style 指定边框类型，border-color 指定边框的颜色。

（4）外边距。

外边距指的是两个盒子之间的距离。它可能是子元素与父元素之间的距离，也可能是兄弟元素之间的距离。外边距使得元素之间不必紧凑地连接在一起，是 CSS 布局的一个重要手段。外边距的属性也有 5 种，即 margin-top、margin-bottom、margin-left、margin-right，以及综合了以上 4 个方向的简洁内边距属性 margin。同时，CSS 允许给外边距属性指定负数值。当指定负外边距值时，整个盒子将向指定负值的相反方向移动，由此可以产生盒子的重叠效果，这就是通常所说的“负 margin 技术”。

2．浮动

（1）浮动的含义。

浮动属性产生之初是为了实现“文字环绕”的效果。浮动让元素脱离文档流，向父容器的左边或右边移动，直到碰到包含容器的边框、内边距元素或其他浮动元素。文本和行内元素将环绕浮动元素。

（2）浮动元素的特性。

浮动的元素具有脱离文档流、包裹性和破坏性的特征。

① 脱离文档流是指浮动元素不会影响普通元素的布局。

② 包裹性指的是元素尺寸刚好容纳内容。浮动之所以会产生包裹性这样的效果，是因为 float 属性会改变元素 display 属性最终的计算值，示例代码如下。

CSS 代码如下：

```
.box1{width:300px;height:150px;border:1px solid red;}
.box2{border:1px solid green;float:left;margin-top:20px;margin-left:20px;}
```

HTML 代码如下：

```
<div class="box1">
    <div class="box2">我刚好容纳内容</div>
</div>
```

效果如图 3-3 所示。

③ 破坏性是指元素浮动后可能导致父元素高度塌陷，因为浮动元素从文档正常流中被移除了，但父元素还处在正常流中，示例代码如下。

CSS 代码如下：

```
.box1{width:200px;border:1px solid red;padding:10px;}
.box2{border:1px solid green;}
.box3{border:1px solid blue;}
```

HTML 代码如下：

```
<div class="box1">
    <div class="box2">我的名字叫 box2</div>
    <div class="box3">我的名字叫 box3</div>
</div>
```

效果如图 3-4 所示。

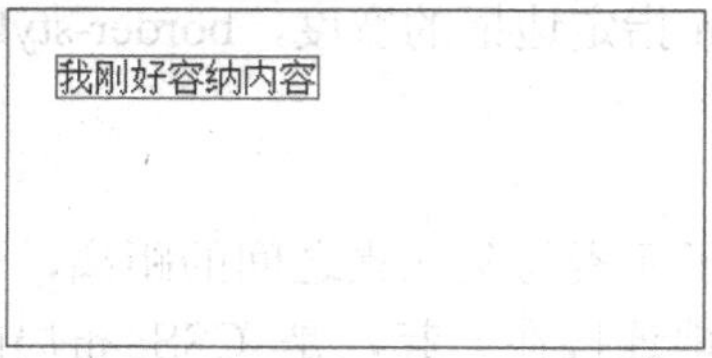

图 3-3　包裹性示例效果图

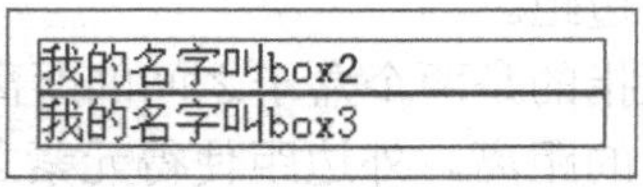

图 3-4　破坏性示例效果图

当将盒子 box3 设置为浮动后（即在 box3 的 CSS 代码中增加属性 float:left），父级盒子 box1 发生了高度塌陷现象，效果如图 3-5 所示。

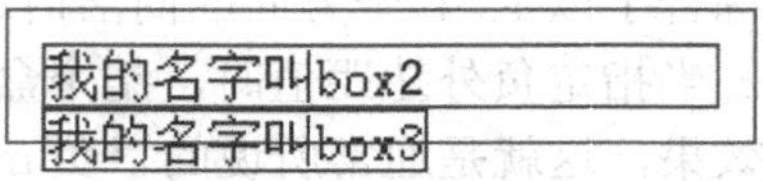

图 3-5　为 box3 设置浮动后的破坏性示例效果图

（3）清除浮动。

将元素设置为浮动后会产生浮动的效果，同时也会影响到前后标签、父级标签的位置以及 width 和 height 属性。而且同样的代码，在各种浏览器中的显示效果也有可能不相同。以下是清除浮动的几种方法。

① 父级 DIV 定义 height。

原理：父级 DIV 定义 height，解决了父级 DIV 无法自动获取高度的问题。

优点：简单，代码少，容易掌握。

缺点：只适合高度固定的布局，要给出精确的高度，如果高度和父级 DIV 高度不一样，会产生问题。

建议：只建议在高度固定的布局时使用。

② 结尾处加空 DIV 标签<div style="clear:both"></div>。

原理：添加一个空 DIV，利用 CSS 的 clear:both 属性清除浮动，让父级 DIV 能自动获取高度。

优点：简单，代码少，浏览器支持性好，不容易出现问题。

缺点：不少初学者不理解原理，如果页面浮动布局较多，需增加很多空 DIV。

建议：不推荐使用。

③ 父级 DIV 定义伪类：after 和 zoom。

用第 3 种方法清除浮动代码如下。

```
.clearfloat:after{
    display:block;clear:both;content:"";visibility:hidden;height:0}
.clearfloat{zoom:1}
```

原理：IE 8 以上和非 IE 浏览器才支持 after，原理与方法②有点类似，zoom（IE 专有属性）可解决 IE 6、IE 7 的浮动问题。

优点：浏览器支持性好，不容易出现怪问题（目前，大型网站都使用，如腾讯、网易、新浪等）。

缺点：代码多，不少初学者不理解原理，要两句代码结合使用才能让主流浏览器支持。

建议：推荐使用，建议定义公共类，以减少 CSS 代码。

④ 父级 DIV 定义 overflow:hidden。

原理：必须定义 width 或 zoom:1，不能同时定义 height，使用 overflow:hidden 时，浏览器会自动检查浮动区域的高度。

优点：简单，代码少，浏览器支持性好。

缺点：不能和 position 配合使用，因为超出的尺寸会被隐藏。

建议：只推荐给没有使用 position 或对 overflow:hidden 理解比较深的用户使用。

⑤ 父级 DIV 定义 overflow:auto。

原理：必须定义 width 或 zoom:1，不能同时定义 height，使用 overflow:auto 时，浏览器会自动检查浮动区域的高度。

优点：简单，代码少，浏览器支持性好。

缺点：内部宽高超过父级 DIV 时，会出现滚动条。

建议：不推荐使用，当需要出现滚动条或者确保代码不会出现滚动条时可使用。

3.1.4 网站版面版位与 CSS 盒子模型关系

在进行版面“切图”的过程中，要能够根据版面版位的情况分析该版位的 CSS 盒子模型，再根据 CSS 盒子模型编写页面代码。掌握这种实施过程至关重要，下面以某网站版面的版位为例讲解实施过程，某网站版面的版位效果图如图 3-6 所示。

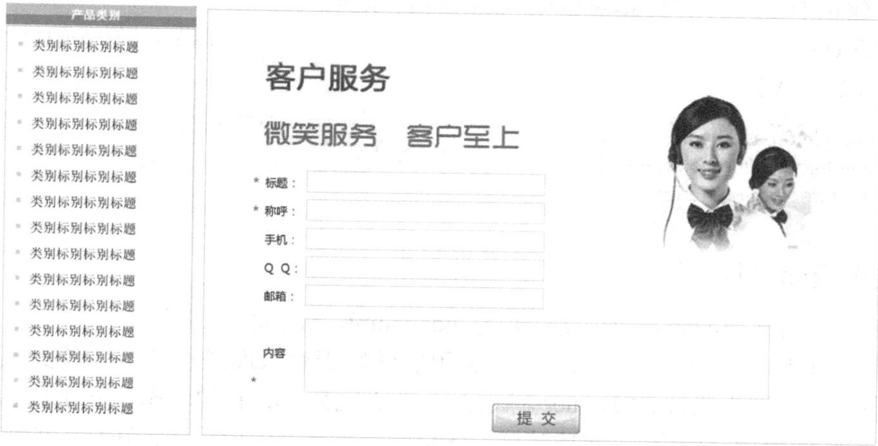

图 3-6　某网站版面的版位效果图

分析版面版位：根据图 3-6 的效果和 CSS 盒子模型理论，从整体布局上看，该版位是一个长方形盒子，左边放置了产品类别盒子，右边放置了在线留言盒子。产品类别盒子由上和下两个盒子组成。上面的盒子用于输出文本“产品类别”，下面的盒子用于输出产品类别标题；在线留言的盒子中，第一个用于输出“客户服务 微笑服务 客户至上”图片，第二个用于输出留言标题，依此类推。

形成 CSS 盒子模型：根据上述的分析，形成 CSS 盒子模型示意图，如图 3-7 所示。

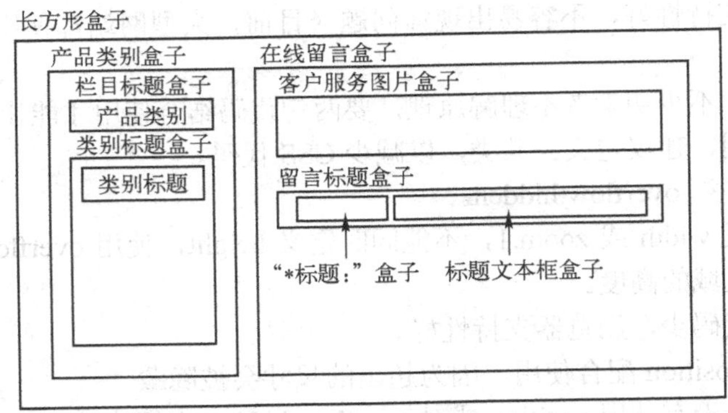

图 3-7 版位 CSS 盒子模型示意图

3.2 任务实现

本任务仅以首页版面切图为例讲解“切图”的过程，其他版面的“切图”不做详细的讲解，仅提供“切图”结果代码。

在进行“切图”前，首先创建整个项目的目录，如图 3-8 所示，然后对网站前台的所有页面进行分析，得出如下要点。

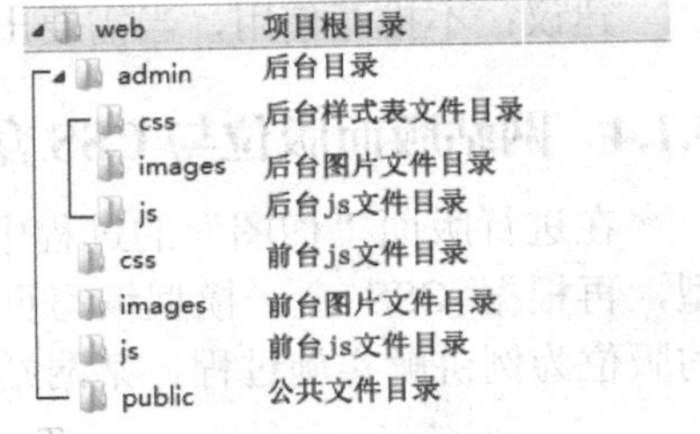

图 3-8 网站项目目录

☆ 所有页的背景颜色为#EEEEEE。

☆ 网站页面主体的宽度为 1000px。

☆ 创建的样式文件为 style.css，保存的目录为“web/css/”。

☆ 全局的样式如下：

```
*{margin:0;padding:0;}
body{background-color:#EEE;}
a{text-decoration:none;}
```

3.2.1 首页版面“切图”

该版面切图所形成的静态网页文件名为 index.html，保存的目录为“web/”。

使用相关工具打开首页版面源文件，利用所学知识对版面进行分析。首页版位主要由“页头”版位、“导航”版位、“banner”版位、“关于花公子、新闻动态和联系信息”形成的横向版位、“最新蜂蜜”版位、“友情链接”版位和“页脚”版位组成。在切图的时候，按照自上而下、自左向右的顺序进行。

1．“页头”版位“切图”

（1）分析版位。

“页头”版位主要由左侧的 Logo 和右侧的服务热线组成。根据 CSS 盒子模型原理，该版位的 CSS 盒子模型如图 3-9 所示。

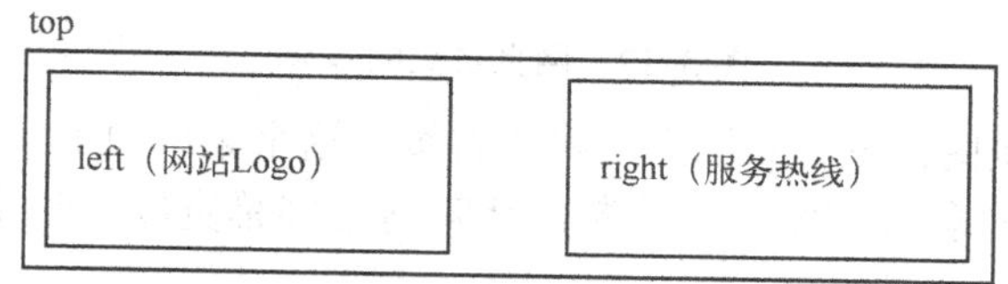

图 3-9 “页头”版位 CSS 盒子模型图

（2）切出（或导出）版位图片。

该版位需切出（或导出）的图片有网站 Logo 和电话图标，图片的格式为 PNG，保存的目录为“web/images/”，图片如图 3-10 和图 3-11 所示。

图 3-10 网站 Logo

图 3-11 电话图标

（3）编写该版位结构和内容的代码。

根据该版位的 CSS 盒子模型，按从外向里、从左向右的顺序逐层编写如下 HTML 代码：

```
<div class="top">
    <div class="left"><img src="images/logo.png" width="238" height="53" /></div>
    <div class="right">服务热线  400-123456</div>
</div>
```

（4）编写 CSS 代码。

根据该版位的 CSS 盒子模型，按从外向里、从左向右的顺序逐层编写如下 CSS 代码：

```
.top{
    height:135px;width:1000px;margin:0 auto;
    }
.top .left{
    height:53px;width:240px;float:left;margin-top:41px;
    }
.top .right{
    height:40px;line-height:40px;width:280px;float:right;
    font-family:微软雅黑;font-weight:bold;margin-top:48px;
    background:url(../images/tel.png) left center no-repeat;
    padding-left:30px;
    }
```

通过浏览器预览的效果如图 3-12 所示。

2．“导航”版位“切图”

（1）分析版位。

根据版面源文件，“导航”版位主要由首页、关于花公子、新闻动态、产品中心、给我留言、联系我们 6 个菜单组成，在分析的时候要注意以下两点。

图 3-12　网页页头的效果

① 首页菜单的背景图：该背景图只用在“首页”这个菜单项上。

② 对导航最外面的盒子宽度不做控制，让其适应屏幕宽度，6 个菜单均在页面主体宽度范围内。

根据 CSS 盒子模型原理，“导航”版位的 CSS 盒子模型如图 3-13 所示。

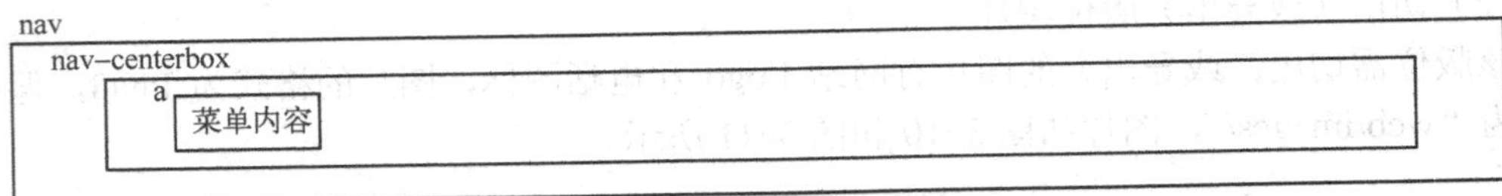

图 3-13　“导航”版位 CSS 盒子模型图

（2）切出（或导出）版位图片。

通过分析，该版位需导出的图片只有一张，即“首页”菜单项的背景图片，格式为 PNG，保存的目录为“web/images/”，图片效果如图 3-14 所示。

图 3-14　首页菜单项背景图

（3）编写该版位结构和内容的代码。

根据该版位的 CSS 盒子模型，按从外向里、从左向右的顺序逐层编写如下 HTML 代码：

```
<div class="nav">
    <div class="nav-centerbox">
        <a href="index.html" class="sp">首页</a>
        <a href="about.html">关于花公子</a>
        <a href="news.html">新闻动态</a>
        <a href="product.html">产品中心</a>
        <a href="message.html">给我留言</a>
        <a href="contact.html">联系我们</a>
    </div>
</div>
```

（4）编写 CSS 代码。

根据该版位的 CSS 盒子模型，按从外向里、从左向右的顺序逐层编写如下 CSS 代码：

```
.nav{
    height:40px;background:#00B22D;
    }
.nav .nav-centerbox{
    height:40px;width:1000px;margin:0 auto;padding-left:2px;
    }
.nav .nav-centerbox a{
    display:block;float:left;height:40px;width:166px;text-align:center;
    line-height:40px;color:#FFF;font-family:微软雅黑;
    }
.nav .nav-centerbox a.sp{
    background:url(../images/navbg.png) center center no-repeat;
```

```
    color:#030303;font-weight:bold;
    }
```

此时，“首页”版面的效果如图 3-15 所示。

图 3-15 “首页”版面效果图 1

3.“banner”版位“切图”

（1）分析版位。

该版位的结构非常简单，主要由一张 banner 组成，对 banner 最外层盒子的宽度不做控制，让其左、右两边伸展以占满屏幕。banner 图片占满页面主体宽度，即 1000px。根据 CSS 盒子模型原理，“banner”版位的 CSS 盒子模型如图 3-16 所示。

banner

banner–centerbox

图片

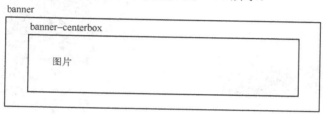

图 3-16 “banner”版位 CSS 盒子模型图

（2）切出（或导出）版位图片。

该版位只需导出 banner 图片即可，图片效果如图 3-17 所示。

图 3-17 banner 图片效果

（3）编写版位结构和内容代码。

根据该版位的 CSS 盒子模型，按从外向里、从左向右的顺序逐层编写如下 HTML 代码：

```
<div class="banner">
    <div class="banner-centerbox">
        <!--在这里，你可以添加透明 Flash，将会起很好效果-->
    </div>
</div>
```

（4）编写 CSS 代码。

根据该版位的 CSS 盒子模型，按从外向里、从左向右的顺序逐层编写如下 CSS 代码：

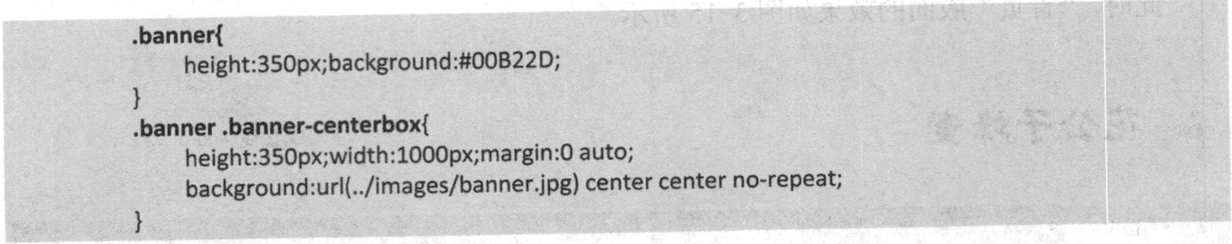

```
.banner{
    height:350px;background:#00B22D;
}
.banner .banner-centerbox{
    height:350px;width:1000px;margin:0 auto;
    background:url(../images/banner.jpg) center center no-repeat;
}
```

此时，“首页”版面的效果如图 3-18 所示。

图 3-18 “首页”版面效果图 2

4．“关于花公子、新闻动态和联系信息”形成的横向版位“切图”

（1）分析版位。

该横向版位是“首页”版面中较为复杂的版位。该横向版位可进一步划分成“关于花公子”版位、“新闻动态”版位和右侧的“联系信息”版位。横向版位与“关于花公子”版位、“新闻动态”版位、“联系信息”版位的关系是包含与被包含的关系。根据 CSS 盒子模型原理，该横向版位的 CSS 盒子模型如图 3-19 所示。

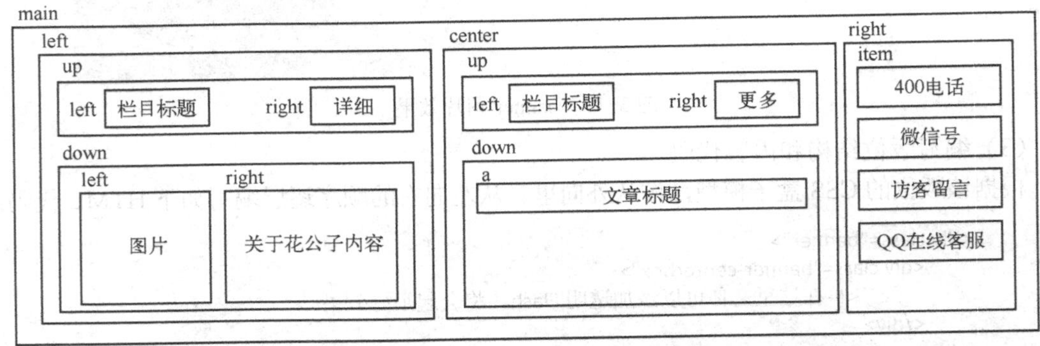

图 3-19 “关于花公子”“新闻动态”和“联系信息”形成的横向版位 CSS 盒子模型图

（2）切出（或导出）版位图片。

通过分析，该版位需导出的图片如图 3-20～图 3-25 所示。

图 3-20　形象图

图 3-21　400 电话图片

图 3-22　微信图片

图 3-23　访客留言图片

图 3-24　QQ 在线客服图片

图 3-25　QQ 在线图片

（3）编写版位结构和内容的代码。

根据该版位的 CSS 盒子模型，按从外向里、从左向右的顺序逐层编写如下 HTML 代码：

```
<!--“关于花公子”“新闻动态”“联系信息”形成的横向版位-->
<div class="main">
    <!--“关于花公子”版位-->
    <div class="left">
        <div class="up">
            <div class="left">
                <span class="cattitle">关于花公子</span>|
                <span class="cattitle_en">ABOUT US</span>
            </div>
            <div class="right"><a href="#">详细</a></div>
        </div>
        <div class="down">
            <div class="left"><img src="images/bee.jpg"
            width="121" height="121" /></div>
            <div  class="right">花公子蜂业科技有限公司成立于 2011 年，公司注册资金 50 万元，现已发展成为集科研、生产、经营于一体的蜂产品高新技术企业，公司的主营产品包括百花蜜、野蜂蜜、蜂花粉、蜂王浆、蜂胶等系列 30 多个品种。其销售网络遍布全国各地，每年向上百万的消费者提供优质的天然蜂产品和保健食品，为消费者的身体健康提供了值得信赖的服务。公司一直以来贯彻“自然、创新、优质”……
            </div>
        </div>
    </div>
    <!--“新闻动态”版位-->
    <div class="center">
        <div class="up">
            <div class="left">
                <span class="cattitle">新闻动态</span>|
                <span class="cattitle_en">ABOUT US</span>
            </div>
            <div class="right"><a href="#">更多</a></div>
        </div>
        <div class="down">
            <a href="#">花公子蜂业喜获老字号优秀企业奖</a>
            <a href="#">公司派出人员参加广东惠州“互联网+农业”研讨会</a>
```

```
                <a href="#">第三届丝调之路国际食品展</a>
                <a href="#">花公子蜂业参与 e 农计划对广东惠东县实施精准扶贫</a>
                <a href="#">惠州展会备受青睐</a>
                <a href="#">花公子参加第九届广东新春年货会</a>
                <a href="#">广东会员昆明一日游</a>
                <a href="#">花公子蜂蜜即日起推出买三送一活动</a>
            </div>
        </div>
        <!--"联系信息"版位-->
        <div class="right">
            <div class="tel">400-123456</div>
            <div class="weixin">xiaomifengwx</div>
            <div class="message">访客留言</div>
            <div class="qq">
                <a target=blank href=tencent://message/?uin=123456>
                    <img border="0" src="images/qqonline.png">
                </a>
            </div>
        </div>
    </div>
```

（4）编写 CSS 代码。

根据该版位的 CSS 盒子模型，按从外向里、从左向右的顺序逐层编写如下 CSS 代码：

```
/*"关于花公子""新闻动态""联系信息"形成的横向版位*/
.main{
    height:248px;width:1000px;margin-left: auto;margin-right:auto;
    margin-top:8px;}
/*"关于花公子"版位的样式*/
.main>.left{height:240px;width:387px;border:1px solid #CCCCCC;float:left; background:#FFF;}
.main>.left .up{height:39px;border-bottom:1px solid #CCCCCC;}
.main>.left .up .left{
    height:39px;width:200px;float:left;line-height:39px;padding-left:20px;
    }
.main>.left .up .left .cattitle{
    font-family:微软雅黑;font-weight:bold;font-size:15px;}
.main>.left .up .left .cattitle_en{
    font-size:11px;font-family:Arial;color:#B8B8B8;
    }
.main>.left .up .right{height:39px;line-height:39px;width:50px;float:right;}
.main>.left .up .right a{font-size:13px;color:#888888;}
.main>.left .down{height:211px;}
.main>.left .down .left{height:211px;width:150px;float:left;text-align:center;}
.main>.left .down .left img{margin-top:45px;}
.main>.left .down .right{
    height:200px;width:230px;float:right;font-size:14px;text-indent:2em;
    line-height:23px;padding-top:11px;
    }
/*"新闻动态"版位样式*/
.main>.center{
    height:250px;width:387px;border:1px solid #CCCCCC;
    float:left;margin-left:7px; background:#FFF;
    }
.main>.center .up{height:39px;border-bottom:1px solid #CCCCCC;}
.main>.center .up .left{height:39px;width:200px;float:left;line-height:39px;
```

```
        padding-left:20px;
        }
    .main>.center .up .left .cattitle{
        font-family:微软雅黑;font-weight:bold;font-size:15px;
        }
    .main>.center .up .left .cattitle_en{
        font-size:11px;font-family:Arial;color:#B8B8B8;
        }
    .main>.center .up .right{height:39px;line-height:39px;width:50px;float:right;}
    .main>.center .up .right a{font-size:13px;color:#888888;}
    .main>.center .down{height:211px;}
    .main>.center .down a{
        display:block;height:26px;line-height:26px;font-size:14px;color:#030303;
        padding-left:30px;background:url(../images/dot.png) 15px center no-repeat;
        }
    /*"联系信息"版位*/
    .main>.right{height:250px;width:206px;float:right;}
    .main>.right .tel,.weixin,.message,.qq{height:54px;line-height:54px;}
    .main>.right .tel{
        background:url(../images/400.jpg) right center no-repeat;
        color:#FC0;padding-left:70px;font-weight:bold;
        }
    .main>.right .weixin{
        background:url(../images/weixin.jpg) right center no-repeat;
        padding-left:60px;font-weight:bold;color:#FFF;
        }
    .main>.right .message{
        background:url(../images/message.jpg) right center no-repeat;
        font-family:微软雅黑;font-size:16px;color:#FFF;padding-left:80px;
        font-weight:bold;
        }
    .main>.right .qq{
        background:url(../images/qq.jpg) right center no-repeat;
        padding-left:110px;
        }
    .main>.right .qq img{margin-top:16px;}
    .main>.right .tel,.weixin,.message{margin-bottom:12px;}
```

此时，"首页"页面的效果如图 3-26 所示。

5."最新蜂蜜"版位"切图"

（1）分析版位。

该版位主要输出最新的蜂蜜产品。根据 CSS 盒子模型原理，该版位的 CSS 盒子模型如图 3-27 所示。

（2）切出（或导出）版位图片。

通过分析版面源文件可知，该版位需导出的图片为 5 张产品图片，如图 3-28 所示。

（3）编写版位结构和内容的代码。

根据该版位的 CSS 盒子模型，按从外向里、从左向右的顺序逐层编写如下 HTML 代码：

```
<div class="product">
    <div class="up">
        <div class="left">
            <span class="cattitle">最新蜂蜜</span>|
```

图 3-26 “首页”页面效果图 3

product

up

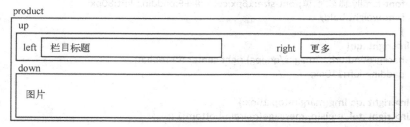

left 栏目标题 right 更多

down

图片

图 3-27 “最新蜂蜜”版位 CSS 盒子模型图

图 3-28 “最新蜂蜜”版位需导出的图片

```
            <span class="cattitle_en">LATEST PRODUCT</span>
        </div>
        <div class="right"><a href="#">更多</a></div>
    </div>
    <div class="down">
        <a href="#"><img src="images/pro1.jpg" width="162" height="177"></a>
        <a href="#"><img src="images/pro2.jpg" width="162" height="177"></a>
        <a href="#"><img src="images/pro3.jpg" width="162" height="177"></a>
        <a href="#"><img src="images/pro4.jpg" width="162" height="177"></a>
```

```
            <a href="#"><img src="images/pro5.jpg" width="162" height="177"></a>
        </div>
    </div>
```

（4）编写 CSS 代码。

根据该版位的 CSS 盒子模型，按从外向里、从左向右的顺序逐层编写如下 CSS 代码：

```
.product{
    height:250px;width:1000px;border:1px solid #CCCCCC;background:#FFF;
    margin-left:auto;margin-right:auto;margin-top:9px;
    }
.product .up{height:39px;border-bottom:1px solid #CCCCCC;}
.product .up .left{
    height:39px;width:200px;float:left;line-height:39px;padding-left:20px;
    }
.product .up .left .cattitle{
    font-family:微软雅黑;font-weight:bold;font-size:15px;
    }
.product .up .left .cattitle_en{
    font-size:11px;font-family:Arial;color:#B8B8B8;
    }
.product .up .right{
    height:39px;line-height:39px;width:50px;float:right;
    }
.product .up .right a{font-size:13px;color:#888888;}
.product .down{height:211px;}
.product .down a{
    display:block;width:162px;height:177px;float:left;margin-top:17px;
    margin-left:31px;
    }
```

此时，“首页”页面的效果如图 3-29 所示。

6．“友情链接”版位“切图”

（1）分析版位。

该版位从整体上分成左、右两部分，左边为栏目标题——友情链接，右边为具体的文本链接。根据 CSS 盒子模型原理，该版位的 CSS 盒子模型如图 3-30 所示。

（2）切出（或导出）版位图片。

通过分析版面源文件可知，该版位没有需要切出（或导出）的图片。

（3）编写版位结构和内容的代码。

根据该版位的 CSS 盒子模型，按从外向里、从左向右的顺序逐层编写如下 HTML 代码：

```
<div class="friend">
    <div class="left">友<br />情<br />链<br />接</div>
    <div class="right">
        <a href="#">花公子天猫旗舰店</a>
        <a href="#">花公子科技有限公司</a>
        <a href="#">淘小蜜科技</a>
        <a href="#">知网网络科技有限公司</a>
        <a href="#">中国蜂蜜网</a>
        <a href="#">花公子淘宝店</a>
        <a href="#">惠州经济职业技术学院</a>
        <a href="#">惠经职业网络技术专业</a>
```

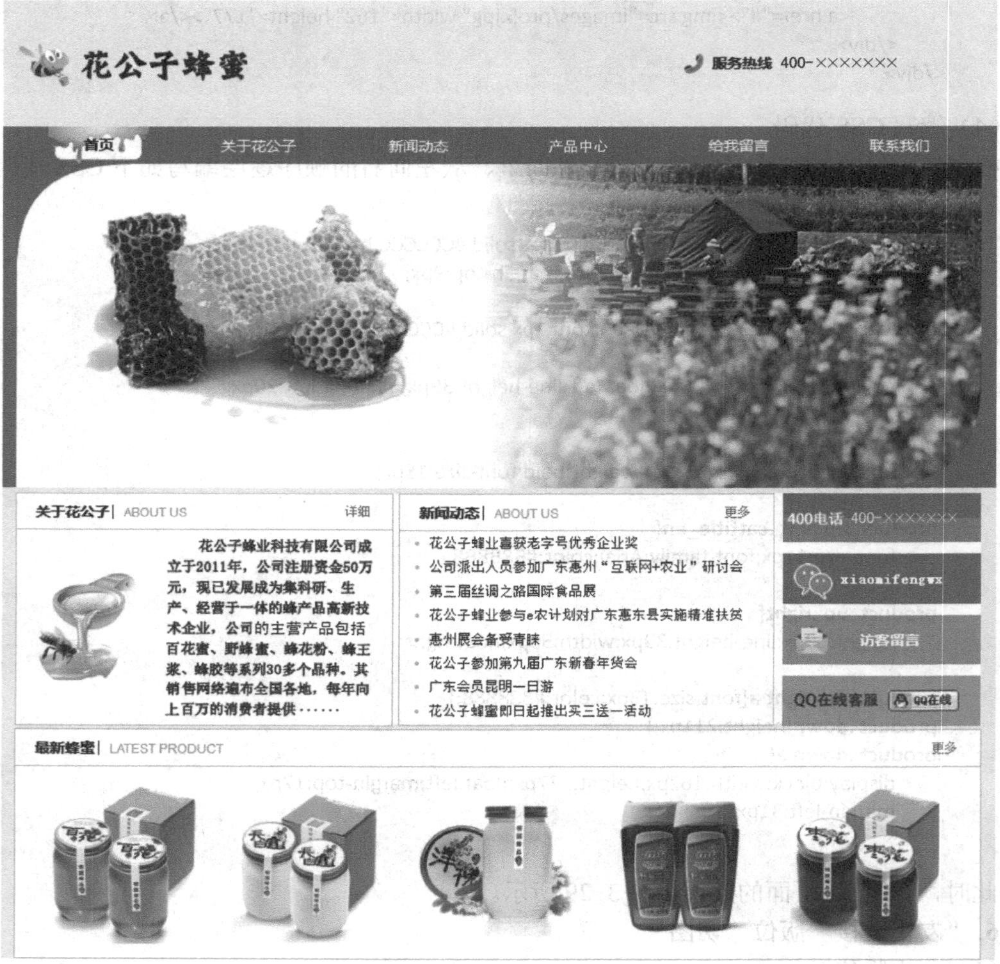

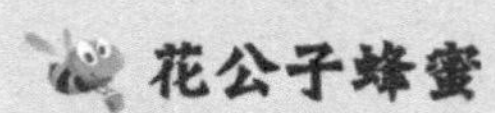

图 3-29 “首页”页面效果图 4

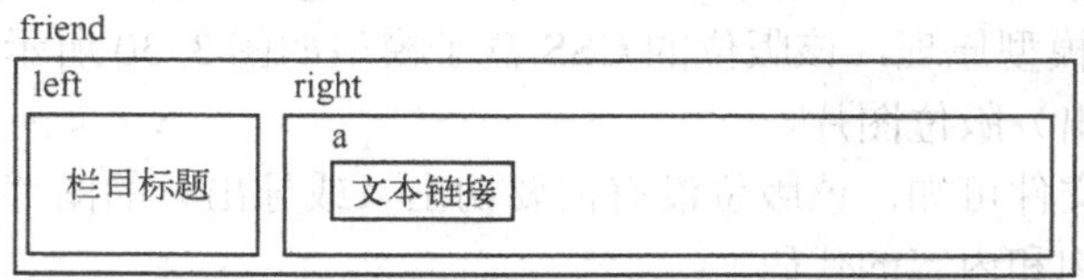

图 3-30 “友情链接”版位 CSS 盒子模型图

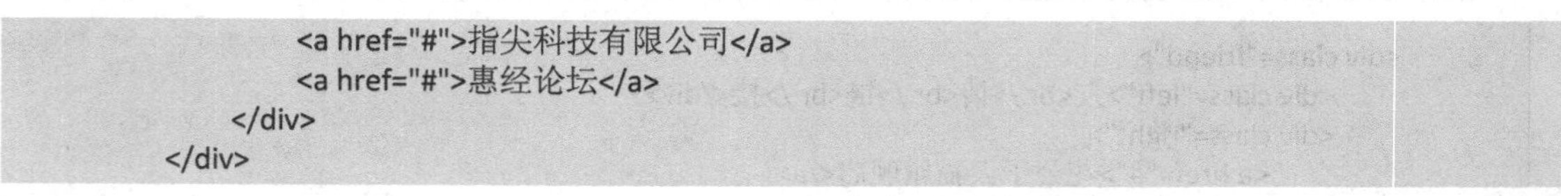

```
            <a href="#">指尖科技有限公司</a>
            <a href="#">惠经论坛</a>
        </div>
    </div>
```

（4）编写 CSS 代码。

根据该版位的 CSS 盒子模型，按从外向里、从左向右的顺序逐层编写如下 CSS 代码：

```
    .friend{
        width:1000px;height:88px;margin-left:auto;margin-right:auto;
        margin-top:8px;border:1px solid #CCCCCC;background:#FFF;
```

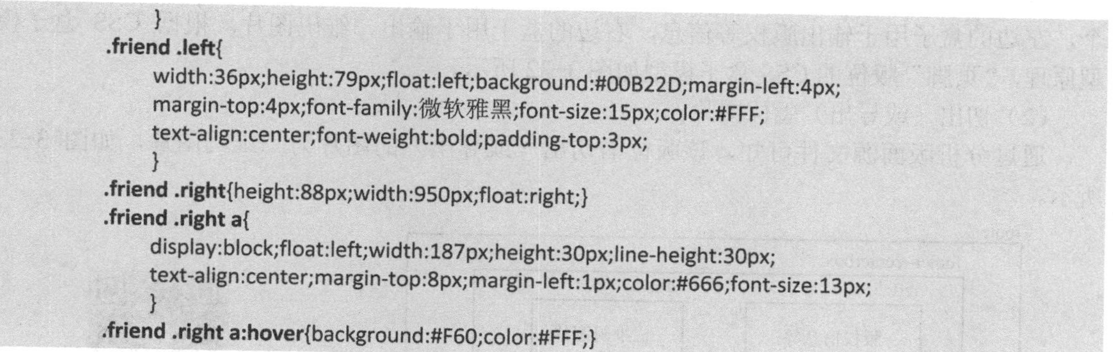

```
    }
.friend .left{
    width:36px;height:79px;float:left;background:#00B22D;margin-left:4px;
    margin-top:4px;font-family:微软雅黑;font-size:15px;color:#FFF;
    text-align:center;font-weight:bold;padding-top:3px;
    }
.friend .right{height:88px;width:950px;float:right;}
.friend .right a{
    display:block;float:left;width:187px;height:30px;line-height:30px;
    text-align:center;margin-top:8px;margin-left:1px;color:#666;font-size:13px;
    }
.friend .right a:hover{background:#F60;color:#FFF;}
```

此时，“首页”页面的效果如图 3-31 所示。

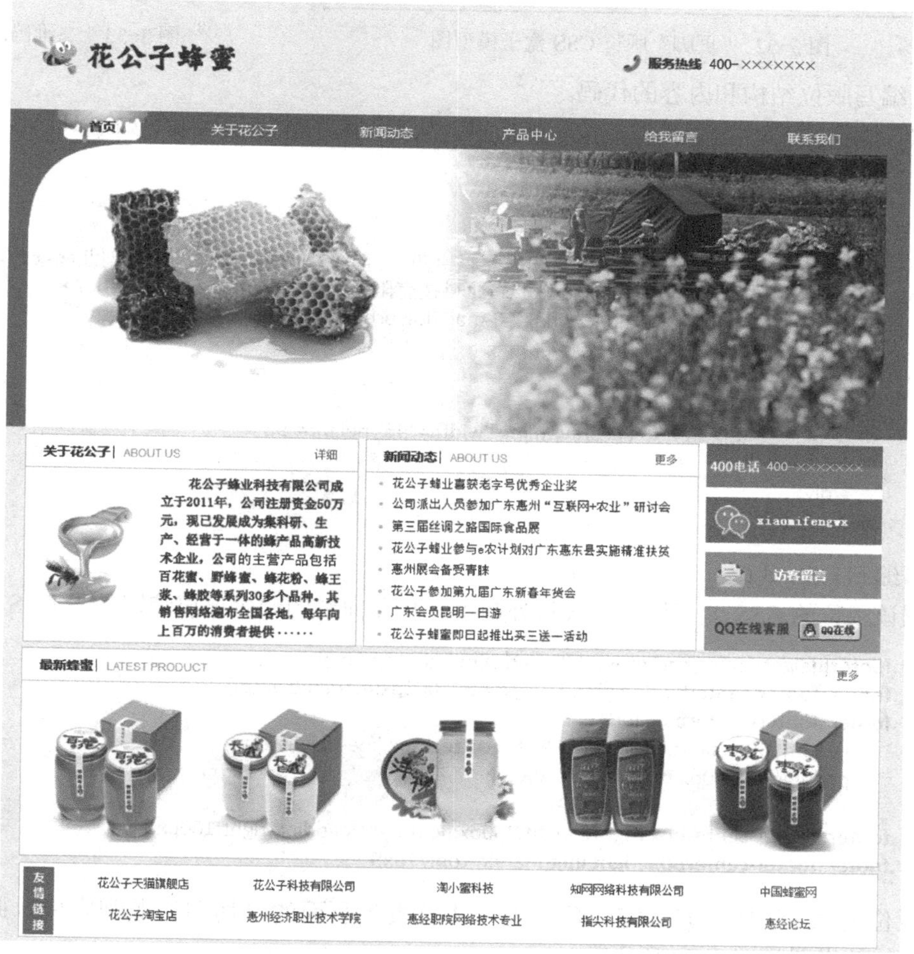

图 3-31 “首页”页面效果图 5

7. “页脚”版位“切图”

（1）分析版位。

根据版面源文件，该版位最外层只有一个盒子，但对其宽度不做控制，让其适应屏幕宽度；通过第二层盒子使该版位的内容在页面主体宽度范围内呈现；第三层盒子左、右各有一个，左边的盒子用于输出版权等信息，右边的盒子用于输出二维码图片。根据 CSS 盒子模型原理，“页脚”版位的 CSS 盒子模型如图 3-32 所示。

（2）切出（或导出）版位图片。

通过分析版面源文件可知，该版位需切出（或导出）的图片为二维码图片，如图 3-33 所示。

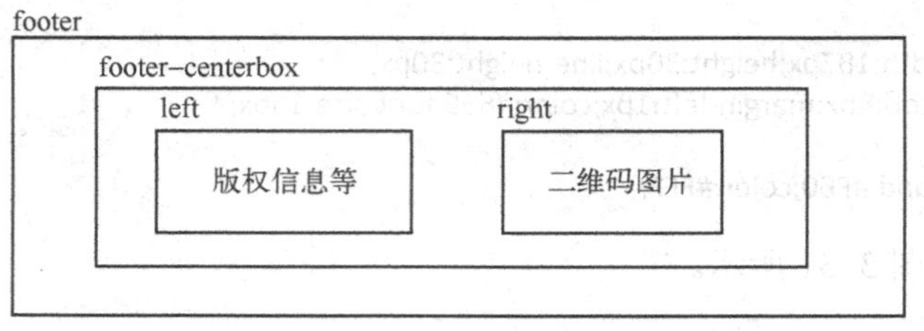

图 3-32 “页脚”版位 CSS 盒子模型图

图 3-33 二维码图片

（3）编写版位结构和内容的代码。

根据该版位的 CSS 盒子模型，按从外向里、从左向右的顺序逐层编写如下 HTML 代码：

```
<div class="footer">
    <div class="footer-centerbox">
        <div class="left">
            公司地址：广东省惠州市惠城区惠州经济职业技术学院大学生创业园<br />
            Copyright ©2017  花公子蜂业科技有限公司   All rights reserved.<br />
            联系电话：400-123456    E-mail:flowerbee@qq.com<br />
            备案号:粤 ICP 备 000000 号
        </div>
        <div class="right">
            <img src="images/ewm.jpg" width="96" height="96">
        </div>
    </div>
</div>
```

（4）编写 CSS 代码。

根据该版位的 CSS 盒子模型，按从外向里、从左向右的顺序逐层编写如下 CSS 代码：

```
.footer{height:250px;background:#00B22D;margin-top:8px;}
.footer .footer-centerbox{height:250px;width:1000px;margin:0 auto;}
.footer .footer-centerbox .left{
    height:180px;float:left;color:#FFF;font-size:13px;line-height:25px;
    padding-top:70px;padding-left:100px;
    }
.footer .footer-centerbox .right{height:250px;float:right;padding-right:100px;}
.footer .footer-centerbox .right img{margin-top:77px;}
```

该版位的 CSS 代码编写完成后，整个“首页”页面的“切图”顺利完成，此时“首页”页面的效果图如图 3-34 所示。

3.2.2 关于花公子版面“切图”

该版面的页头、导航、banner、友情链接、页脚等版位与首页相应的版位相同，因此，该版面的“切图”只需切主体部分。

图 3-34 “首页”页面切图最终效果图

1. 分析版位

通过分析该版面的主体部分，根据 CSS 盒子模型原理得出该版面主体版位的 CSS 盒子模型，如图 3-35 所示。

2. 切出（或导出）版位图片

通过分析版面源文件可知，该版位需切出（或导出）的图片为 3 个图标，如图 3-36 所示。

3. 编写版位结构和内容的代码

根据该版位的 CSS 盒子模型，按从外向里、从左向右的顺序逐层编写如下 HTML 代码：

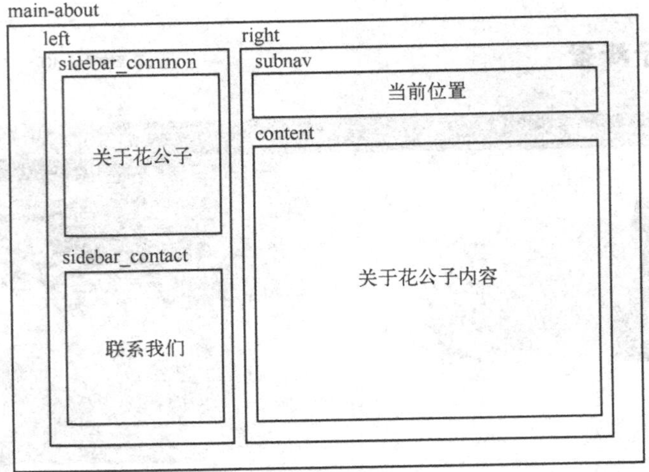

图 3-35 “关于花公子”页面主体版位 CSS 盒子模型图

图 3-36 “关于花公子”版面中需切出（或导出）的图标

```
<div class="main-about">
    <div class="left">
        <div class="sidebar_common">
            <div class="cattitle">关于花公子</div>
            <div class="catcontent">
                <div class="item">
                    <div class="left">
                        <img src="images/icon-bee.png" width="20"
                         height="24" />
                     </div>
                     <a class="right" href="#">企业荣耀</a>
                 </div>
                 <div class="item">
                     <div class="left">
                         <img src="images/icon-bee.png" width="20"
                          height="24" />
                     </div>
                     <a class="right" href="#">企业视频</a>
                 </div>
                     <div class="item">
                         <div class="left">
                             <img src="images/icon-bee.png" width="20"
                              height="24" />
                         </div>
                      <a class="right" href="#">企业场景</a>
                 </div>
                 <div class="item">
                     <div class="left">
                         <img src="images/icon-bee.png" width="20"
                          height="24" /></div>
                     <a class="right" href="#">组织机构</a>
```

```html
                </div>
                <div class="item">
                    <div class="left">
                        <img src="images/icon-bee.png" width="20"
                         height="24" /></div>
                    <a class="right" href="#">公司概况</a>
                </div>
            </div>
        </div>
        <div class="sidebar_contact">
            <div class="cattitle">联系我们</div>
            <div class="catcontent">
                <div class="item">地址：广东省惠州市惠城区</div>
                <div class="item">免费热线：400-123456</div>
                <div class="item">网址：http://www.bee.com</div>
                <div class="item">电子邮箱：huagongzi@163.com</div>
                <div class="item">QQ:123456789 </div>
                <div class="item">微信：xiaomifengwx</div>
            </div>
        </div>
    </div>
    <div class="right">
        <div class="subnav">
                您现在的位置：<a href="#">首页</a>><a href="#">公司概况</a>
        </div>
        <div class="content">
            /*请读者在这里输入公司概况的内容*/
        </div>
    </div>
</div>
```

4．编写 CSS 代码

根据该版位的 CSS 盒子模型，按从外向里、从左向右的顺序逐层编写如下 CSS 代码：

```css
/*关于花公子页面-----------------------------------------------*/
.main-about{height:auto;overflow:hidden;width:1000px;margin:8px auto;}
.main-about>.left{float:left;width:215px;}
    /*“关于花公子”标题版位*/
.sidebar_common{
    height:auto;border:1px solid #CCCCCC;clear:both;background:#FFF;
    }
.sidebar_common .cattitle{
    height:40px;line-height:40px;border-bottom:1px solid #CCCCCC;
    font-family:微软雅黑;font-size:15px;font-weight:bold;
    background:url(../images/icon-about.png) 20px center no-repeat;
    padding-left:55px;
    }
.sidebar_common .catcontent{height:auto;}
.sidebar_common .catcontent .item{
    height:40px;background:url(../images/line.png) center bottom no-repeat;
    }
.sidebar_common .catcontent .item .left{
    height:24px;width:20px;float:left;margin-top:8px;margin-left:45px;
    }
.sidebar_common .catcontent .item a.right{
```

```
        display:block;height:40px;line-height:40px;float:left;font-size:14px;
        color:#000;margin-left:20px;
        }
        /*“联系我们”版位*/
.sidebar_contact{
        height:250px;border:1px solid #CCCCCC;margin-top:8px;background:#FFF;
        }
.sidebar_contact .cattitle{
        height:40px;line-height:40px;border-bottom:1px solid #CCCCCC;
        font-family:微软雅黑;font-size:15px;font-weight:bold;
        background:url(../images/icon-contact.png) 20px center no-repeat;
        padding-left:55px;
        }
.sidebar_contact .catcontent{height:210px;}
.sidebar_contact .catcontent .item{
        height:32px;line-height:32px;text-align:left;padding-left:15px;
        font-size:13px;background:url(../images/line.png) center bottom no-repeat;
        }
        /*“公司概况”版位*/
.main-about>.right{
        min-height:510px;height:auto;border:1px solid #CCCCCC;width:775px;
        float:right;background:#FFF;
        }
.subnav{
        height:40px;line-height:40px;border-bottom:1px solid #CCCCCC;
        padding-left:10px;font-size:14px;
        }
.subnav a{color:#000;}
.main-about>.right .content{
        padding:20px;font-size:15px;line-height:23px;text-indent:2em;
        }
```

该版位的 CSS 代码编写完成后，该版面的“切图”顺利完成，此时“关于花公子”页面的效果图如图 3-37 所示。

3.2.3 新闻动态列表页版面“切图”

该版面的页头、导航、banner、友情链接、页脚等版位与首页相应的版位相同，因此对该版面的“切图”只需考虑切主体部分。

1．分析版位

通过分析该版面的主体部分，根据 CSS 盒子模型原理得出该版面主体版位的 CSS 盒子模型，如图 3-38 所示。

2．切出（或导出）版位图片

通过分析版面源文件可知，该版位没有需要切出（或导出）的图片。

3．编写版位结构和内容的代码

根据该版位的 CSS 盒子模型，按从外向里、从左向右的顺序逐层编写如下 HTML 代码：

```
<!--“新闻动态”主体 main-news-->
<div class="main-news">
        <div class="left">
                <div class="sidebar_common" >
```

图 3-37 “关于花公子”页面的效果图

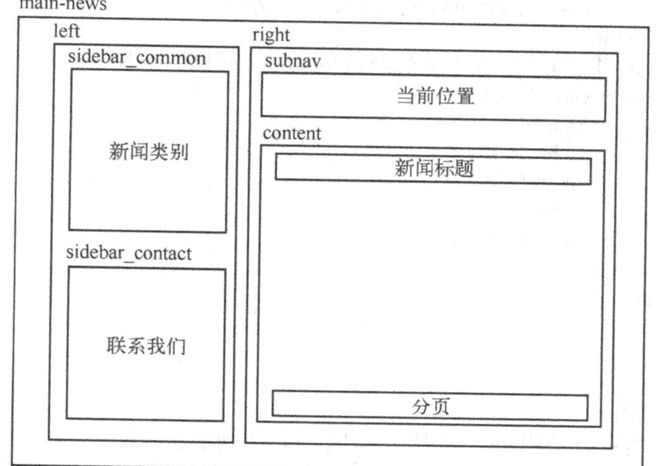

图 3-38 “新闻动态”版面主体版位 CSS 盒子模型图

```
                <div class="cattitle">新闻类别</div>
                <div class="catcontent">
                    <div class="item">
                        <div class="left">
                            <img src="images/icon-bee.png" width="20"
                             height="24" />
                            </div>
                        <a class="right" href="#">企业新闻</a>
                    </div>
                    <div class="item">
                        <div class="left">
                            <img src="images/icon-bee.png" width="20"
                             height="24" />
                        </div>
                        <a class="right" href="#">行业新闻</a>
                    </div>
                </div>
            </div>
            <div class="sidebar_contact">
                <div class="cattitle">联系我们</div>
                <div class="catcontent">
                    <div class="item">地址：广东省惠州市惠城区</div>
                    <div class="item">免费热线：400-123456</div>
                    <div class="item">网址：http://www.bee.com</div>
                    <div class="item">电子邮箱：huagongzi@163.com</div>
                    <div class="item">QQ:123456789 </div>
                    <div class="item">微信：xiaomifengwx</div>
                </div>
              </div>
        </div>
        <div class="right">
            <div class="subnav">
                您现在的位置：<a href="#">首页</a>><a href="#">新闻动态</a>
            </div>
            <div class="content">
                <div class="row">
                    <a href="#">花公子蜂业公司召开 2018 年工作会</a>
                    <div class="pubdate">2016-4-21</div>
                </div>
               <!--其他文章标题请读者自行根据版面图标题罗列出来-->
                <div class="page">
                    <a href="#">尾页</a>
                    <a href="#">下一页</a>
                    <a href="#">1</a>
                    <a href="#">上一页</a>
                    <a href="#">首页</a>
                </div>
            </div>
        </div>
    </div>
```

4．编写 CSS 代码

根据该版位的 CSS 盒子模型，按从外向里、从左向右的顺序逐层编写如下 CSS 代码：

```
    /*新闻动态列表页样式--------------------------------------------*/
```

```
.main-news{height:auto;overflow:hidden;width:1000px;margin:8px auto;}
.main-news>.left{float:left;width:215px;}
.main-news>.right{
    min-height:382px;height:auto;border:1px solid #CCCCCC;
    width:775px;float:right;background:#FFF;
    }
.main-news>.right .row{
    height:30px;border-bottom:1px dotted #CCCCCC;
    width:98%;margin:0 auto;
    }
.main-news>.right .row a{
    display:block;height:30px;line-height:30px;width:500px;
    float:left;color:#000;font-size:13px;padding-left:20px;
    }
.main-news>.right .row .pubdate{
    height:30px;line-height:30px;width:150px;float:right;
    font-size:13px;text-align:right;margin-right:20px;
    }
.page{height:30px;padding-right:30px;clear:both;}
.page a{
    display:block;float:right;height:18px;line-height:18px;
    margin-top:6px;font-size:12px;padding-left:5px;padding-right:5px;
    color:#666;border:1px solid #CCC;margin-left:4px;
    }
```

该版位的 CSS 代码编写完成后，该版面的“切图”顺利完成，此时“新闻动态”列表页面的效果图如图 3-39 所示。

3.2.4 新闻动态内容页版面“切图”

该版面的页头、导航、banner、友情链接、页脚版位与首页相应的版位相同，页面主体左侧的“新闻类别”版位与新闻动态列表页相应的版位相同，页面主体左侧的“联系我们”版位与“关于花公子”页面相应的版位相同，因此，这里只需考虑切页面主体右侧新闻详细内容版位部分。

1．分析版位

通过分析该版面主体部分版位，根据 CSS 盒子模型原理得出该版位的 CSS 盒子模型，如图 3-40 所示。

2．切出（或导出）版位图片

通过分析版面源文件可知，该版位没有需要切出（或导出）的图片。

3．编写版位结构和内容的代码

根据该版位的 CSS 盒子模型，按从外向里、从左向右的顺序逐层编写该页面主体部分的如下 HTML 代码：

```
<!-- “新闻动态内容页面”主体 main-newsshow-->
<div class="main-newsshow">
    <div class="left">
        <div class="sidebar_common" >
            <div class="cattitle">新闻类别</div>
            <div class="catcontent">
                <div class="item">
```

图 3-39 “新闻动态”列表页面的效果图

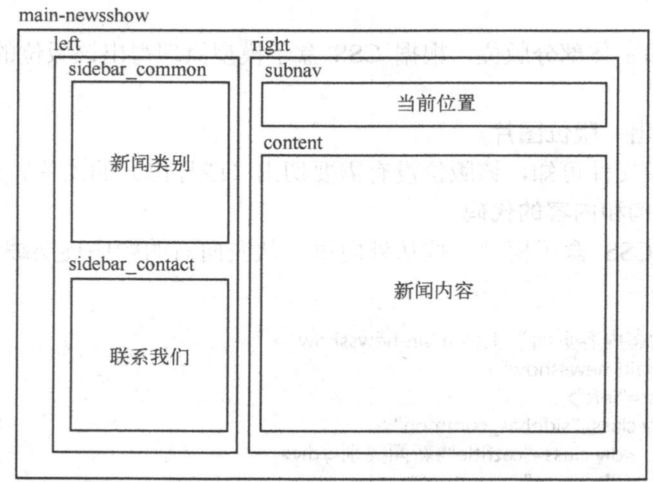

图 3-40 “新闻动态”内容页主体部分版位 CSS 盒子模型图

```
                <div class="left">
                    <img src="images/icon-bee.png" width="20"
                     height="24" />
                </div>
                <a class="right" href="#">企业新闻</a>
            </div>
            <div class="item">
                <div class="left">
                    <img src="images/icon-bee.png" width="20"
                     height="24" />
                </div>
                <a class="right" href="#">行业新闻</a>
            </div>
        </div>
    </div>
    <div class="sidebar_contact">
        <div class="cattitle">联系我们</div>
        <div class="catcontent">
            <div class="item">地址：广东省惠州市惠城区</div>
            <div class="item">免费热线：400-123456</div>
            <div class="item">网址：http://www.bee.com</div>
            <div class="item">电子邮箱：huagongzi@163.com</div>
            <div class="item">QQ:123456789 </div>
            <div class="item">微信：xiaomifengwx</div>
        </div>
            </div>
</div>
<div class="right">
    <div class="subnav">
        您现在的位置：<a href="#">首页</a>><a href="#">新闻动态</a>>
        <a href="#">企业新闻</a>
    </div>
        <div class="content">
            <div class="title">花公子蜂业公司召开 2018 年年终总结会</div>
            <div class="comefrom">来源：本站    发布时间：2018-12-28</div>
            <div  class="detail">2018 年 12 月 27 日，花公子蜂业公司召开了 2018 年年终总
结会议。会议在李总的主持下有序进行。首先各部门负责人对 2018 年的工作情况做了汇报，并对 2019 年的
工作进行了展望。回首 2018 年的各项工作，既有收获，也有不足，希望在 2019 年能够加以完善，扬长避
短，以最好的状态投入到工作中去。听取汇报期间，余总安排了一些互动环节，给大家介绍新同事，并听取
同事们在过去一年里在工作和家庭上的改变，使得会议变得更加轻松、有爱。随后，沈总给大家做了精彩的
演讲。沈总分别从公司管理、制度管理和流程管理三个方面对如何做好工作进行了阐述，总结为“方向到位
+跑到位+做到位+沟通到位=成功”，在为大家指明奋斗方向的同时，也让大家对未来充满信心。希望在
2019 年我们能齐心协力，打造属于花公子蜂业的辉煌神话！
            </div>
        </div>
    </div>
</div>
```

4．编写 CSS 代码

根据该版位的 CSS 盒子模型，按从外向里、从左向右的顺序逐层编写如下 CSS 代码：

```
/*新闻动态内容页样式-----------------------------------------------*/
.main-newsshow{height:auto;overflow:hidden;width:1000px;margin:8px auto;}
.main-newsshow>.left{float:left;width:215px;}
.main-newsshow>.right{
```

```
        min-height:510px;height:auto;border:1px solid #CCCCCC;width:775px;
        float:right;background:#FFF;
        }
.main-newsshow>.right .content{padding:20px;}
.main-newsshow>.right .content .title{
        height:30px;line-height:30px;font-weight:bold;font-size:15px;
        text-align:center;
        }
.main-newsshow>.right .content .comefrom{
        height:22px;line-height:22px;text-align:center;
        font-size:13px;
        }
.main-newsshow>.right .content .detail{
        padding:20px;font-size:15px;line-height:23px;text-indent:2em;
        }
```

该版位的 CSS 代码编写完成后，该版面的“切图”顺利完成，此时“新闻动态”内容页面的效果图如图 3-41 所示。

图 3-41 “新闻动态”内容页页面效果

3.2.5 产品中心列表页版面“切图”

该版面的页头、导航、banner、友情链接、页脚版位与首页相应的版位相同，页面主体左侧的“产品类别”版位与“新闻动态”内容页相应的版位相同，页面主体左侧的“联系我们”版位与“关于花公子”页面相应的版位相同，因此，这里只需考虑切页面主体右侧产品缩略图列表部分。

1．分析版位

通过分析该版面主体部分版位，根据 CSS 盒子模型原理得出该版位的 CSS 盒子模型，如图 3-42 所示。

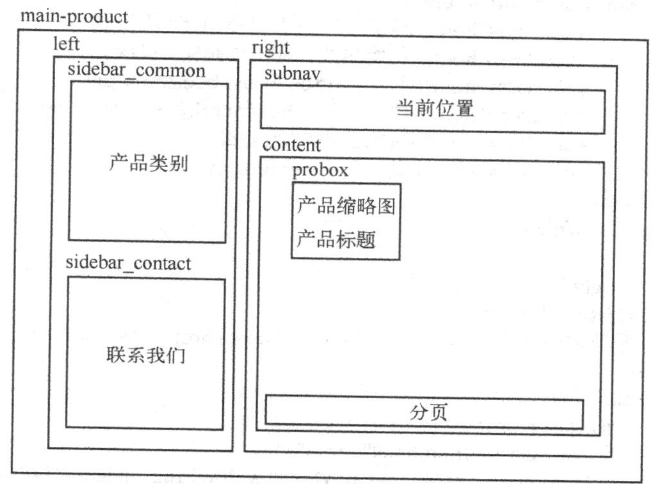

图 3-42 “产品中心”列表页主体部分版位 CSS 盒子模型图

2．切出（或导出）版位图片

通过分析版面源文件可知，该版位需切出（或导出）的图片如图 3-43 和图 3-44 所示。

图 3-43 蜂蜜产品图

图 3-44 产品方框图

3．编写版位结构和内容的代码

根据该版位的 CSS 盒子模型，按从外向里、从左向右的顺序逐层编写该页面主体部分的如下 HTML 代码：

```
<!—“产品中心列表页”主体 main-product-->
<div class="main-product">
    <div class="left">
        <div class="sidebar_common" >
            <div class="cattitle">产品类别</div>
            <div class="catcontent">
                <div class="item">
```

```
                        <div class="left">
                            <img src="images/icon-bee.png" width="20"
                             height="24" />
                        </div>
                        <a class="right" href="#">百花蜜</a>
                    </div>
                    <!--其他类别请按照版面图类别添加-->
                </div>
            </div>
            <div class="sidebar_contact">
                <div class="cattitle">联系我们</div>
                <div class="catcontent">
                    <div class="item">地址：广东省惠州市惠城区</div>
                    <div class="item">免费热线：400-123456</div>
                    <div class="item">网址：http://www.bee.com</div>
                    <div class="item">电子邮箱：huagongzi@163.com</div>
                    <div class="item">QQ:123456789 </div>
                    <div class="item">微信：xiaomifengwx</div>
                </div>
                    </div>
        </div>
        <div class="right">
            <div class="subnav">
                您现在的位置：<a href="#">首页</a>><a href="#">产品展示</a>
            </div>
            <div class="content">
                <div class="probox">
                    <a    class="thumbnail" href="#">
                        <img src="images/pro1.jpg" width="162" height="177">
                    </a>
                    <a class="title"    href="#">农家野生百花蜜峰浆 60g</a>
                </div>
                <!--其他产品缩略图请按照版面图进行添加-->
                   <div class="page">
                    <a href="#">尾页</a>
                    <a href="#">下一页</a>
                    <a href="#">1</a>
                    <a href="#">上一页</a>
                    <a href="#">首页</a>
                </div>
            </div>
        </div>
    </div>
```

4．编写 CSS 代码

根据该版位的 CSS 盒子模型，按从外向里、从左向右的顺序逐层编写如下 CSS 代码：

```
/*产品中心列表页样式-----------------------------------------------*/
.main-product{height:auto;overflow:hidden;width:1000px;margin:8px auto;}
.main-product>.left{float:left;width:215px;}
.main-product>.right{
    min-height:382px;height:auto;border:1px solid #CCCCCC;
    width:775px;float:right;background:#FFF;
    }
.main-product>.right .content{margin-bottom:10px;}
```

```css
.main-product>.right .content .probox{
    float:left;width:203px;height:227px;margin-left:40px;margin-top:40px;
    background:url(../images/pro_bg.jpg) center bottom no-repeat;
    }
.main-product>.right .content .probox .thumbnail{
    display:block;height:177px;text-align:center;padding-top:2px;
    color:#000;
    }
.main-product>.right .content .probox .title{
    display:block;height:45px;line-height:40px;font-size:12px;
    text-align:center;color:#000;
    }
```

该版位的 CSS 代码编写完成后，该版面的“切图”顺利完成，此时“产品中心”列表页面的效果图如图 3-45 所示。

图 3-45 “产品中心”列表页面的效果图

3.2.6　产品中心内容页版面“切图”

该版面的页头、导航、banner、友情链接、页脚版位与首页相应的版位相同，页面主体左侧的“产品类别”版位、“联系我们”版位与“产品中心”列表页相应的版位相同，因此，这里只需考虑切该版面主体右侧产品详细内容部分。

1．分析版位

通过分析该版面主体部分版位，根据 CSS 盒子模型原理得出该版位的 CSS 盒子模型，如图 3-46 所示。

2．切出（或导出）版位图片

通过分析版面源文件可知，该版位需切出（或导出）的图片如图 3-47 和图 3-48 所示。

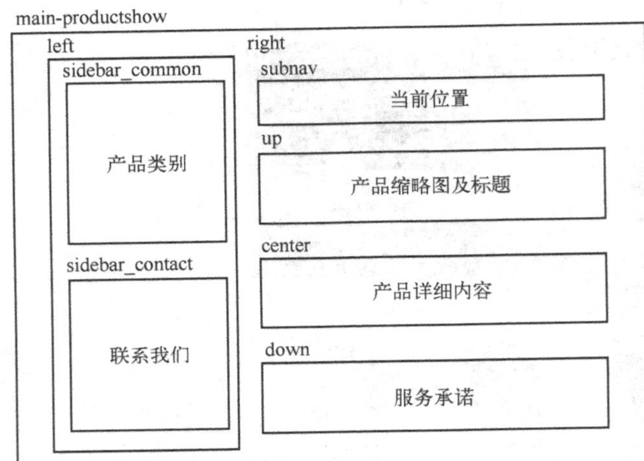

图 3-46　“产品中心”内容页主体部分版位 CSS 盒子模型

图 3-47　产品内容页切出（或导出）图片 1

图 3-48　产品内容页切出（或导出）图片 2

3．编写版位结构和内容的代码

根据该版位的 CSS 盒子模型，按从外向里、从左向右的顺序逐层编写该页面主体部分的如下 HTML 代码：

```
<!--“产品中心内容页”主体 main-productshow-->
<div class="main-productshow">
    <div class="left">
        <!--此位置的代码与产品中心列表页相应位置代码相同-->
```

```
        </div>
        <div class="right">
            <div class="subnav">
                您现在的位置：<a href="#">首页</a><a href="#">产品展示</a>
            </div>
            <div class="up">
                <div class="left">
                    <img src="images/pro1.jpg" width="162" height="177">
                </div>
                <div class="right">
                    <span class="title">商品名称：百花蜜蜂浆 60g</span><br />
                    产品类别：百花蜜<br />
                    商品编号：s088<br />
                    价格：￥88.00
                </div>
            </div>
            <div class="center">
                <div class="splite">
                    <div>产品详情</div>
                </div>
                <div class="detail">
                    <img src="images/baihua.jpg">.
                </div>
            </div>
            <div class="down">
                <img src="images/service.jpg" width="756"   height="227">
            </div>
        </div>
    </div>
```

4．编写 CSS 代码

根据该版位的 CSS 盒子模型，按从外向里、从左向右的顺序逐层编写如下 CSS 代码：

```
    .main-productshow{height:auto;overflow:hidden;width:1000px;margin:8px auto;}
    .main-productshow>.left{float:left;width:215px;}
    .main-productshow>.right{min-height:382px;height:auto;border:1px solid #CCCCCC;width:775px;float:
right;background:#FFF;}
    .main-productshow>.right .up{height:250px;}
    .main-productshow>.right .up .left{height:250px;width:250px;float:left;text-align:center;margin-right:
30px;}
    .main-productshow>.right .up .left img{margin-top:36px;}
    .main-productshow>.right .up .right{
        height:250px;padding-top:40px;font-size:16px;line-height:30px;
        }
    .main-productshow>.right .up .right .title{
        font-size:17px;font-weight:bold;
        }
    .main-productshow>.right .center{
        width:750px;margin:0 auto;
        }
    .main-productshow>.right .center .splite{
        height:22px;border-bottom:1px solid #00B22D;
        }
    .main-productshow>.right .center .splite div{
        height:22px;width:80px;background:#00B22D;line-height:22px;
```

```
        text-align:center;color:#FFF;font-size:14px;
        }
    .main-productshow>.right .center .detail{
        line-height:25px;font-size:14px;text-align:center;
        }
    .main-productshow>.right .down{text-align:center;}
```

该版位的 CSS 代码编写完成后，该版面的“切图”顺利完成，此时“产品中心”内容页面的效果图如图 3-49 所示。

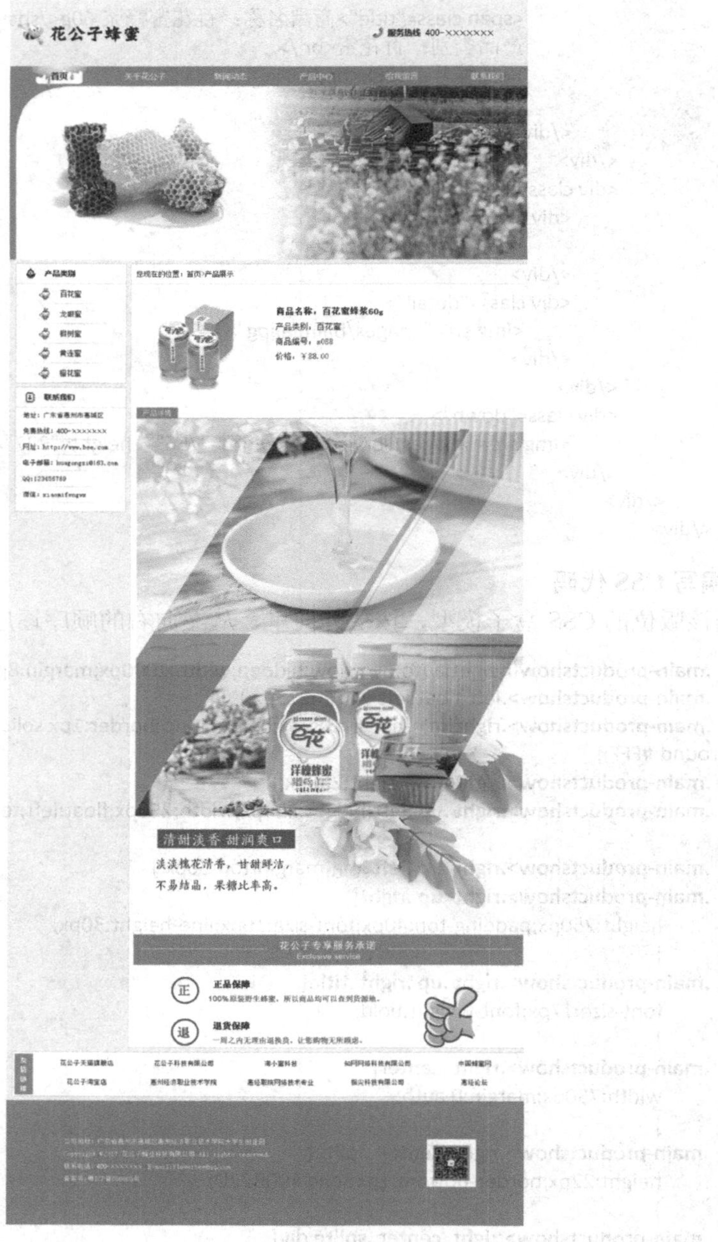

图 3-49 “产品中心”内容页面的效果图

3.2.7 给我留言版面“切图”

该版面的页头、导航、banner、友情链接、页脚版位与首页相应的版位相同，页面主体左侧的“产品类别”版位、“联系我们”版位与“产品中心”列表页相应的版位相同，因此，这里只需考虑切该版面主体右侧留言部分。

1. 分析版位

通过分析该版面主体部分版位，根据 CSS 盒子模型原理得出该版位的 CSS 盒子模型，如图 3-50 所示。

2. 切出（或导出）版位图片

通过分析版面源文件可知，该版位需切出（或导出）的图片如图 3-51 所示。

图 3-50 “给我留言”版面主体部分版位 CSS 盒子模型图

图 3-51 “给我留言”版面需切出（或导出）的图片

3. 编写版位结构和内容的代码

根据该版位的 CSS 盒子模型，按从外向里、从左向右的顺序逐层编写该页面主体部分的如下 HTML 代码：

```
<!--“给我留言”主体 main-message-->
<div class="main-message">
    <div class="left">
        <!--此位置的代码与产品中心列表页相应位置代码相同-->
    </div>
    <div class="right">
        <div class="subnav">
            您现在的位置：<a href="#">首页</a><a href="#">给我留言</a>
        </div>
        <div class="message">
            <form name="form1" id="form1" action="" method="post">
            <ul>
                <li class="title"><span class="must">*</span>标题：</li>
                <li><input name="title" type="text" id="title"></li>
            </ul>
            <ul>
                <li class="title"><span class="must">*</span>称呼：</li>
```

```
                <li><input name="name" type="text" id="name"></li>
            </ul>
            <ul>
                <li class="title">手机：</li>
                <li><input name="tel" type="text" id="tel"></li>
            </ul>
            <ul>
                <li class="title">QQ：</li>
                <li><input name="qq" type="text" id="qq"></li>
            </ul>
            <ul>
                <li class="title"><span class="must">*</span>邮箱：</li>
                <li><input name="email" type="text" id="email"></li>
            </ul>
            <ul class="ct">
                <li class="title"><span class="must">*</span>内容：</li>
                <li>
                    <textarea name="content" cols="70"
                      rows="5" id="content"></textarea>
                </li>
            </ul>
            <div>
                <input type="image" src="images/submit.png">
            </div>
            </form>
        </div>
    </div>
</div>
```

4．编写 CSS 代码

根据该版位的 CSS 盒子模型，按从外向里、从左向右的顺序逐层编写如下 CSS 代码：

```
.main-message{height:auto;overflow:hidden;width:1000px;margin:8px auto;}
.main-message>.left{float:left;width:215px;}
.main-message>.right{
    min-height:460px;height:auto;border:1px solid #CCCCCC;width:775px;
    float:right;background:#FFF url(../images/message.png) 500px 60px no-repeat;
    }
.message{margin-top:50px;width:775px;}
.message ul{height:40px;font-size:13px;list-style:none;}
.message ul li{height:40px;line-height:40px;float:left;}
.message ul li.title{width:150px;text-align:right;}
.message ul li.title .must{color:red;};
.message ul.ct{height:110px;border:1px solid red;}
.message ul.ct .title{height:110px;line-height:100px;}
.message ul.ct textarea{margin-top:10px;}
.message ul li input{height:25px;width:250px;}
.message div{clear:both;}
.message div input{margin-left:250px;}
```

该版位的 CSS 代码编写完成后，该版面的“切图”顺利完成，此时“给我留言”内容页面的效果图如图 3-52 所示。

图 3-52 “给我留言”页面的效果图

3.2.8 联系我们版面“切图”

该版面与图 3-35 所示的“关于花公子”版面基本相同，不同的是“联系我们”版面主体右侧多了一个联系我们的 banner（横幅）图。

1．分析版位

通过分析该版面主体部分版位，根据 CSS 盒子模型原理得出该版位的 CSS 盒子模型，如图 3-53 所示。

2．切出（或导出）版位图片

通过分析版面源文件可知，该版位需切出（或导出）的图片如图 3-54 所示。

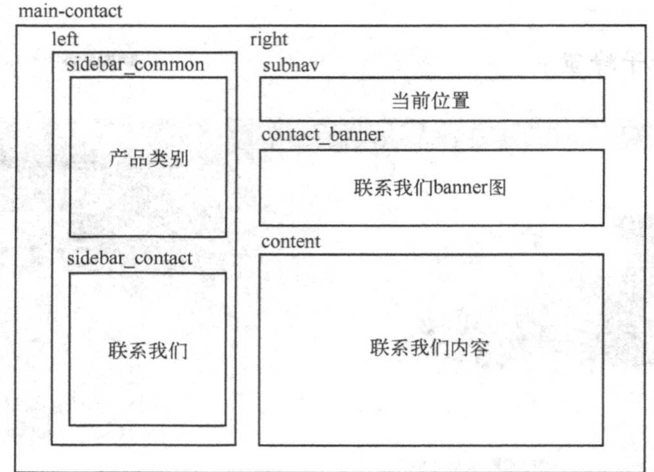

图 3-53 “联系我们”版面主体部分版位 CSS 盒子模型

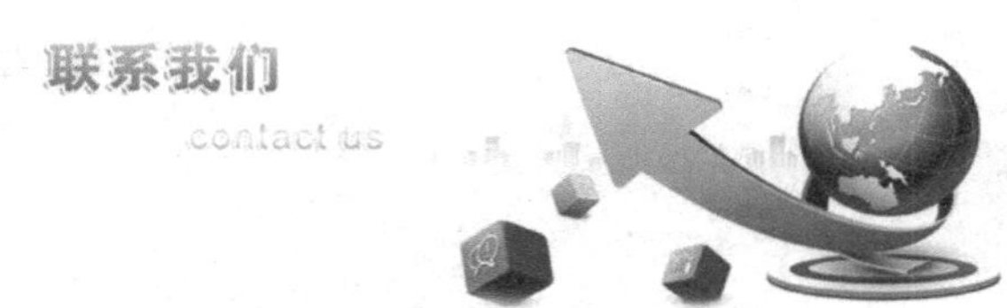

图 3-54 联系我们 banner 图片

3．编写版位结构和内容的代码

根据该版位的 CSS 盒子模型，按从外向里、从左向右的顺序逐层编写该页面主体部分的如下 HTML 代码：

```
<!--“联系我们”主体 main-contact-->
<div class="main-contact">
    <div class="left">
        <div class="sidebar_common">
            <!--此位置的代码与关于花公子页面相应位置的代码相同-->
        </div>
        <div class="sidebar_common mg-t">
            <!--此位置的代码与产品中心列表页相应位置的代码相同-->
        </div>
    </div>
    <div class="right">
        <div class="subnav">
            您现在的位置：<a href="#">首页</a><a href="#">联系我们</a>
        </div>
        <div class="contact_banner">
            <img src="images/contact.jpg">
        </div>
        <div class="content">
            /*联系我们相关信息……*/
        </div>
    </div>
</div>
```

4. 编写 CSS 代码

根据该版位的 CSS 盒子模型，按从外向里、从左向右的顺序逐层编写如下 CSS 代码：

```
.main-contact{
    height:auto;overflow:hidden;width:1000px;margin:8px auto;
    }
.main-contact>.left{float:left;width:215px;}
.main-contact>.right{
    min-height:502px;height:auto;border:1px solid #CCCCCC;width:775px;
    background:#FFF url(../images/message.png) 500px 60px no-repeat; float:right;
    }
.main-contact>.right .contact_banner{height:212px;text-align:center;}
.main-contact>.right .content{
    padding:20px; font-size:14px;line-height:25px;
    }
```

该版位的 CSS 代码编写完成后，该版面的“切图”顺利完成，此时“联系我们”页面的效果图如图 3-55 所示。

图 3-55 “联系我们”页面效果图

3.3 经验传递

☆“切图”是网页设计师（或美工）的核心技能，要做到快速“切图”，熟悉 CSS 是基础，理解 CSS 盒子模型原理和浮动是关键。

☆ 若页面中需根据内容来调整盒子的高度，可配合使用“height:auto;overflow:hidden”。同时为了避免内容过少而影响页面的美观，还要引入“min-height”属性来设置页面最小高度。

☆ 在页面布局中，若遇到盒子位置问题，能用边距实现的尽量使用边距，若实现不了，需用定位相关知识，其中定位的基准是关键。

☆ 在某些版位，可能需使用图片文字滚动、图上放大等特效，因此需学会常用 JavaScript 特效的应用。

☆ 学会盒子尺寸的计算，需理解内边距 padding 属性的定义。若某盒子设置了左边距为 20px，为了使盒子原宽度不变，盒子的宽度需减小 20px。

3.4 知识拓展

1．关于 min-height 的应用

“关于 min-height 的应用相关内容”可参见本书提供的电子资源中的“电子资源包/任务 3/关于 min-height 的应用.docx”进行学习。

2．关于解决图片过大而撑破 DIV 的方法

“关于解决图片过大而撑破 DIV 的方法”相关内容可参见本书提供的电子资源中的“电子资源包/任务 3/关于解决图片过大而撑破 DIV 的方法.docx”进行学习。

3．把几个 class 属性写在一起

“把几个 class 属性写在一起”相关内容可参见本书提供的电子资源中的“电子资源包/任务 3/把几个 class 属性写在一起.docx”进行学习。

4．DIV 盒子水平、垂直居中的方法

“DIV 盒子水平、垂直居中的方法”相关内容可参见本书提供的电子资源中的“电子资源包/任务 3/DIV 盒子水平、垂直居中的方法.docx”进行学习。

5．网页兼容性测试

“网页兼容性测试”相关内容可参见本书提供的电子资源中的“电子资源包/任务 3/网页兼容性测试.docx”进行学习。

任务 4　设计网站数据库

【知识目标】

1. 了解 E-R 图的定义和 E-R 方法；
2. 熟悉 E-R 图的构成要素；
3. 掌握数据逻辑模型及 E-R 图的绘制；
4. 掌握数据表设计；
5. 掌握用 MySQL 数据库创建数据表知识。

【能力目标】

1. 能够使用 E-R 方法分析网站项目的概念模型；
2. 能够根据网站项目的业务逻辑分析系统的数据逻辑结构；
3. 能够根据网站项目数据逻辑结构设计数据表；
4. 能够使用 MySQL 数据库管理工具创建数据表；
5. 培养严谨的逻辑思维能力。

【任务描述】

本任务主要是根据项目需求，采用 E-R 方法分析网站项目的概念模型，并根据概念模型形成数据逻辑结构，以及设计数据表，最后根据所设计出来的数据表，使用第三方的 MySQL 数据库管理工具完成数据表的创建。

4.1　知识准备

4.1.1　关于 E-R 图

1. E-R 图定义

E-R 图也称实体-联系图（Entity-Relationship Diagram），提供了表示实体类型、属性和联系的方法，用来描述现实世界的概念模型。

2. E-R 方法

E-R 方法是实体-联系方法（Entity-Relationship Approach）的简称。它是描述现实世界概念结构模型的有效方法，是表示概念模型的一种方式。它用矩形表示实体，矩形框内写明实体名；用椭圆表示实体的属性，并用无向边将其与相应的实体连接起来；用菱形表示实体之间的联系，在菱形框内写明联系名，并用无向边分别与有关实体连接起来，同时在无向边旁标上联系的类型（1∶1、1∶n 或 m∶n）。

3. E-R 构成要素

构成 E-R 图的基本要素是实体、属性和联系，其表示方法如下。

（1）实体（Entity）。

具有相同属性的实体具有相同的特征和性质，用实体名及其属性名集合来抽象和刻画同类实体。在 E-R 图中用矩形表示，矩形框内写明实体名，如图 4-1 所示。

（2）属性（Attribute）。

属性指的是实体所具有的某一特性，一个实体可由若干个属性来刻画。属性在 E-R 图中用椭圆形表示，并用无向边将其与相应的实体连接起来，比如学生的姓名、学号、性别都是属性，如图 4-2 所示。

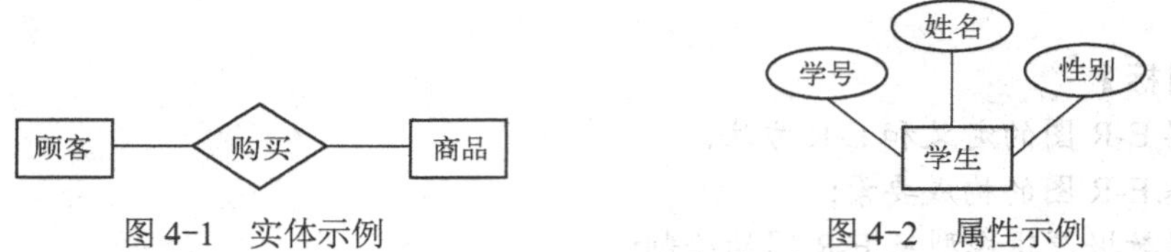

图 4-1　实体示例　　图 4-2　属性示例

（3）联系（Relationship）。

联系也称关系，反映信息世界中实体内部或实体之间的联系。实体内部的联系通常是指组成实体的各属性之间的联系；实体之间的联系通常是指不同实体集之间的联系。联系在 E-R 图中用菱形表示，菱形框内写明联系名，并用无向边分别与有关实体连接起来，同时在无向边旁标上联系的类型（1∶1、1∶n 或 m∶n）。例如，老师给学生授课存在授课关系，学生选课存在选课关系。

联系可分为以下 3 种类型。

① 一对一联系（1∶1）：例如，一个部门有一个经理，而每个经理只在一个部门任职，则部门与经理的联系“有”是一对一的，如图 4-3 所示。

② 一对多联系（1∶n）：例如，一个班级与学生之间存在一对多的联系“有”，即一个班级可以有多个学生，但是每个学生只能属于一个班，如图 4-4 所示。

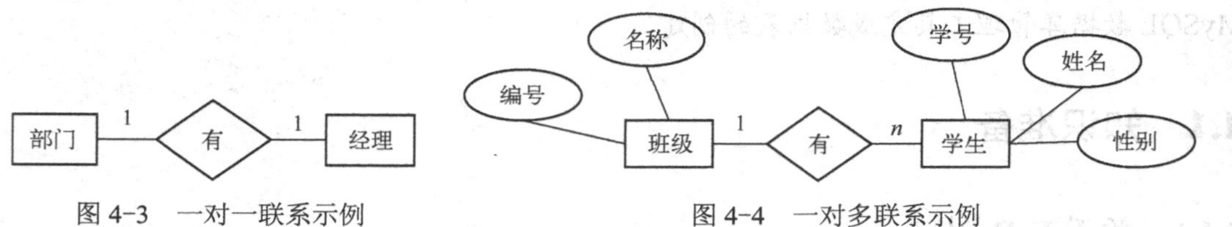

图 4-3　一对一联系示例　　图 4-4　一对多联系示例

③ 多对多联系（m∶n）：例如，学生与课程间的联系“学”是多对多的，即一个学生可以学多门课程，而每门课程可以有多个学生来学，如图 4-5 所示。

当然，联系也可能有属性，例如，学生学某门课程所取得的成绩，既不是学生的属性，也不是课程的属性。由于成绩既依赖于某名特定的学生，又依赖于某门特定的课程，所以它是学生与课程之间的联系——“学”的属性，如图 4-6 所示。

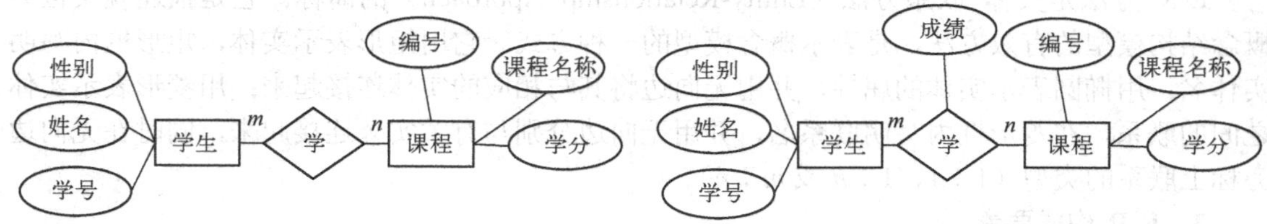

图 4-5　多对多联系示例　　图 4-6　联系具有属性的示例

4．画 E-R 图的步骤

① 确定所有的实体集合。

② 选择实体集应包含的属性。

③ 确定实体集之间的联系。

④ 确定实体集的关键字，用下划线在属性上表明关键字的属性组合。

⑤ 确定联系的类型，在用线将表示联系的菱形框联系到实体集时，在线旁注明 1 或 *n*（多）来表示联系的类型。

4.1.2 MySQL 数据库管理常用工具介绍

MySQL 数据库以体积小、速度快、总体拥有成本低等优点深受广大中小企业的喜爱。MySQL 的管理和维护工具非常多，除了系统自带的命令行管理工具之外，还有许多其他的图形化管理工具，下面介绍 3 款常用的 MySQL 图形化管理工具供读者参考。

1．phpMyAdmin 简介

phpMyAdmin 是人们常用的 MySQL 管理工具之一，它是用 PHP 开发的基于 Web 方式架构在网站主机上的 MySQL 管理工具，支持中文，管理数据库也十分方便。目前，大部分 PHP 空间所附带的 MySQL 数据管理工具都是 phpMyAdmin，因此，需熟悉该工具的使用。

2．Navicat 简介

Navicat 是一款桌面版 MySQL 管理工具，它和微软的 SQL Server 的管理器很像，简单易用。Navicat 的优势在于使用图形化的用户界面，可以让用户管理更加轻松。

3．MySQL ODBC Connector 简介

MySQL ODBC Connector 是一款强大的 MySQL 管理工具，系统安装官方提供的 ODBC 接口程序后，可以通过 ODBC 来访问 MySQL，这样可以实现 SQL Server、Access 和 MySQL 之间的数据转换，还能支持 ASP 访问 MySQL 数据库。

4.2 任务实现

4.2.1 分析花公子蜂蜜网站数据库概念模型

1．确定数据实体集合

花公子蜂蜜网站的用户有两种类型，一种是广大的访问者，另一种是网站管理人员。访问者可以浏览关于花公子信息、新闻动态信息、产品中心信息、联系我们信息，还可以在留言页面填写留言信息等；网站管理人员可以通过网站的登录界面，输入正确的账号和密码来进入网站的后台，能够对网站的信息进行管理，包括设置网站配置信息、管理网站管理员信息、管理关于花公子信息、管理新闻动态信息、管理新闻动态类别信息、管理产品信息、管理产品类别信息、管理联系我们信息、管理友情链接信息等。

通过上述分析得知，该系统的数据实体有访问者、网站管理员、网站基本配置、关于花公子、新闻动态、产品中心、留言、友情链接等。

2．数据实体属性分析

（1）访问者实体属性分析。

广大的访问者无须注册，只需接入互联网便可访问网站前台页面的内容，因此该实体不需要在数据库中体现。

（2）网站基本配置实体属性分析。

通过分析，网站基本配置实体具有的属性如图 4-7 所示。

（3）网站管理员实体属性分析。

通过分析，网站管理员实体具有的属性如图 4-8 所示。

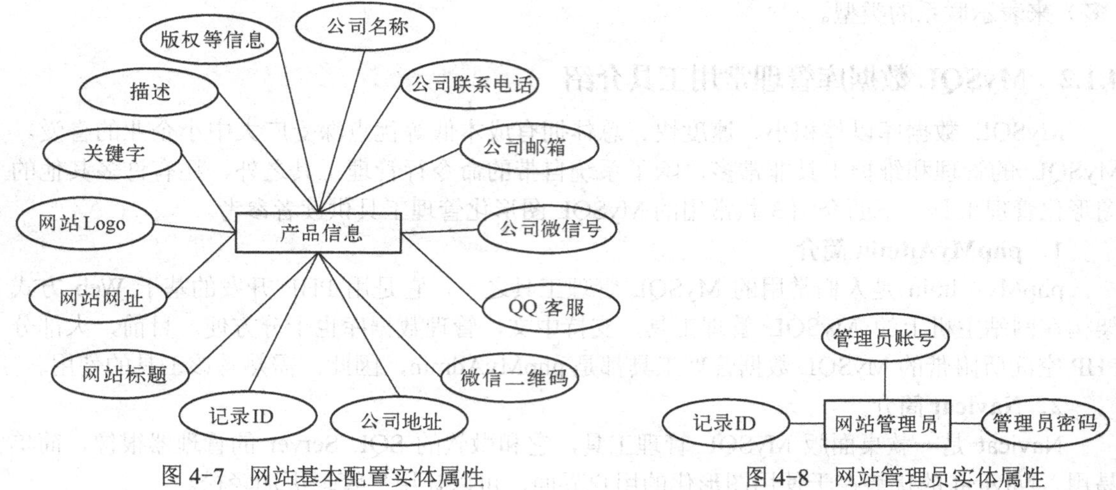

图 4-7 网站基本配置实体属性　　图 4-8 网站管理员实体属性

（4）关于花公子实体属性分析。

通过分析，关于花公子实体具有的属性如图 4-9 所示。

（5）新闻动态实体属性分析。

通过分析，新闻动态实体具有的属性如图 4-10 所示。

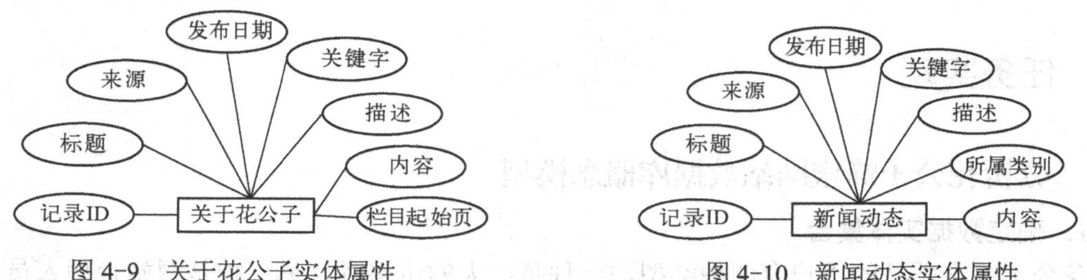

图 4-9 关于花公子实体属性　　图 4-10 新闻动态实体属性

（6）新闻动态类别实体属性分析。

通过分析，新闻动态类别实体具有的属性如图 4-11 所示。

（7）产品中心实体属性分析

通过分析，产品中心实体具有的属性如图 4-12 所示。

（8）产品类别实体属性分析。

通过分析，产品类别实体具有的属性如图 4-13 所示。

（9）留言实体属性分析。

通过分析，留言实体具有的属性如图 4-14 所示。

（10）联系我们实体属性分析。

通过分析，联系我们实体具有的属性如图 4-15 所示。

图 4-11　新闻动态类别实体属性

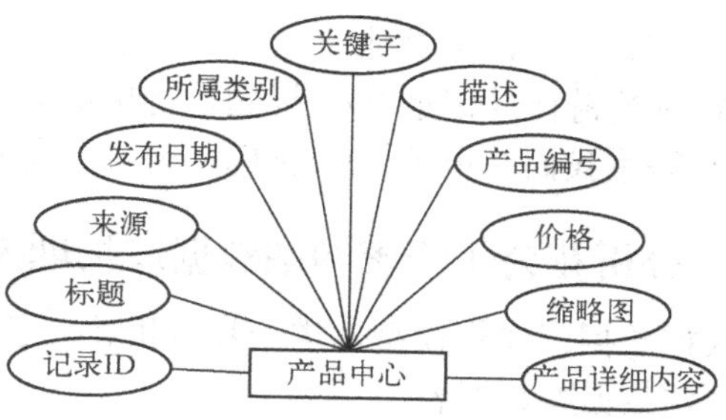

图 4-12　产品中心实体属性

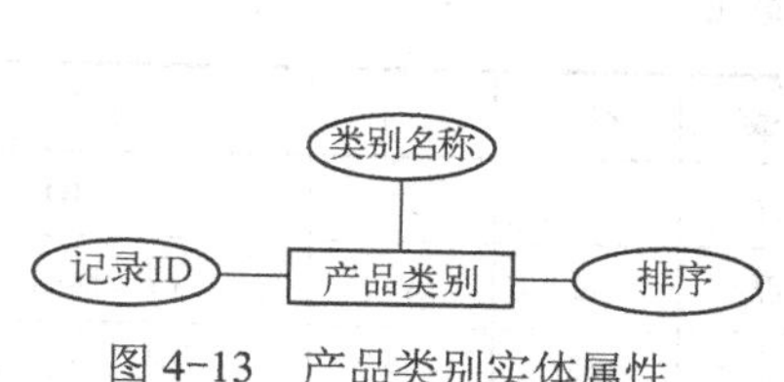

图 4-13　产品类别实体属性

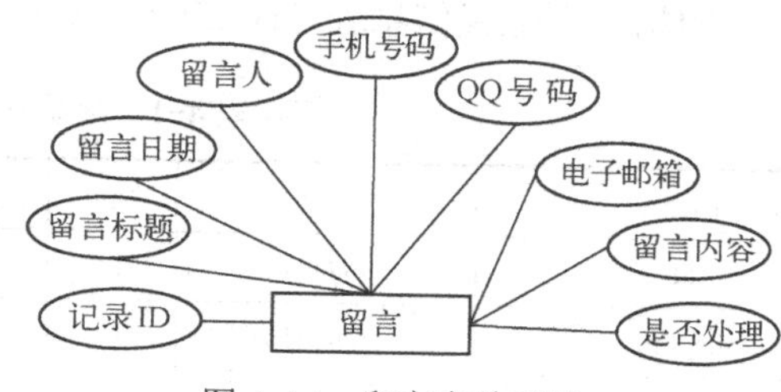

图 4-14　留言实体属性

（11）友情链接实体属性分析。

通过分析，友情链接实体具有的属性如图 4-16 所示。

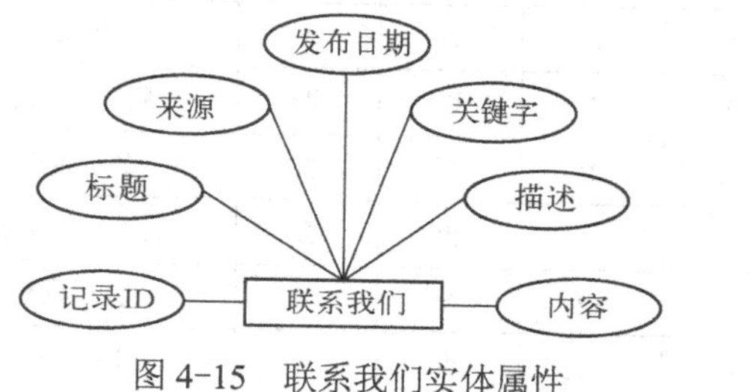

图 4-15　联系我们实体属性

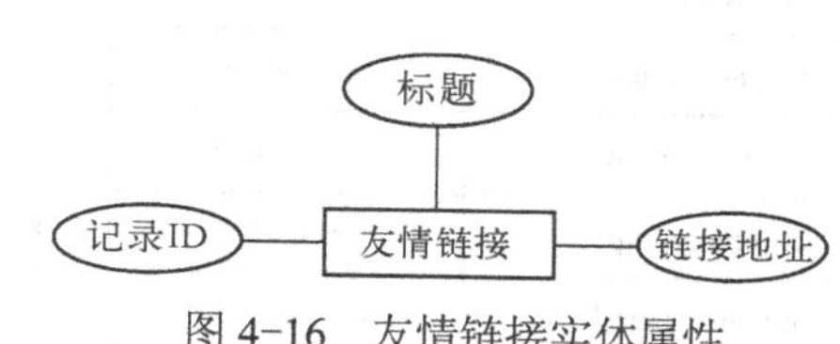

图 4-16　友情链接实体属性

4.2.2　分析花公子蜂蜜网站数据库逻辑模型

通过上一节的 E-R 分析，进一步形成数据逻辑模型。

☆ 网站基本配置（记录 ID，网站标题，网站网址，网站 Logo，关键字，描述，版权等信息，公司名称，公司联系电话，QQ 客服，公司邮箱，公司微信号，微信二维码，公司地址）；

☆ 网站管理员（记录 ID，管理员账号，管理员密码）；

☆ 关于花公子（记录 ID，标题，来源，发布日期，关键字，描述，内容，是否起始页）；

☆ 新闻动态（记录 ID，标题，来源，发布日期，所属类别，关键字，描述，内容）；

☆ 新闻动态类别（记录 ID，类别名称，排序）；

☆ 产品中心（记录 ID，标题，来源，发布日期，产品编号，价格，所属类别，缩略图，关键字，描述，产品详细内容）；

☆ 产品类别（记录 ID，类别名称，排序）；

☆ 留言（记录 ID，留言标题，留言日期，留言人，手机号码，QQ 号码，电子邮箱，留言内容，是否处理）；

☆ 友情链接（记录 ID，标题，链接地址）；

☆ 联系我们（记录 ID，标题，来源，发布日期，关键字，描述，内容）。

4.2.3 分析花公子蜂蜜网站数据库物理模型

根据数据库逻辑模型，进一步分析花公子蜂蜜网站数据库的物理模型，并设计出花公子蜂蜜网站数据库数据表。

1．网站基本配置信息表（config）

设计网站基本配置信息表（config），如表 4-1 所示。

表 4-1 网站基本配置信息表

字段名	类型	Null	主键	外键	唯一	自增	说明
id	int(11)	否	是	否	是	是	记录 ID
site_title	varchar(50)	是	否	否	否	否	网站标题
site_url	varchar(50)	是	否	否	否	否	网站地址
site_logo	varchar(100)	是	否	否	否	否	网站 Logo
site_keywords	text	是	否	否	否	否	关键字
site_description	text	是	否	否	否	否	描述
site_copyright	text	是	否	否	否	否	版权等信息
company_name	varchar(50)	是	否	否	否	否	公司名称
company_phone	varchar(20)	是	否	否	否	否	公司联系电话
company_qq	varchar(20)	是	否	否	否	否	QQ 客服
company_email	varchar(30)	是	否	否	否	否	公司邮箱
company_weixin	varchar(30)	是	否	否	否	否	公司微信号
company_ewm	varchar(100)	是	否	否	否	否	微信二维码
company_address	varchar(50)	是	否	否	否	否	公司地址

2．网站管理员信息表（admin）

设计网站管理员信息表（admin），如表 4-2 所示。

表 4-2 网站管理员信息表

字段名	类型	Null	主键	外键	唯一	自增	说明
id	int(11)	否	是	否	是	是	记录 ID
admin_name	varchar(50)	是	否	否	是	否	管理员账号
admin_pass	varchar(50)	是	否	否	否	否	管理员密码

3．花公子信息表（about）

设计关于花公子信息表（about），如表 4-3 所示。

表 4-3　关于花公子信息表

字段名	类型	Null	主键	外键	唯一	自增	说明
id	int(11)	否	是	否	是	是	记录 ID
title	varchar(50)	是	否	否	否	否	标题
comefrom	varchar(20)	是	否	否	否	否	来源
pubdate	varchar(20)	是	否	否	否	否	发布日期
keywords	text	是	否	否	否	否	关键字
description	text	是	否	否	否	否	描述
content	text	是	否	否	否	否	内容
firstpage	varch(5)	是	否	否	否	否	栏目起始页

4. 新闻动态信息表（news）

设计新闻动态信息表（news），如表 4-4 所示。

表 4-4　新闻动态信息表

字段名	类型	Null	主键	外键	唯一	自增	说明
id	int(11)	否	是	否	是	是	记录 ID
title	varchar(50)	是	否	否	否	否	标题
comefrom	varchar(20)	是	否	否	否	否	来源
pubdate	varchar(20)	是	否	否	否	否	发布日期
catid	int(11)	是	否	是	否	否	所属类别
keywords	text	是	否	否	否	否	关键字
description	text	是	否	否	否	否	描述
content	text	是	否	否	否	否	内容

5. 新闻动态类别信息表（news_category）

设计新闻动态类别信息表（news_category），如表 4-5 所示。

表 4-5　新闻动态类别信息表

字段名	类型	Null	主键	外键	唯一	自增	说明
id	int(11)	否	是	否	是	是	记录 ID
title	varchar(50)	是	否	否	是	否	类别名称
sort	int	是	否	否	否	否	排序

6. 产品中心信息表（product）

设计产品中心信息表（product），如表 4-6 所示。

表 4-6　产品中心信息表

字段名	类型	Null	主键	外键	唯一	自增	说明
id	int(11)	否	是	否	是	是	记录 ID

（续）

字段名	类型	Null	主键	外键	唯一	自增	说明
title	varchar(50)	是	否	否	否	否	标题
comefrom	varchar(20)	是	否	否	否	否	来源
pubdate	varchar(20)	是	否	否	否	否	发布日期
numeration	varchar(20)	是	否	否	否	否	产品编号
price	float	是	否	否	否	否	价格
catid	int(11)	是	否	否	否	否	所属类别
thumbnail	varchar(100)	是	否	否	否	否	缩略图
keywords	text	是	否	否	否	否	关键字
description	text	是	否	否	否	否	描述
content	text	是	否	否	否	否	产品详细内容

7．产品类别信息表（product_category）

设计产品类别信息表（product_category），如表 4-7 所示。

表 4-7　产品类别信息表

字段名	类型	Null	主键	外键	唯一	自增	说明
id	int(11)	否	是	否	是	是	记录 ID
title	varchar(50)	是	否	否	是	否	类别名称
sort	int	是	否	否	否	否	排序

8．留言信息表（message）

设计留言信息表（message），如表 4-8 所示。

表 4-8　留言信息表

字段名	类型	Null	主键	外键	唯一	自增	说明
id	int(11)	否	是	否	是	是	记录 ID
title	varchar(50)	是	否	否	否	否	留言标题
pubdate	varchar(50)	是	否	否	否	否	留言日期
name	varchar(30)	是	否	否	否	否	留言人
tel	varchar(20)	是	否	否	否	否	手机号码
qq	varchar(15)	是	否	否	否	否	QQ 号码
email	varchar(30)	是	否	否	否	否	电子邮箱
content	text	是	否	否	否	否	留言内容
deal	varchar(5)	是	否	否	否	否	是否处理

9．友情链接信息表（friend）

设计友情链接信息表（friend），如表 4-9 所示。

表 4-9　友情链接信息表

字段名	类型	Null	主键	外键	唯一	自增	说明
id	int(11)	否	是	否	是	是	记录 ID
title	varchar(20)	是	否	否	否	否	标题
url	varchar(50)	是	否	否	否	否	链接地址

10．联系我们信息表（contact）

设计联系我们信息表（contact），如表 4-10 所示。

表 4-10　联系我们信息表

字段名	类型	Null	主键	外键	唯一	自增	说明
id	int(11)	否	是	否	是	是	记录 ID
title	varchar(50)	是	否	否	否	否	标题
comefrom	varchar(20)	是	否	否	否	否	来源
pubdate	varchar(20)	是	否	否	否	否	发布日期
keywords	text	是	否	否	否	否	关键字
description	text	是	否	否	否	否	描述
content	text	是	否	否	否	否	内容

4.2.4　数据库实施

数据库实施是该任务的最后一个环节。该环节的主要任务是在 MySQL 数据库服务器上创建数据库，并根据 4.2.3 小节中所设计的数据表在数据库上创建相应的表。

1．创建数据库

创建数据库 honey，语句为如下：

```
CREATE DATABASE honey DEFAULTCHARACTERSET utf8 COLLATE utf8_general_ci;
```

2．创建数据表

（1）创建网站基本配置信息表的 SQL 语句如下：

```
CREATE TABLE 'config' (
  'id' int(11) NOT NULL AUTO_INCREMENT COMMENT '记录 ID',
  'site_title' varchar(50) DEFAULT NULL COMMENT '网站标题',
  'site_url' varchar(50) DEFAULT NULL COMMENT '网站地址',
  'site_logo' varchar(100) DEFAULT NULL COMMENT '网站 Logo',
  'site_keywords' text COMMENT '关键字',
  'site_description' text COMMENT '描述',
  'site_copyright' text COMMENT '版权等信息',
  'company_name' varchar(50) DEFAULT NULL COMMENT '公司名称',
  'company_phone' varchar(20) DEFAULT NULL COMMENT '公司联系电话',
  'company_qq' varchar(20) DEFAULT NULL COMMENT 'QQ 客服',
  'company_email' varchar(30) DEFAULT NULL COMMENT '公司邮箱',
  'company_weixin' varchar(30) DEFAULT NULL COMMENT '公司微信号',
  'company_ewm' varchar(100) DEFAULT NULL COMMENT '微信二维码',
  'company_address' varchar(50) DEFAULT NULL COMMENT '公司地址',
```

```
    PRIMARY KEY ('id')
) ENGINE=MyISAM    DEFAULT CHARSET=utf8;
```

（2）创建网站管理员信息表的 SQL 语句如下：

```
CREATE TABLE 'admin' (
  'id' int(11) NOT NULL AUTO_INCREMENT COMMENT '记录 ID',
  'admin_name' varchar(50) DEFAULT NULL COMMENT '管理员账号',
  'admin_pass' varchar(50) DEFAULT NULL COMMENT '管理员密码',
  PRIMARY KEY ('id')
) ENGINE=MyISAM    DEFAULT CHARSET=utf8;
```

（3）创建关于花公子信息表的 SQL 语句如下：

```
CREATE TABLE 'about' (
  'id' int(11) NOT NULL AUTO_INCREMENT COMMENT '记录 ID',
  'title' varchar(50) DEFAULT NULL COMMENT '标题',
  'comefrom' varchar(20) DEFAULT NULL COMMENT '来源',
  'pubdate' varchar(20) DEFAULT NULL COMMENT '发布日期',
  'keywords' text COMMENT '关键字',
  'description' text COMMENT '描述',
  'content' text COMMENT '内容',
  'firstpage' varchar(5) DEFAULT NULL COMMENT '栏目起始页',
  PRIMARY KEY ('id')
) ENGINE=MyISAM    DEFAULT CHARSET=utf8;
```

（4）创建新闻动态信息表的 SQL 语句如下：

```
CREATE TABLE 'news' (
  'id' int(11) NOT NULL AUTO_INCREMENT COMMENT '记录 ID',
  'title' varchar(50) DEFAULT NULL COMMENT '标题',
  'comefrom' varchar(20) DEFAULT NULL COMMENT '来源',
  'pubdate' varchar(20) DEFAULT NULL COMMENT '发布日期',
  'catid' int(11) DEFAULT NULL COMMENT '所属类别',
  'keywords' text COMMENT '关键字',
  'description' text COMMENT '描述',
  'content' text COMMENT '内容',
  PRIMARY KEY ('id')
) ENGINE=MyISAM    DEFAULT CHARSET=utf8;
```

（5）创建新闻动态类别信息表的 SQL 语句如下：

```
CREATE TABLE 'news_category' (
  'id' int(11) NOT NULL AUTO_INCREMENT COMMENT '记录 ID',
  'title' varchar(50) DEFAULT NULL COMMENT '类别名称',
  'sort' int(11) DEFAULT NULL COMMENT '排序',
  PRIMARY KEY ('id')
) ENGINE=MyISAM DEFAULT CHARSET=utf8;
```

（6）创建产品中心信息表的 SQL 语句如下：

```
CREATE TABLE 'product' (
  'id' int(11) NOT NULL AUTO_INCREMENT COMMENT '记录 ID',
  'title' varchar(50) DEFAULT NULL COMMENT '标题',
  'comefrom' varchar(20) DEFAULT NULL COMMENT '来源',
  'pubdate' varchar(20) DEFAULT NULL COMMENT '发布日期',
```

```
  'numeration' varchar(20) DEFAULT NULL COMMENT '产品编号',
  'price' float DEFAULT NULL COMMENT '价格',
  'catid' int(11) DEFAULT NULL COMMENT '所属类别',
  'thumbnail' varchar(100) DEFAULT NULL COMMENT '缩略图',
  'keywords' text COMMENT '关键字',
  'description' text COMMENT '描述',
  'content' text COMMENT '产品详细内容',
  PRIMARY KEY ('id')
) ENGINE=MyISAM DEFAULT CHARSET=utf8;
```

（7）创建产品类别信息表的 SQL 语句如下：

```
CREATE TABLE 'product_category' (
  'id' int(11) NOT NULL AUTO_INCREMENT COMMENT '记录 ID',
  'title' varchar(50) DEFAULT NULL COMMENT '类别名称',
  'sort' int(11) DEFAULT NULL COMMENT '排序',
  PRIMARY KEY ('id')
) ENGINE=MyISAM DEFAULT CHARSET=utf8;
```

（8）创建留言信息表的 SQL 语句如下：

```
CREATE TABLE 'message' (
  'id' int(11) NOT NULL AUTO_INCREMENT COMMENT '记录 ID',
  'title' varchar(50) DEFAULT NULL COMMENT '留言标题',
  'pubdate' varchar(50) DEFAULT NULL COMMENT '留言时间',
  'name' varchar(30) DEFAULT NULL COMMENT '留言人',
  'tel' varchar(20) DEFAULT NULL COMMENT '手机号码',
  'qq' varchar(15) DEFAULT NULL COMMENT 'QQ 号码',
  'email' varchar(30) DEFAULT NULL COMMENT '电子邮箱',
  'content' text COMMENT '留言内容',
  'deal' varchar(5) DEFAULT '否' COMMENT '是否处理',
  PRIMARY KEY ('id')
) ENGINE=MyISAM DEFAULT CHARSET=utf8;
```

（9）创建友情链接信息表的 SQL 语句如下：

```
CREATE TABLE 'friend' (
  'id' int(11) NOT NULL, AUTO_INCREMENT, COMMENT '记录 ID',
  'title' varchar(20) DEFAULT NULL COMMENT '标题',
  'url' varchar(50) DEFAULT NULL COMMENT '链接地址',
  PRIMARY KEY ('id')
) ENGINE=MyISAM DEFAULT CHARSET=utf8;
```

（10）创建联系我们信息表的 SQL 语句如下：

```
CREATE TABLE 'contact' (
  'id' int(11) NOT NULL AUTO_INCREMENT COMMENT '记录 ID',
  'title' varchar(50) DEFAULT NULL COMMENT '标题',
  'comefrom' varchar(20) DEFAULT NULL COMMENT '来源',
  'pubdate' varchar(20) DEFAULT NULL COMMENT '发布日期',
  'keywords' text COMMENT '关键字',
  'description' text COMMENT '描述',
  'content' text COMMENT '内容',
  PRIMARY KEY ('id')
) ENGINE=MyISAM    DEFAULT CHARSET=utf8;
```

4.3 经验传递

☆ 在设计网站项目数据库时，如果是多名成员分工合作共同完成的项目，在编写代码前需共同分析以形成数据表，因为一个网站项目的后台开发及前后台整合都与数据库有关。这样做还有一个重要原因是有利于项目成员任务的实现，提高项目开发效率。

☆ 在网站建设企业中，做真实项目时通常不用写出网站项目数据库数据实体属性和数据概念模型，只需完成数据表的设计即可。上述列出网站项目数据库数据实体属性和数据概念模型的目的在于给读者介绍分析的过程。

☆ 实际应用中，在数据库实施阶段，通常使用第三方数据库管理工具创建数据表，原因在于操作方便，效率高。

4.4 知识拓展

"连表查询"相关内容可参见本书提供的电子资源中的"电子资源包/项目任务 4/连表查询.docx"进行学习。

任务5　搭建PHP开发环境

【知识目标】

1. 了解PHP运行环境；
2. 了解常用的PHP代码编辑工具；
3. 了解常用的PHP集成开发环境；
4. 了解PHP程序运行原理；
5. 熟悉搭建PHP集成开发环境的软件phpStudy 2018的安装步骤，并掌握其使用方法。

【能力目标】

1. 能够熟练搭建PHP开发环境；
2. 能够在Apache服务器上通过配置文件设置和管理端口、配置虚拟目录、配置虚拟主机；
3. 培养知识技能的迁移能力。

【任务描述】

本任务是使用软件phpStudy 2018搭建PHP集成开发环境。

5.1　知识准备

5.1.1　PHP运行环境

俗话说“工欲善其事，必先利其器”。在开发PHP网站项目之前，首先需要在系统中搭建项目的开发环境。学习者通常都是在Windows平台上搭建开发环境的，PHP网站运行过程涉及3个重要的组件——PHP、Apache和MySQL，有自定义安装和集成安装两种安装方式。其中，自定义安装需逐个安装并配置上述3个组件；而集成安装非常简单，只需下载PHP集成开发环境并安装即可。下面对PHP、Apache和MySQL进行简要介绍。

1．PHP简介

PHP是Hypertext Preprocessor（超文本预处理器）的缩写，它是一种通用开源脚本语言，主要用于开发动态网站及服务器应用程序。它由Rasmus Lerdorf在1994年创建。PHP经过多次的重新编写与改进，发展非常迅猛，目前最新的版本为PHP 7，它与Linux、Apache和MySQL共同构成了强大的Web应用程序平台。在服务器端的Web程序开发语言方面，PHP是目前最受欢迎的语言之一，国内许多大型知名网站都选择PHP作为主要的开发技术。与其他语言相比，它具有以下几个方面的优势：

☆ 完全开源，所有的PHP源代码都可以免费得到；
☆ 具有良好的跨平台性，支持Windows、Linux等多种操作系统；
☆ 支持面向过程和面向对象的编辑方式；
☆ 支持各种主流的数据库，如MySQL、SQL Server、Oracle等；
☆ 易学易用，实用性强，程序的开发效率高。

2．Apache 简介

Apache HTTP Server（简称 Apache），是 Apache 软件基金会的一款开放源代码的网页服务器，它可在大部分的系统上运行。由于其具有良好的跨平台性和安全性，被广泛使用，是目前最流行的 Web 服务器端软件之一。与一般的 Web 服务器相比，Apache 具有如下特点：

☆ 跨平台应用，几乎可以运行在所有的计算机平台上；
☆ 开放源代码，Apache 服务程序由全世界的众多开发者共同维护，并且任何人都可以自由使用，充分体现了开源软件的精神；
☆ 支持 HTTP 1.1 协议，Apache 是最先使用 HTTP 1.1 协议的 Web 服务器之一，它完全兼容 HTTP 1.1 协议，并与 HTTP 1.0 协议向后兼容；
☆ 支持通用网关接口（CGI），Apache 遵守 CGI/1.1 标准，并且提供了扩充的特征；
☆ 支持常见的网页编程语言，比如支持 Perl、PHP、Python、Java 等，使 Apache 的应用领域更加广泛；
☆ 模块化设计，通过标准的模块实现专有的功能，提高了项目开发的效率；
☆ 运行稳定，且具有良好的安全性。

3．MySQL 简介

MySQL 是一个关系型数据库管理系统，由瑞典 MySQL AB 公司开发，目前属于 Oracle 旗下产品。MySQL 是最流行的关系型数据库管理系统之一。

5.1.2 PHP 代码编辑工具

目前，常用的 PHP 代码编辑工具有 Notepad++、Sublime Text、Zend Studio 等。

1．Notepad++简介

Notepad++是微软视窗环境之下的一个免费的代码编辑器。它使用较少的 CPU 功率，降低计算机系统能源消耗，不仅轻巧，而且执行效率高，可以完美地取代微软视窗的记事本。同时它支持多达 27 种语法高亮度显示（包括各种常见的源代码、脚本，能够很好地使用.nfo 文件查看），还支持自定义语言。Notepad++可自动检测文件类型，根据关键字显示节点，可自由折叠/打开节点，还可显示缩进引导线，代码显示很有层次感；可打开双窗口，在分窗口中又可打开多个子窗口，允许快捷切换全屏显示模式（F11），支持鼠标滚轮改变文档显示比例。另外还提供了一些有用的功能，如邻行互换位置、宏功能等。

2．Sublime Text 简介

Sublime Text 是一款流行的代码编辑器。Sublime Text 具有漂亮的用户界面和强大的功能，例如代码缩略图、Python 的插件、代码段等。Sublime Text 的主要功能包括拼写检查、书签、完整的 Python API、Goto 功能、即时项目切换、多选择、多窗口等。Sublime Text 是一个跨平台的编辑器，同时支持 Windows、Linux 等操作系统。

3．Zend Studio 简介

Zend Studio 是一个屡获大奖的专业 PHP 集成开发环境，具备功能强大的专业编辑工具和调试工具，支持 PHP 语法加亮显示，具有语法自动填充功能，具有书签功能，还具有语法自动缩排和代码复制功能，内置强大的 PHP 代码调试工具，支持本地和远程两种调试模式，具有多种高级调试功能。

5.1.3 PHP 集成开发环境

目前，主流的 PHP 集成开发环境安装软件主要有 phpStudy、Wamp Server、XAMPP 等。

1．phpStudy 简介

在众多的 PHP 集成开发环境包中，使用 phpStudy 集成开发环境包的用户人数最多，因为 phpStudy 集成了最新的 Apache、Nginx、Light TPD、PHP、MySQL、phpMyAdmin、Zend Optimizer、Zend Loader，且一次性安装，无须配置即可使用，非常方便、好用。该程序绿色小巧，简易迷你，还有专门的控制面板。它支持 Apache、IIS、Nginx 和 Light TPD，全面支持 Windows 所有操作系统。

2．Wamp Server 简介

Wamp 就是 Windows、Apache、MySQL、PHP 集成安装环境的缩写，即在 Windows 下的 Apache、PHP 和 MySQL 的服务器软件，因该集成开发环境易用实用，所以使用也非常广泛。

3．XAMPP 简介

XAMPP 是整合型的 Apache 套件，包括 Apache、MySQL、PHP 和 PERL。该集成开发环境包直接解压缩就可以使用，没有复杂的安装过程，使用也非常方便。

5.1.4 PHP 程序运行原理

PHP 应用程序的工作原理如图 5-1 所示。

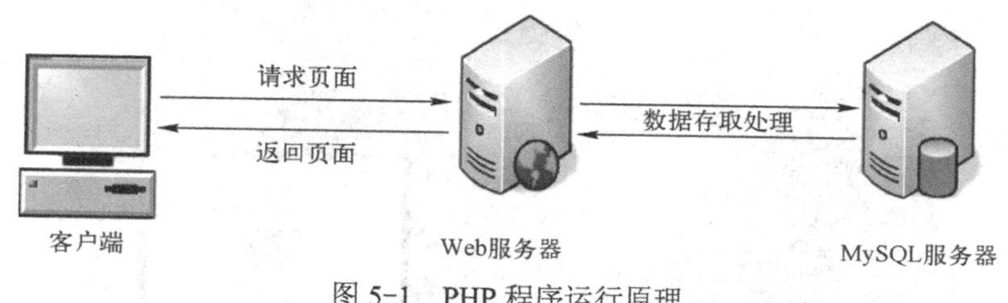

图 5-1 PHP 程序运行原理

首先，当用户在浏览器地址栏中输入要访问的 PHP 页面文件地址后，浏览器向 Web 服务器发送请求信息。

其次，Web 服务器接受这个请求，并从存储器中取出用户要访问的 PHP 页面文件，并将其发送给 PHP 引擎程序。

再次，PHP 引擎程序将会对 Web 服务器传送过来的文件从头到尾进行扫描，并根据命令处理 MySQL 数据库服务器上的数据，并动态地生成相应的 HTML 页面。

最后，PHP 引擎将生成的 HTML 页面返回给 Web 服务器，Web 服务器再将 HTML 页面返回给客户端浏览器。

5.2 任务实现

5.2.1 安装 PHP 代码编辑工具

请读者自行在互联网下载上述其中一款代码编辑工具并安装，本书不介绍操作演示步骤了。

5.2.2 安装并搭建集成开发环境

以 phpStudy 2018 为例介绍安装并搭建集成开发环境步骤如下。

步骤 1：访问 phpStudy 官网（http://www.phpStudy.net/），并下载 phpStudy 2018。

步骤 2：下载完成后得到一个压缩包——phpStudySetup2018.zip，将其解压后得到一个文件类型为.exe 的安装文件——phpStudySetup.exe。

步骤 3：双击安装文件，将弹出“phpStudy 自动解压包”对话框，选择安装路径，默认的路径为 C:\phpStudy，也可以根据实际选择其他路径。在选择路径时注意，路径中不能含有中文和空格，路径选择好后，单击“是”按钮进行解压安装，如图 5-2 和图 5-3 所示。

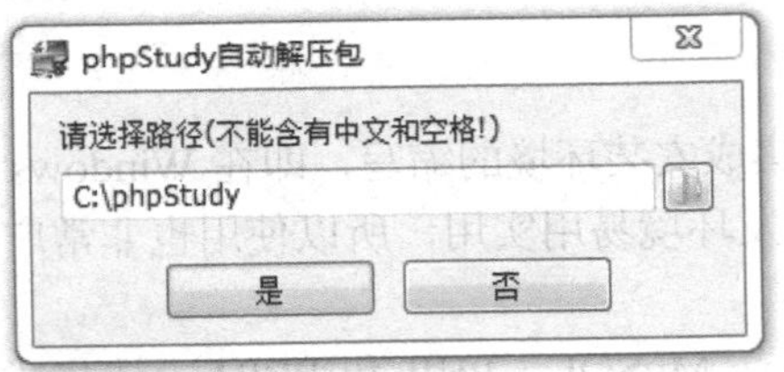

图 5-2 选择路径

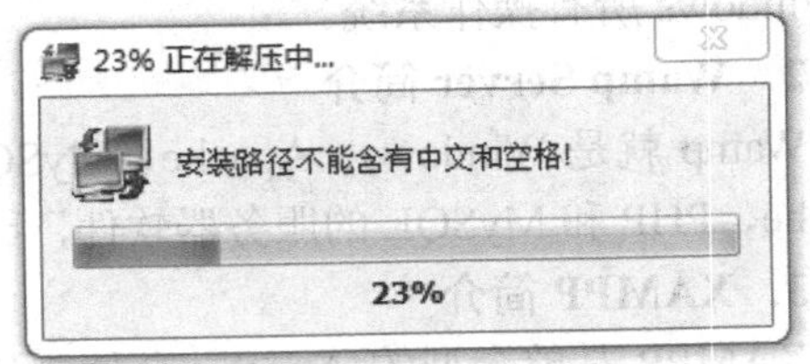

图 5-3 正在解压

步骤 4：解压完成后，程序会进行更新自检，此时会弹出图 5-4 所示的窗口，单击“更新到最新版本”按钮开始更新文件，也可以直接单击“跳过”按钮。

图 5-4 phpStudy 版本更新

步骤 5：执行完第 4 步后，若系统没安装 VC11 运行库，将会弹出“提示信息！”对话框，如图 5-5 所示，此时单击“确定”按钮，后续再安装 VC11 运行库。

步骤 6：Apache 默认的端口号为 80，如果本机的端口号 80 被占用，将会弹出端口被占用的“提示”对话框，如图 5-6 所示，此时可以先单击“忽略”按钮，后续再更改端口号。

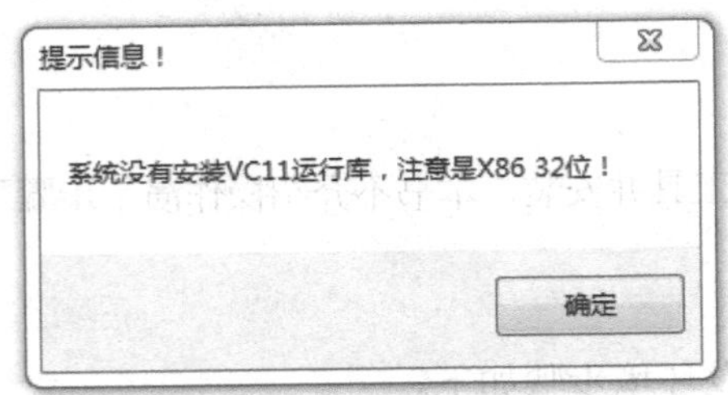

图 5-5 “提示信息！”对话框

图 5-6 端口号 80 被占用的提示

步骤 7：进入 phpStudy 管理主界面，如果 Apache 和 MySQL 右侧为绿色实心小圆形图标，说明 Apache 和 MySQL 服务器已正常运行，如图 5-7 所示；如果为红色正方形图标，说明 Apache 和 MySQL 服务器未能正常运行，如图 5-8 所示，此时可单击“重启”按钮。若仍未能解决，可能端口已被系统的其他程序占用，此时需要进行更改相应端口号的操作。

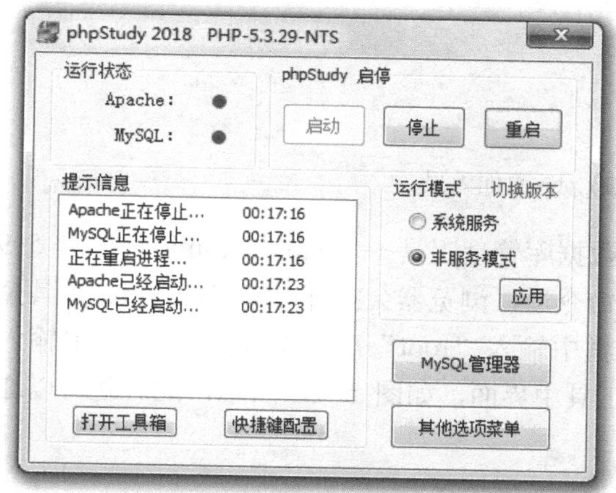

图 5-7 Apache 和 MySQL 正常运行

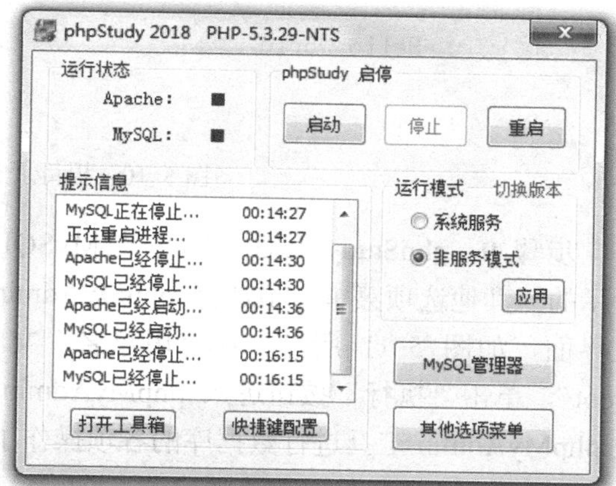

图 5-8 Apache 和 MySQL 未正常运行

步骤 8：Apache 和 MySQL 服务器正常运行后，单击“其他选项菜单”按钮，在弹出的菜单中选择 My HomePage 命令，如图 5-9 所示，自动启动浏览器并打开 Apache 根目录下的 index.php 页面。此时看到的页面效果如图 5-10 所示，说明此时 Apache 服务器已正常运行。

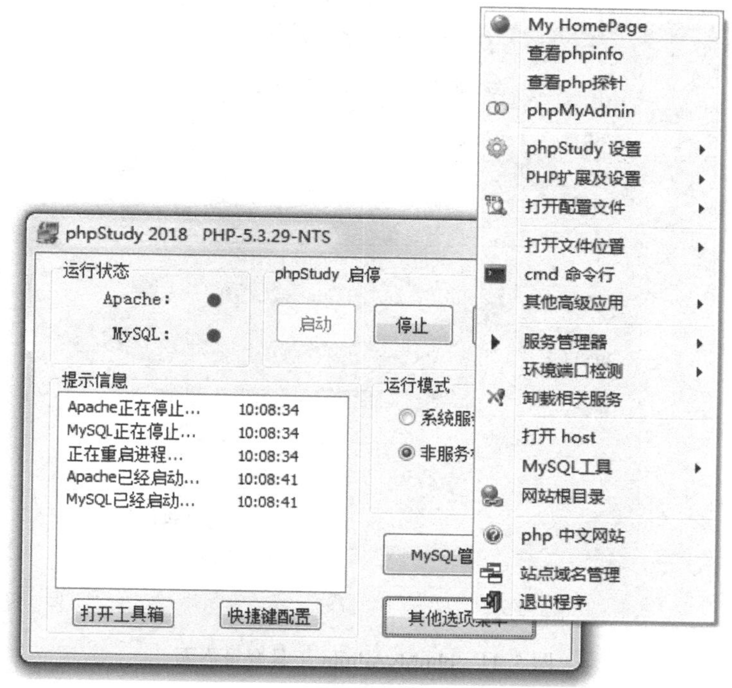

图 5-9 打开其他选项菜单

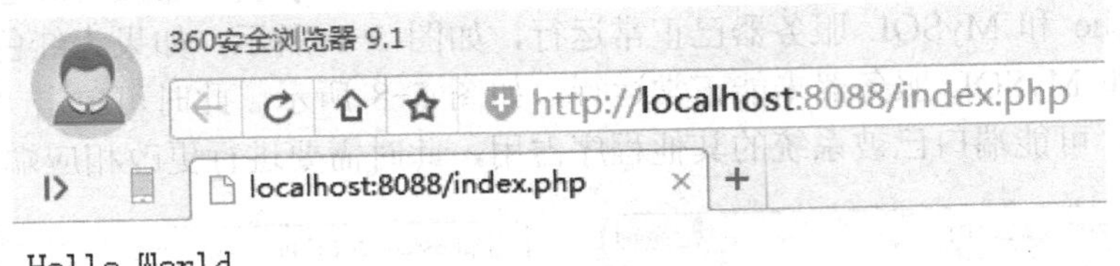

图 5-10　根目录 index.php 页面效果

步骤 9：phpStudy 集成了第三方 MySQL 数据库管理工具——phpMyAdmin，在图 5-9 所示的“其他选项菜单”中选择 phpMyAdmin 命令后，浏览器会打开 phpMyAdmin 工具登录界面，如图 5-11 所示。在“用户名”文本框中输入“root”，在“密码”文本框中输入“root”，单击“执行”按钮进入 phpMyAdmin 工具主界面，如图 5-12 所示，此时就可以通过 phpMyAdmin 工具进行数据库的各项操作了。

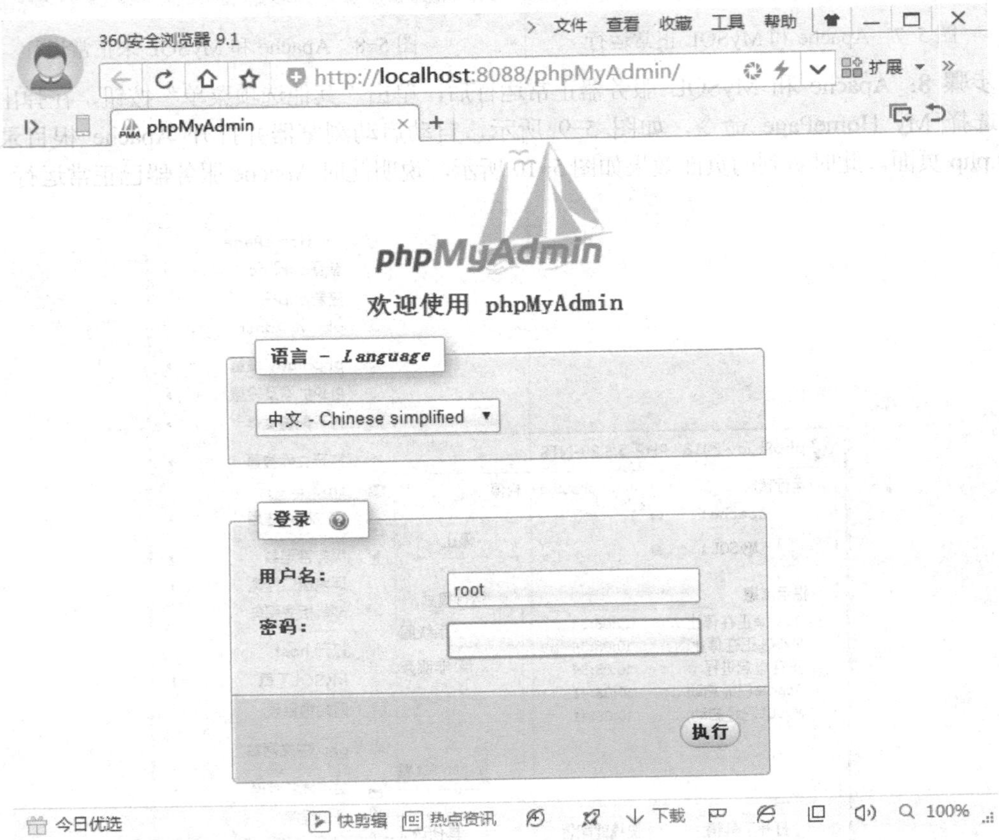

图 5-11　phpMyAdmin 工具登录界面

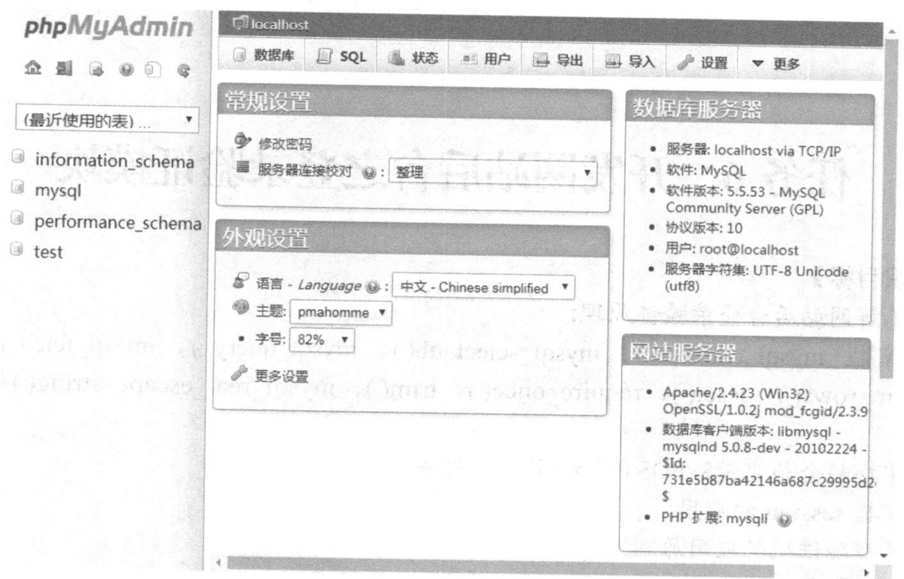

图 5-12　phpMyAdmin 工具主界面

通过以上的操作，开发环境的搭建就完成了，此时可以在 Apache 根目录下部署花公子蜂蜜网站项目了。

5.3　经验传递

☆ 建议初学者使用集成开发环境进行 PHP 开发环境的搭建，推荐使用 phpStudy 集成开发环境包。在安装中，选择自动解压包路径时，建议选择安装到 U 盘，这样 U 盘就变成了一个“移动式”PHP 集成开发环境了，以后使用非常方便，只需把 U 盘插入计算机就可以使用了，建议在校生使用该种方式。

☆ 若 phpStudy 启动失败，原因有 3 个：一是防火墙拦截；二是 80 端口已经被别的程序占用；三是没有安装 VC11 运行库。

☆ PHP 和 Apache 是需要 VC 运行库编译的。如果在使用的过程中提示缺少 VC 运行库，应根据提示进行下载及安装。PHP 5.3、PHP 5.4 和 Apache 都是用 VC9 进行编译的，PHP 5.5、PHP 5.6 则需用 VC11 进行编译，而 PHP 7.0、PHP 7.1 需用 VC14 进行编译。

5.4　知识拓展

1. 通过配置文件 httpd.conf 管理与配置 Apache 端口

“通过配置文件 httpd.conf 管理与配置 Apache 端口”相关内容可参见本书提供的电子资源中的“电子资源包/任务 5/”。

2. 配置 Apache 虚拟主机实现不同端口访问不同网站

“配置 Apache 虚拟主机实现不同端口访问不同网站”相关内容可参见本书提供的电子资源中的“电子资源包/任务 5/配置 Apache 虚拟主机实现不同端口访问不同网站.docx”进行学习。

任务6　开发网站后台之登录验证模块

【知识目标】

1. 了解网站后台登录验证原理；

2. 掌握 mysql_connect()、mysql_select_db()、mysql_query()、mysql_fetch_array()、mysql_num_rows()、isset()、require_once()、trim()、mysql_real_escape_string()等函数的应用；

3. 掌握超全局变量$_POST 和$_GET 的用法；

4. 掌握 session 的应用；

5. 了解验证码的应用原理。

【能力目标】

1. 能够设计网站后台登录页面，编写 js 函数对用户名、密码和验证码进行非空验证；

2. 学会在登录验证模块中引入验证码；

3. 能够编写登录验证的 PHP 代码文件；

4. 能够编写用于验证用户身份的 session 文件；

5. 培养严谨的思维能力和敏锐的网站安全意识。

【任务描述】

本任务是设计及开发网站后台登录验证模块，其中包括设计登录页面、编写登录验证的 PHP 文件和验证用户身份的 session 文件。

6.1　知识准备

6.1.1　登录验证原理

登录验证模块是网站后台的入口，管理员在登录页面输入账号和密码并单击“登录”按钮后，验证文件将接收到的账号和密码数据进行验证。如果输入的账号、密码无误，则进入网站后台，否则弹出提示错误信息并跳转返回登录页面。该模块的流程图如图 6-1 所示。

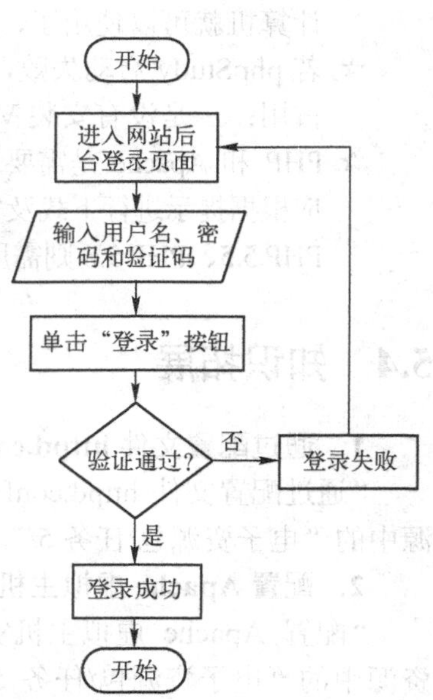

图 6-1　登录验证模块流程图

6.1.2　mysql_connect()函数

该函数用于打开非持久的 MySQL 连接，如果连接成功，则返回一个 MySQL 连接标识，失败则返回 false。

【语法格式】

```
mysql_connect(server,user,pwd)
```

【参数说明】

server：可选项，用于规定连接的服务器，如 MySQL Server 在本地端，则使用 localhost 或 127.0.0.1。

user：可选项，服务器的用户名。

pwd：可选项，用于连接服务器的密码。

【实例演示】

若某 MySQL 数据库服务器的地址是 220.234.5.98，用户 acouar 的密码为 hg-23h，则连接该 MySQL 数据库服务器的代码如下：

```
$host="220.234.5.98";
$user="acouar";
$pwd="hg-23h";
$conn=mysql_connect($host,$user,$pwd);
If(!conn){
    die('数据库连接失败'.mysql_error());   //mysql_error()函数用于捕获错误信息
}
```

6.1.3 mysql_select_db()函数

该函数用于设置活动的 MySQL 数据库，也可以理解为设置要操作的数据库对象。如果设置成功，该函数返回 true，如果设置失败则返回 false。

【语法格式】

```
mysql_select_db(database,connection)
```

【参数说明】

database：必填项，设置要操作的数据库对象。

connection：可选项，用于规定 MySQL 连接，如果未指定，则使用上一个连接。

【实例演示】

若某 MySQL 数据库服务器的地址是 220.234.5.98，用户 acouar 的密码为 hg-23h，该数据库服务器中有一个名为 company 的数据库，在网站首页中需连接到该数据库，则代码如下：

```
$host="220.234.5.98";
$user="acouar";
$pwd="hg-23h";
$conn=mysql_connect($host,$user,$pwd);
If(!conn){//判断连接是否创建成功
    die('数据库连接失败'.mysql_error());   //mysql_error()函数用于捕获错误信息
}
$selectdb=mysql_select_db("company", $conn);
If(!$selectdb){//判断数据库选择是否成功
    die('数据库连接失败'.mysql_error());   //mysql_error()函数用于捕获错误信息
}
```

6.1.4 mysql_query()函数

该函数用于执行 MySQL 语句，执行成功时返回 true，出错时返回 false。

【语法格式】

```
mysql_query(query,connection)
```

【参数说明】

query：必填项，指定 SQL 查询语句。

connection：可选项，用于指定数据库连接标识符，如果未规定，则使用上一个打开的连接。

【实例演示】

```
//查询语句
$sql="select * from news";
//执行查询语句，并返回结果集存于$result 变量中
$result=mysql_query($sql,$conn);
```

6.1.5 超全局变量$_POST 和$_GET

PHP 中的许多预定义变量都是“超全局的”，$_POST 和$_GET 是其中的两个，它们在一个脚本的全部作用域中都可使用。

（1）$_POST 用于接收表单使用 method="post"方法所提交的数据。

例如：

```
<form action="" method="post">
    用户名：<input type="text" name="user" />
    <input type="submit" value="提交" />
</form>
你的用户名是：<?=$_POST['user']?>
```

（2）$_GET 用于接收表单使用 method="get"方法所提交的数据。

例如：

```
<form action="" method="get">
    年龄：<input type="text" name="age" />
    <input type="submit" value="提交" />
</form>
你的用户名是：<?=$_GET['age']?>
```

6.1.6 mysql_fetch_array()函数

该函数用于将从结果集取得的行生成数组，如果没有取得行则返回 false。

【语法格式】

```
mysql_fetch_array(data,array_type)
```

【参数说明】

data：可选项，规定要使用的数据指针。该数据指针通常是 mysql_query()函数产生的结果。

array_type：可选项，规定返回哪种结果。可能的值如下。

MYSQL_ASSOC——关联数组。

MYSQL_NUM——数字数组。

MYSQL_BOTH——默认，同时产生关联数组和数字数组。

6.1.7 mysql_num_rows()函数

该函数返回结果集中行的数目。

【语法格式】

```
mysql_num_rows(data)
```

【参数说明】

data：为 mysql_query() 返回的结果集。

注意：此命令仅对 SELECT 语句有效，要取得被 INSERT、UPDATE 或者 DELETE 查询所影响到的行的数目，可使用 mysql_affected_rows()函数。

6.1.8 isset()函数

该函数主要用于检测变量是否被设置。

【语法格式】

```
bool isset( mixed var [,mixed var [,...]] )
```

【函数说明】

- 若变量不存在，则返回 false。
- 若变量存在且其值为 NULL，则返回 false。
- 若变量存在且值不为 NULL，则返回 ture。
- 如果已经使用 unset()释放了一个变量，它将不再是 isset()。
- 若使用 isset()测试一个被设置成 NULL 的变量，将返回 false。同时要注意的是，一个 NULL 字节（"\0"）并不等同于 PHP 的 NULL 常数。

注意：isset()只能用于检测变量，因为传递任何其他参数都将造成解析错误。若想检测常量是否已被设置，可使用 defined()函数。

6.1.9 session、$_SESSION 和 session_start()函数

1. session 简介

HTTP 协议是 Web 服务器与客户端(浏览器)相互通信的协议，它是一种无状态协议。所谓无状态，指的是不会维护 HTTP 请求数据。HTTP 请求是独立的，非持久的。而越来越复杂的 Web 应用，需要保存一些用户状态信息。这时候，session 这种方案应需而生。session 是很抽象的一个概念。

当每个用户访问 Web 时，PHP 的 session 初始化函数会给当前来访用户分配一个唯一的 session ID。并且在 session 生命周期结束的时候，将用户在此周期产生的 session 数据保存到 session 文件中。用户再次访问的时候，session 初始化函数又会从 session 文件中读取 session 数据，开始新的 session 生命周期。

2. $_SESSION 变量

$_SESSION 是一个全局变量，类型是 Array，映射了 session 生命周期的 session 数据，

寄存在内存中。在 session 初始化的时候，从 session 文件中读取数据，填入该变量中。在 session 生命周期结束时，将$_SESSION 数据写回 session 文件。

3．session_start()函数

函数 session_start()开始一个会话，它会初始化 session，也标志着 session 生命周期的开始。要使用 session，必须初始化一个 session 环境，有点类似于 OOP 概念中调用构造函数来创建对象实例。session 初始化操作时声明一个全局数组$_SESSION，映射寄存在内存的 session 数据。如果 session 文件已经存在，并且保存了 session 数据，session_start()则会读取 session 数据，填入$_SESSION 中，开始一个新的 session 生命周期。

【使用技巧】

在调用 session_start()之前不能有任何输出，若较多的页面使用 session，则可以直接修改配置文件 php.ini，使 session.auto_start=1，这样就不需要在使用 session 的每个页面写 session_start()了。

6.1.10　require_once()函数

require_once()函数在脚本执行期间包含并运行指定文件（即括号内的文件会执行一遍），如果该文件中的代码已经被包含了，则不会被再次包含。

6.2　任务实现

6.2.1　设计登录验证版面

该模块作为进入网站后台的入口，因此，在登录验证版面设计中要体现账号、密码和验证码等元素，同时应包含“确定”按钮。页面的风格要与前台版面保持一致，以绿色作为主色调。通过构思、布局和收集素材，使用相关工具设计出该版面，如图 6-2 所示。

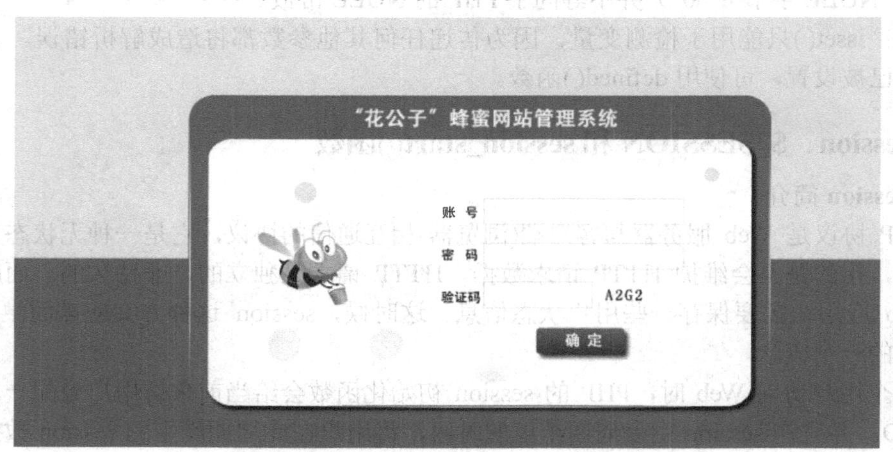

图 6-2　网站后台登录验证页面

6.2.2　登录验证版面“切图”

版面设计出来以后，分析版面版位，切出（或导出）相关图片，并编写页面文件

login.php，编写完成后将文件保存到“web/admin/”目录下。

1．编写 login.php 页面结构和内容代码

根据该版面的 CSS 盒子模型，按从外向里、从左向右的顺序逐层编写如下 HTML 代码：

```
<form name="form1" id="form1" action="login_check.php" method="post">
    <div class="item">
        <div class="text">账   号</div>
        <div class="inputbox">
            <input type="text" name="admin_name" id="admin_name" />
        </div>
    </div>
    <div class="item">
        <div class="text">密   码</div>
        <div class="inputbox">
            <input type="password" name="admin_pass" id="admin_pass" />
        </div>
    </div>
    <div class="item">
        <div class="text">验证码</div>
        <div class="inputbox">
            <input class="authcode" type="text" name="authcode"
            id="authcode"   />
        </div>
        <div class="inputbox">
            验证码
        </div>
    </div>
    <div class="submit">
        <input type="image" src="images/loginbtn.png" />
    </div>
</form>
```

2．编写 CSS 代码实现该版位的具体内容

根据该版面的 CSS 盒子模型，按从外向里、从左向右的顺序逐层编写如下 CSS 代码：

```
body{background:url(images/loginbg.jpg) left top;}
#form1{
    width:659px;height:317px; padding-top:100px;
    background:url(images/loginbox.png) center center no-repeat;
    position:absolute;top:50%;left:50%;margin-left:-330px;margin-top:-160px;
    }
#form1 .item{height:50px;}
#form1 .item .text{
    width:100px;height:50px;line-height:50px;float:left;text-align:right;
    font-size:14px;margin-left:200px;
    }
#form1 .item .inputbox{
    height:50px;float:left;margin-left:10px;float:left;
    }
#form1 .item .inputbox input{
    height:30px;line-height:30;width:227px;margin-top:10px;
    }
#form1 .item .inputbox input. authcode{width:100px;}
```

```
#form1 .submit{margin-top:30px;padding-left:350px;}
```

3．编写对账号、密码和验证码非空判断的 JS 函数

为了增加该模块的用户体验，在没有输入账号、密码或验证码的情况下单击“确定”按钮，应弹出提示。在 login.php 文件的<head>与</head>之间编写 JavaScript 代码来实现该效果，代码如下：

```
<script type="text/javascript">
function check( ){
    var admin_name=document.getElementById("admin_name").value;
    var admin_pass=document.getElementById("admin_pass").value;
    var authcode=document.getElementById("authcode").value;
    if(admin_name==""){
        alert("请输入账号！ ");
        document.getElementById("admin_name").focus( );
        return false;
    }else if(admin_pass==""){
        alert("请输入密码！ ");
        document.getElementById("admin_pass").focus( );
        return false;
    }else if(authcode==""){
        alert("请输入验证码！ ");
        document.getElementById("authcode").focus( );
        return false;
    }else{
        document.getElementById("form1").submit( );
        return true;
    }
}
</script>
```

4．调用非空判断的 JS 函数

在登录版面页面上单击“确定”按钮后，将对账号、密码和验证码进行非空判断，调用的方法是在<form>标签中添加代码 onsubmit="return check( )"，具体如下：

```
<form name="form1" id="form1" action="login_check.php"
method="post" onsubmit="return check( )">
```

6.2.3 引入验证码文件

本书提供的电子资源包中的“配套素材/验证码文件/”目录下的产生验证码的文件 authcode.php 复制到“web/admin/”目录下，然后在登录版面页面的相应位置添加以下代码以输出所产生的验证码：

```
<a style="display:block;float:left;height:35px;" href="javascript:void(0)"
onClick="document.getElementById ('code').src='authcode.php?id='+Math.random( )">
    <img  id="code" src="authcode.php" border="0" width="107" height="41"
     style="margin-top:6px;margin-left:5px;" />
</a>
```

此时，带验证码的登录版面页面的效果设计完成，如图 6-3 所示。

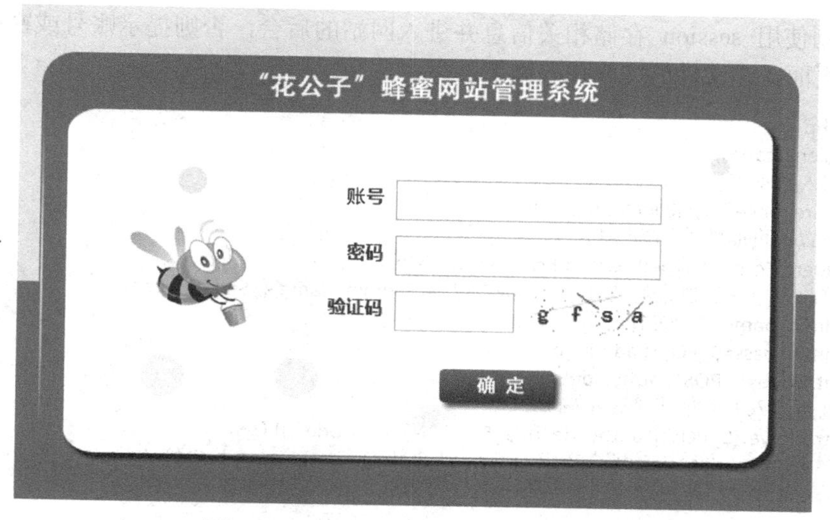

图 6-3　登录版面页面效果（带验证码）

6.2.4　编写数据库连接文件

数据库连接文件名为 conn.php。

在操作数据库数据之前，首先要与数据库建立连接，并选择要操作的数据库。因为在后续的模块开发中，大部分页面需操作数据库的数据，因此，把连接数据库的代码写成单独的 PHP 文件，然后在需要连接数据库的页面使用 require_once()函数将其引入，这样既可以避免代码的重复编写，又提高了工作效率。该文件编写好后将其保存在目录"web/public/"下，conn.php 文件的代码如下：

```
<?php
//创建数据库连接对象
$conn=mysql_connect("localhost","root","root");
//如果数据库连接对象创建失败，抛出错误信息
if(!$conn)
{
    die('数据库连接失败: ' .mysql_error());
}
//选择要操作的数据库对象
$dbselect=mysql_select_db("honey",$conn);
//如果数据库选择失败，抛出错误信息
if(!$dbselect)
{
    die('数据库不可用: ' .mysql_error());
}
//设置编码为 utf8
mysql_query("set names utf8");
?>
```

6.2.5　编写登录验证文件

登录验证文件的文件名为 login_check.php。该文件主要是对表单页面（login.php）提交过来的账号和密码进行验证，若在数据库的 admin 表中能找到与提交过来的账号和密码相一

致的记录，则使用 session 存储相关信息并进入网站的后台，否则提示账号或密码不正确并返回到登录页面。该文件的完整代码如下：

```
<?php
session_start( );
//引入数据库连接文件
require_once('../public/conn.php');
//设置该页面的编码为 utf-8
header("Content-Type:text/html;charset=utf-8");
//接收表单传递过来的值并赋给相应的变量$admin_name 和$admin_pass
$admin_name=$_POST['admin_name'];
$admin_pass=$_POST['admin_pass'];
$authcode=$_POST['authcode'];
//判断输入的验证码是否正确
if(strtolower($_POST["authcode"]!=$_SESSION["authcode"])) {
    echo"<script>alert('验证码不正确，请重新输入！');history.back( )</script>";
    exit;
}
//将查询语句赋给变量$sql
$sql="select * from admin where admin_name='".$admin_name." 'and admin_pass='".$admin_pass." '";
//执行 SQL 语句，并将结果返回给变量$result，实际上，返回的结果是一个数组
$result=mysql_query($sql);
if($result){
//获取$result 数组中记录的行数
$row=mysql_num_rows($result);
//判断是否找到相应的数据记录
if ($row>0) {
    $_SESSION['ischecked']="ok";
    $_SESSION['admin_name']=$_POST['admin_name'];
    echo "<script>alert('登录成功!');window.location.href='index.php'</script>";
    exit;
}else{
    echo "<script>alert('你的账号或密码不正确!');window.location.href='login.php'</script>";
    exit;
    }
}
//关闭数据库连接
mysql_close($conn);
?>
```

6.2.6 编写 session 文件

session 文件的文件名为 session.php。

分析登录验证文件（login_check.php）可知，若在输入的用户名和密码均正确的情况下，在跳转到网站后台之前，执行了“$_SESSION['ischecked']= 'ok';”和“$_SESSION['zh']= $_POST['admin_name'];”代码，这样做的作用如下。

作用一：传值，进入网站后台后，若某个页面需用到用户名，直接使用“$_SESSION ['zh']”代码便可取出用户名。

作用二：通常用于用户身份认证，通过 session 文件记录用户的有关信息，可供用户再次以此身份对 Web 服务器提出的要求做出确认。从另一个角度来看，也可以理解为利用 session 文件的这种特性保护后台文件的访问权限。如果没有 session 文件对后台文件的访问

保护，那么，只要知道路径就可以访问后台文件，那是一件非常危险的事情。

该文件（session.php）完整的代码如下：

```
<?php
session_start();
if (!isset($_SESSION['ischecked'])|| $_SESSION['ischecked']<>"ok"){
    header("Content-type:text/html;charset=utf-8");
    echo "<script>alert('请登录！ ');window.parent.location.href='login.php'</script>";
    exit;
}
?>
```

以上代码块的意义是，如果没有设置$_SESSION['ischecked']或$_SESSION['ischecked']的值不等于 ok，则弹出窗口提示并返回到登录页面。

6.3 经验传递

☆ 须谨记，在使用 session 前应使用语句“session_start();”进行初始化，且该语句须放在页面最前位置，该语句前不能有任何输出（包括 BOM 头）。

☆ 产生验证码的文件可到网上下载，学会应用即可。

☆ 编写登录验证 PHP 文件时，建议融入安全思想。读者可利用知识拓展中的相关知识加强对登录验证安全性的了解。

☆ 从网站使用者的角度考虑，应过滤掉账号和密码前后的空格。

6.4 知识拓展

1．PHP 加密函数——md5()

“PHP 加密函数——md5()”相关内容可参见本书提供的电子资源中的“电子资源包/项目任务 6/PHP 加密函数——md5().docx”进行学习。

2．PHP 加密函数——Crypt()

“PHP 加密函数——Crypt()”相关内容可参见本书提供的电子资源中的“电子资源包/项目任务 6/PHP 加密函数——Crypt().docx”进行学习。

任务 7　开发网站后台之框架模块

【知识目标】

1. 熟悉 frameset 与 frame 知识；
2. 了解常用网站后台结构框架；
3. 掌握$_SERVER 常用参数的应用。

【能力目标】

1. 能够分析网站后台结构框架；
2. 学会在互联网上搜集、下载网站后台模板，并对其进行加工；
3. 能够对网站后台模板进行加工处理，并应用到实际的网站项目中。

【任务描述】

本任务是对本书提供的网站后台模板进行加工处理，使其与网站的风格保持一致，同时约定网站后台各模块文件名，完善后台功能菜单，并设计与修改各子窗口所引入的页面文件。

7.1　知识准备

7.1.1　frameset 与 frame 简介

Frameset、frame 和 iframe 的使用涉及后台架构、局部刷新和页面分割等用途。

1．frameset 标签

frameset 具有以下属性。

① border：设置框架的边框粗细。

② bordercolor：设置框架的边框颜色。

③ frameborder：设置是否显示框架边框。设定值只有 0、1，0 表示不显示边框，1 表示显示边框。

④ cols：纵向分割页面。其数值表示方法最多包含有 3 项内容且数值之间用“,”隔开，例如 cols="30%,30，*"中有 30%、30（或者 30px）、*共 3 个数值，数值的个数代表页面被分成的视窗数目为 3 个；“30%”表示该框架区域占全部浏览器页面区域的 30%；“30”表示该区域的横向宽度为 30 像素；“*”表示该区域占用余下的页面空间。例如，cols="25%,200,*" 表示将页面分为 3 部分，左面部分占页面的 25%，中间横向宽度为 200 像素，页面余下的部分作为右面部分。

⑤ rows：横向分割页面。数值表示方法和意义与 cols 相同。

⑥ framespacing：设置框架与框架间保留的空白距离。

例如代码<frameset cols="213,*" frameborder="no" border="0" framespacing="0">中，使用 cols 属性纵向分割了左、右两个子窗口。其中，左边子窗口的宽度为 213 像素，余下的宽度为右边子窗口的宽度。

又如代码<frameset cols="40%,*,*">的意思是，第一个框架占整个浏览器窗口的 40%，剩下的空间平均分配给另外两个框架。

2．frame 标签

frame 具有以下的属性。

① name：设置框架名称。此为必须设置的属性。

② src：设置此框架要显示的网页名称或路径。此为必须设置的属性。

③ scrolling：设置是否要显示滚动条。设定值为 auto、yes 和 no。

④ bordercolor：设置框架的边框颜色。

⑤ frameborder：设置是否显示框架边框。设定值只有 0、1。0 表示不显示边框，1 表示显示边框。

⑥ noresize：设置框架大小是否能手动调节。

⑦ marginwidth：设置框架边界和其中内容之间的宽度。

⑧ marginhight：设置框架边界和其中内容之间的高度。

⑨ width：设置框架宽度。

⑩ height：设置框架高度。

3．iframe 标签

iframe 标签是一个内联框架，在 HTML 页面中可以通过该标签嵌入另一个页面文档。目前所有主流浏览器都支持 iframe 标签。

【语法格式】

```
<iframe src="文件路径"></iframe>
```

iframe 标签常用属性如下。

① height：用于设置框架显示的高度。

② width：用于设置框架显示的宽度。

③ name：用于定义框架的名称。

④ frameborder：用于定义是否需要显示边框，取值为 1 时显示边框，取值为 0 时不显示边框。

⑤ scrolling：用于设置框架是否需要滚动条，取值为 yes 时显示滚动条，取值为 no 时不显示滚动条，取值为 auto 时为自动模式。

⑥ src：用于设置在框架输出的文件路径。

⑦ align：用于设置元素对齐方式，取值可以是 left，right，top，middle，bottom。

4．综合示例

frameset 和 frame 的综合应用示例如下。

```
<html>
<head>
<title>综合示例</title>
</head>
<frameset cols="25%,*">
<frame src="menu.htm" scrolling="no" name="Left">
<frame src="page1.htm" scrolling="auto" name="Main">
<noframes>
<body>
```

```
<p>对不起，您的浏览器不支持“框架”！</p>
</body>
</noframes>
</frameset>
</html>
```

说明：<noframes></noframes>标签对也放在<frameset></frameset>标签对之间，用来在那些不支持框架的浏览器中显示文本或图像信息。在此标签对之间先紧跟<body></body>标签对，然后才可以使用熟悉的任何标签。

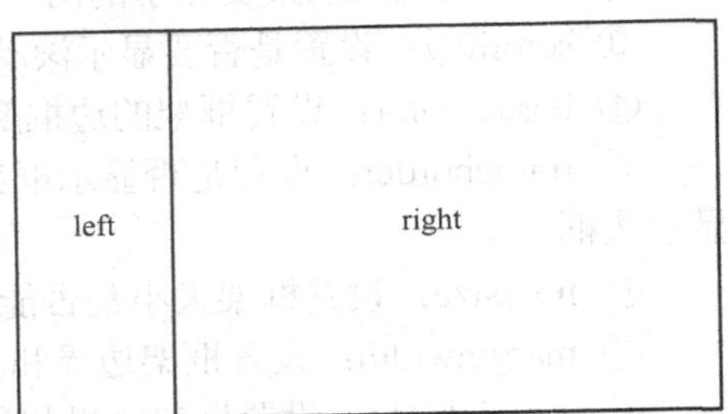

图 7-1　左右结构框架

7.1.2　常用网站后台结构框架

后台结构框架主要是把各个功能模块有序地组织起来，使得网站后台界面得体、美观，功能的操作简单、快捷。常用的后台结构框架有以下 3 种，分别如图 7-1～图 7-3 所示。

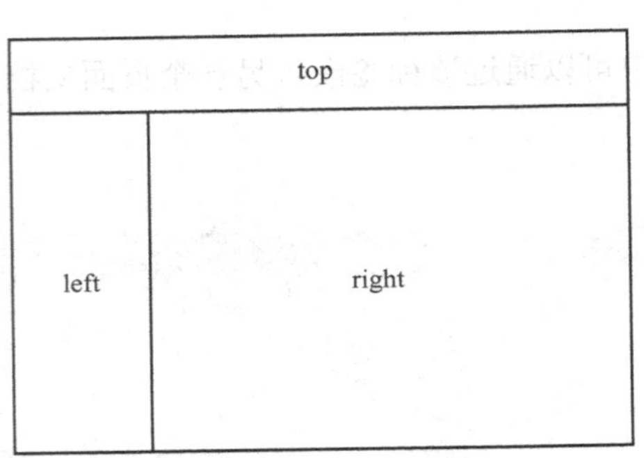

图 7-2　T 字形结构框架

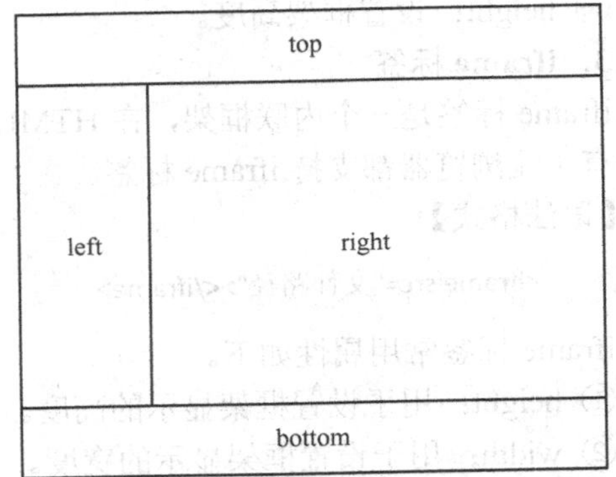

图 7-3　“匡”字形结构框架

在以上的 3 种结构中，left 版位用于显示功能操作菜单，right 版位是具体的功能操作区，top 版位用于输出网站 Logo 或后台名称（如×××网站管理系统），bottom 版位通常用于输出版权类的信息。

7.1.3　$_SERVER 参数简介

PHP 编程中经常需要输出服务器的一些信息，表 7-1 所示为$_SERVER 的参数及其说明。

表 7-1　$_SERVER 的参数及其说明

参　数	说　明
$_SERVER['PHP_SELF']	当前正在执行脚本的文件名，与 document root 相关
$_SERVER['argv']	传递给该脚本的参数
$_SERVER['argc']	包含传递给程序的命令行参数的个数（如果运行在命令行模式）
$_SERVER['GATEWAY_INTERFACE']	服务器使用的 CGI 规范的版本，例如 CGI/1.1
$_SERVER['SERVER_NAME']	当前运行脚本所在服务器主机的名称

（续）

参　数	说　明
$_SERVER['SERVER_SOFTWARE']	服务器标识的字符串，在响应请求的头部中给出
$_SERVER['SERVER_PROTOCOL']	请求页面时通信协议的名称和版本。例如 HTTP/1.0
$_SERVER['REQUEST_METHOD']	访问页面时的请求方法，例如 GET、HEAD、POST、PUT
$_SERVER['QUERY_STRING']	查询（query）的字符串
$_SERVER['DOCUMENT_ROOT']	当前运行脚本所在的文档根目录，在服务器配置文件中定义
$_SERVER['HTTP_ACCEPT']	当前请求的 Accept：头部的内容
$_SERVER['HTTP_ACCEPT_CHARSET']	当前请求的 Accept-Charset：头部的内容，例如 iso-8859-1,*,utf-8
$_SERVER['HTTP_ACCEPT_ENCODING']	当前请求的 Accept-Encoding：头部的内容，例如 gzip
$_SERVER['HTTP_ACCEPT_LANGUAGE']	当前请求的 Accept-Language：头部的内容，例如 en
$_SERVER['HTTP_CONNECTION']	当前请求的 Connection: 头部的内容，例如 Keep-Alive
$_SERVER['HTTP_HOST']	当前请求的 Host：头部的内容
$_SERVER['HTTP_REFERER']	链接到当前页面的前一页面的 URL 地址
$_SERVER['HTTP_USER_AGENT']	当前请求的 User-Agent：头部的内容
$_SERVER['HTTPS']	如果通过 HTTPS 访问，则被设置为一个非空的值（on），否则返回 off
$_SERVER['REMOTE_ADDR']	正在浏览当前页面用户的 IP 地址
$_SERVER['REMOTE_HOST']	正在浏览当前页面用户的主机名
$_SERVER['REMOTE_PORT']	用户连接到服务器时所使用的端口
$_SERVER['SCRIPT_FILENAME']	当前执行脚本的绝对路径名
$_SERVER['SERVER_ADMIN']	管理员信息
$_SERVER['SERVER_PORT']	服务器所使用的端口
$_SERVER['SERVER_SIGNATURE']	包含服务器版本和虚拟主机名的字符串
$_SERVER['PATH_TRANSLATED']	当前脚本所在文件系统（不是文档根目录）的基本路径
$_SERVER['SCRIPT_NAME']	包含当前脚本的路径，这在页面需要指向自己时非常有用
$_SERVER['REQUEST_URI']	访问此页面所需的 URI，例如/index.html

7.2 任务实现

7.2.1 分析网站后台模板

在本书提供的电子资源中打开“配套素材/后台模板”目录，该模板的文件及目录如图 7-4 所示，后台模板的页面效果如图 7-5 所示。

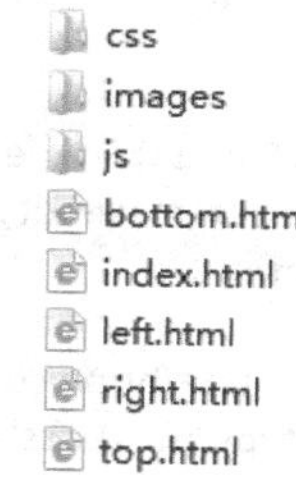

图 7-4　网站后台模板的文件及目录

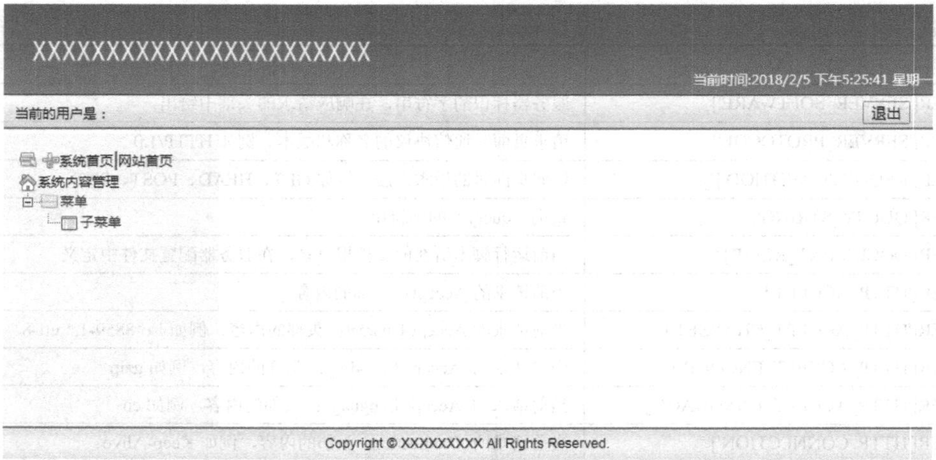

图 7-5　网站后台模板页面效果

7.2.2　把后台模板文件复制到网站项目的相应目录

把后台模板目录中的 HTML 文件复制到花公子蜂蜜网站项目目录“web/admin”文件夹下，把后台模板目录中 css、images、js 目录下的文件复制到花公子蜂蜜网站项目目录“web/admin”下的相应文件夹中。

7.2.3　更改文件扩展名

把花公子蜂蜜网站项目目录“web/admin/”下的 HTML 文件扩展名.html 更改为.php，如图 7-6 所示。

图 7-6　更改文件扩展名为.php

7.2.4　修改后台模板主文件

后台模板主文件名称为 index.php。

步骤一：引入 session 文件。引入该文件的作用是对用户合法性进行验证。引入 session 文件的代码如下：

```
<?php
require_once('session.php');
?>
```

步骤二：修改子窗口引入的文件扩展名。修改完成后的 index.php 代码如下：

```
<?php
require_once('session.php');
?>
<!DOCTYPE html PUBLIC "-//W3C//DTD XHTML 1.0 Frameset//EN"
"http://www.w3.org/TR/xhtml1/DTD/xhtml1-frameset.dtd">
<html xmlns="http://www.w3.org/1999/xhtml">
<head>
<meta http-equiv="Content-Type" content="text/html; charset=utf-8" />
<link href="css/main.css" rel="stylesheet" type="text/css">
<title>花公子蜂蜜网站后台</title>
</head>
```

```
<frameset rows="118,*,30" cols="*" frameborder="No" border="0" framespacing="0">
  <frame src="top.php" name="top" scrolling="No" noresize="noresize"
        id="top" title="topFrame" />
  <frameset rows="*" cols="190,*" framespacing="0" frameborder="no" border="0">
    <frame src="left.php" name="left" scrolling="auto" noresize="noresize"
        id="left" title="leftFrame" />
    <frame src="right.php" name="right" scrolling="auto" noresize="noresize"
        id="right" title="mainFrame" />
  </frameset>
  <frame src="bottom.html" name="bottom" scrolling="No" noresize="noresize"
   id="bottom" title="bottomFrame" />
</frameset>
<noframes>
<body>
</body>
</noframes>
</html>
```

7.2.5 修改子窗口 top 引入的文件

子窗口 top 引入的文件名为 top.php。

步骤一： 修改 top 的背景颜色为绿色，颜色值为#00B22D。

步骤二： 设计 Logo（图片文件名为 logo_left.png），如图 7-7 所示。

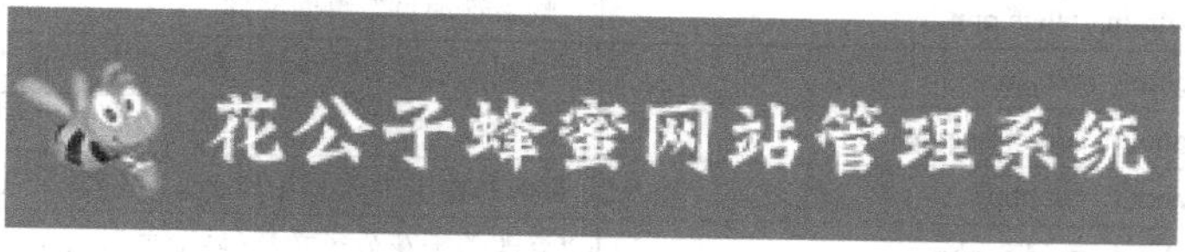

图 7-7 网站后台 Logo

步骤三： 输出当前用户。

开启 session，在 top 页面代码最前面加入以下代码：

```
<?php session_start( );?>
```

找到“当前的用户是：”位置，添加以下代码来输出当前用户名：

```
<?php echo $_session['admin_name'];?>
```

步骤四： 更改背景图片 top_bg.gif，使顶部和底部线条颜色为绿色，如图 7-8 所示。

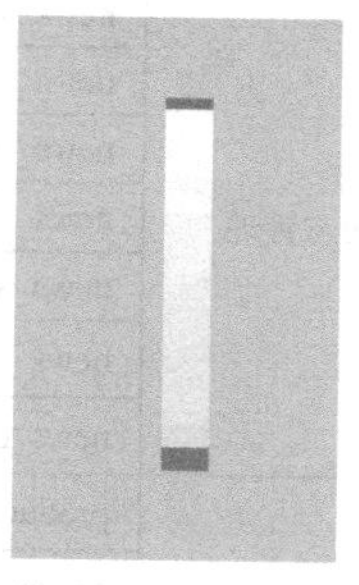

图 7-8 更改背景图片 top_bg.gif

此时，子窗口 top 的效果如图 7-9 所示。

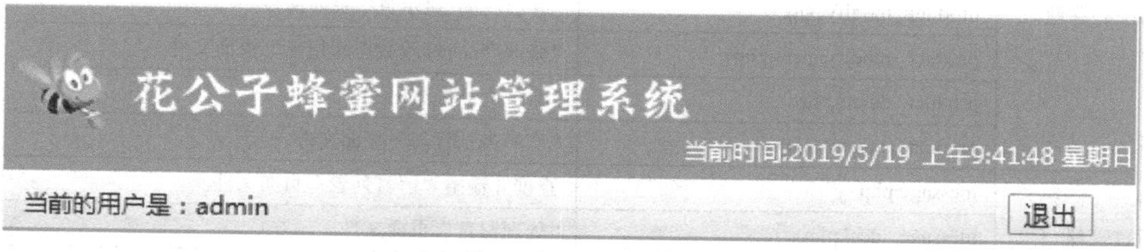

图 7-9 子窗口 top 页面效果

步骤五：给“退出”按钮添加单击事件，代码如下：

```
onclick="if(confirn('确定要退出后台吗?')){window.parent.location.href='logout.php'}"
```

7.2.6 修改子窗口 left 引入的文件

子窗口 left 引入的文件名为 left.php。

该文件采用树形结构来组织网站后台功能菜单，为了方便后续的开发，现在约定每个功能模块名称及其所对应的 PHP 文件名称。

1．约定功能模块名称及文件名

网站后台功能模块名称及其对应的 PHP 文件名称如表 7-2 所示。

表 7-2 网站后台功能模块名称及其对应的 PHP 文件名称

功能模块	文件名称	说明
网站基本配置	config.php	“网站基本配置”页面文件
管理员管理	admin_add.php	“添加管理员-表单页”页面文件
	admin_add_pass.php	“添加管理员-写入数据库”页面文件
	admin_list.php	查询输出“管理员列表”页面文件
	admin_modify.php	“修改管理员-显示页”页面文件
	admin_modify_pass.php	“修改管理员-修改数据库记录”页面文件
	admin_delete.php	“删除管理员”页面文件
关于花公子管理	about_add.php	“添加关于花公子文章-表单页”页面文件
	about _add_pass.php	“添加关于花公子文章-写入数据库”页面文件
	about _list.php	查询并输出“关于花公子文章列表”页面文件
	about _modify.php	“修改关于花公子文章-显示页”页面文件
	about _modify_pass.php	“修改关于花公子文章-修改数据库记录”页面文件
	about _delete.php	“删除关于花公子文章”页面文件
新闻动态管理	news_add.php	“添加新闻动态文章-表单页”页面文件
	news _add_pass.php	“添加新闻动态文章-写入数据库”页面文件
	news _list.php	查询并输出“新闻动态文章列表”页面文件
	news _modify.php	“修改新闻动态文章-显示页”页面文件
	news _modify_pass.php	“修改新闻动态文章-修改数据库记录”页面文件
	news _delete.php	“删除新闻动态文章”页面文件
	news_category.php	“新闻动态类别管理”页面文件
产品中心管理	product_add.php	“添加产品-表单页”页面文件
	product _add_pass.php	“添加产品-写入数据库”页面文件
	product _list.php	查询输出“产品列表”页面文件
	product _modify.php	“修改产品-显示页”页面文件
	product _modify_pass.php	“修改产品-修改数据库记录”页面文件
	product _delete.php	“删除产品”页面文件
	product_category.php	“产品类别管理”页面文件
留言管理	message.php	查询并输出“留言列表”页面文件
	message _deal.php	“处理留言”页面文件
	message _delete.php	“删除留言”页面文件

（续）

功能模块	文件名称	说明
友情链接管理	friend_add.php	“添加友情链接-表单页”页面文件
	friend _add_pass.php	“添加友情链接-写入数据库”页面文件
	friend _list.php	查询并输出“友情链接列表”页面文件
	friend _modify.php	“修改友情链接-显示页”页面文件
	friend _modify_pass.php	“修改友情链接-修改数据库记录”页面文件
	friend _delete.php	“删除友情链接”页面文件
联系我们管理	contact_modify.php	“编辑联系我们”页面文件
	contact_modify_pass.php	“编辑联系我们-修改数据库记录”页面文件
退出后台	logout.php	“退出网站后台”页面文件

2．完善功能菜单

通过分析 left.php 文件得知，功能菜单主要通过 JS 文件进行控制，因此修改 JS 文件使其与约定的功能模块及文件名相对应。修改后的 JS 文件代码如下：

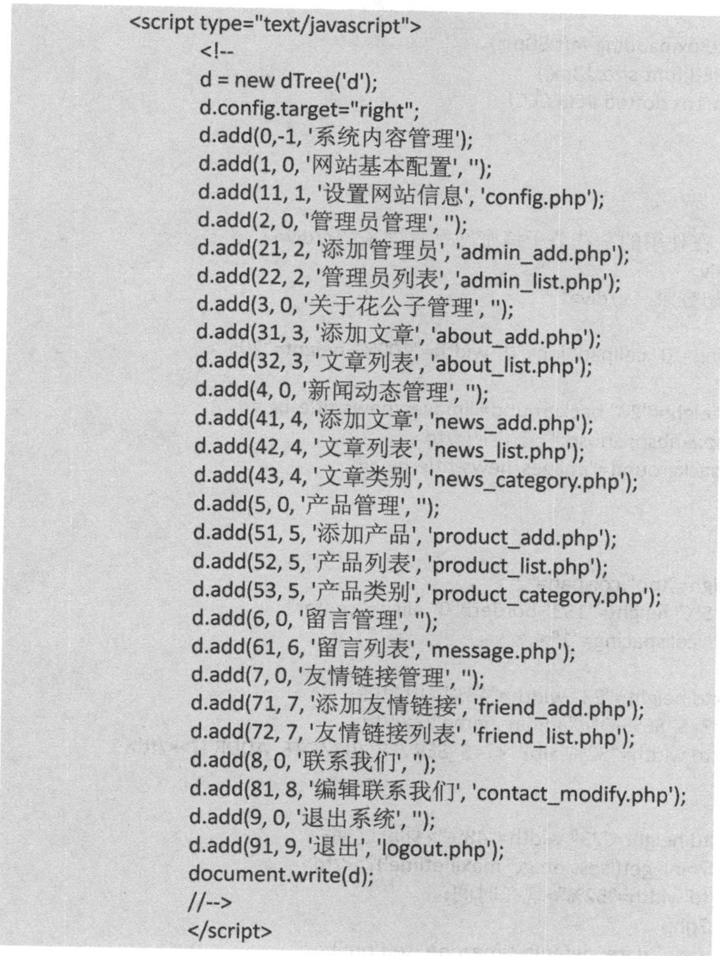

```
<script type="text/javascript">
    <!--
    d = new dTree('d');
    d.config.target="right";
    d.add(0,-1, '系统内容管理');
    d.add(1, 0, '网站基本配置', '');
    d.add(11, 1, '设置网站信息', 'config.php');
    d.add(2, 0, '管理员管理', '');
    d.add(21, 2, '添加管理员', 'admin_add.php');
    d.add(22, 2, '管理员列表', 'admin_list.php');
    d.add(3, 0, '关于花公子管理', '');
    d.add(31, 3, '添加文章', 'about_add.php');
    d.add(32, 3, '文章列表', 'about_list.php');
    d.add(4, 0, '新闻动态管理', '');
    d.add(41, 4, '添加文章', 'news_add.php');
    d.add(42, 4, '文章列表', 'news_list.php');
    d.add(43, 4, '文章类别', 'news_category.php');
    d.add(5, 0, '产品管理', '');
    d.add(51, 5, '添加产品', 'product_add.php');
    d.add(52, 5, '产品列表', 'product_list.php');
    d.add(53, 5, '产品类别', 'product_category.php');
    d.add(6, 0, '留言管理', '');
    d.add(61, 6, '留言列表', 'message.php');
    d.add(7, 0, '友情链接管理', '');
    d.add(71, 7, '添加友情链接', 'friend_add.php');
    d.add(72, 7, '友情链接列表', 'friend_list.php');
    d.add(8, 0, '联系我们', '');
    d.add(81, 8, '编辑联系我们', 'contact_modify.php');
    d.add(9, 0, '退出系统', '');
    d.add(91, 9, '退出', 'logout.php');
    document.write(d);
    //-->
</script>
```

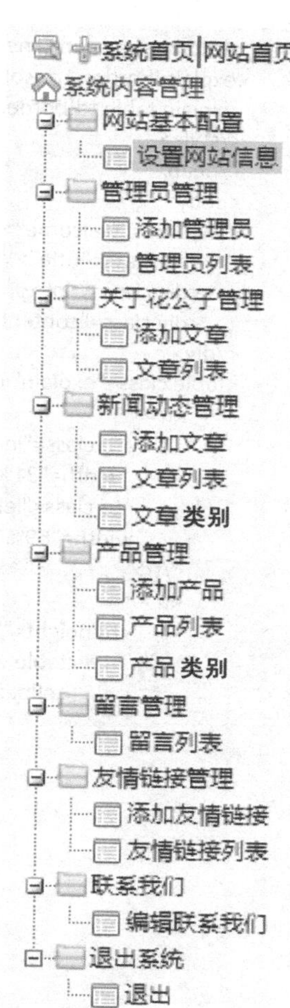

图 7-10　网站后台左侧的功能菜单效果

此时，左侧的功能菜单效果如图 7-10 所示。

7.2.7 设计子窗口 right 引入的文件

子窗口 right 引入的文件名为 right.php。

该子窗口主要用于输出欢迎信息、程序说明信息等。设计完成后，该页面文件完整的代码如下：

```
<?php
require_once'session.php';    //引入 session 文件
?>
<!doctype html public "-//w3c//dtd xhtml 1.0 transitional//en" "http://www.w3.org/tr/xhtml1/dtd/xhtml1- transitional.dtd">
<html xmlns="http://www.w3.org/1999/xhtml">
<head>
<meta http-equiv="content-type" content="text/html; charset=utf-8" />
<title></title>
<style type="text/css">
.welcome{min-height:100px;height:auto;font-size:13px;}
.welcome .title{height:30px;line-height:30px;font-weight:bold;}
.welcome .tip{height:25px;line-height:25px;background:url(images/ts.gif) 10px center no-repeat; padding-left:40px;}
.welcome .content{line-height:23px;padding-left:50px;}
.explain{border:1px solid #EBEBEB;font-size:13px;}
.explain table td{border-bottom:1px dotted #ECECEC}
</style>
</head>
<body>
<div class="welcome">
    <div class="title">您现在正在使用的是花公子蜂蜜网站管理系统</div>
    <div class="tip">提示：</div>
    <div class="content">欢迎您登录。</div>
</div>
<table class="explain" cellspacing="0" cellpadding="0" width="100%" height="205">
    <tr>
        <td class="left_bt2" height="27" background="images/news-title-bg.gif"
          width="31%">   程序说明</td>
        <td class="left_bt2" background="images/news-title-bg.gif"
        width="69%"></td>
    </tr>
    <tr>
        <td height="102" valign="top" colspan="2">
            <table width="95%" height="153" border="0" align="center"
              cellpadding="2" cellspacing="1">
                <tr>
                    <td height="23" width="48%">用户名：
                    <?=$_SESSION["admin_name"]?></td>
                    <td width="52%">ip：<?=$_SERVER['REMOTE_ADDR']?></td>
                </tr>
                <tr>
                    <td height="23" width="48%">身份过期：
                    <?=ini_get('session.gc_maxlifetime')?></td>
                    <td width="52%">现在时间：
                    <?php
                        date_default_timezone_set('prc');
                        echo date("y-m-d h:i:s");?>
```

```
                </td>
            </tr>
            <tr>
                <td height="23" width="48%">
                    服务器域名：<?=$_SERVER["HTTP_HOST"]?>
                </td>
                <td width="52%">
                    脚本解释引擎：<?=$_SERVER['SERVER_SOFTWARE']?>
                </td>
            </tr>
            <tr>
                <td height="23">获取 php 运行方式：
                <?=php_sapi_name( )?></td>
                <td>浏览器版本：<?=$_SERVER[HTTP_USER_AGENT]?></td>
            </tr>
            <tr>
              <td height="23">服务器端口：
                <?=$_SERVER['SERVER_PORT']?></td>
              <td>系统类型及版本号：<?=php_uname( )?></td>
            </tr>
        </table>
      </td>
    </tr>
    <tr>
        <td height="5" colspan="2"> </td>
    </tr>
</table>
</body>
</html>
```

子窗口 right 页面的效果如图 7-11 所示。

您现在正在使用的是花公子蜂蜜网站管理系统

提示：

欢迎您登录。

程序说明	
用户名：admin	ip：::1
身份过期：1440	现在时间：19-05-19 08:02:58
服务器域名：localhost:8080	脚本解释引擎：Apache/2.4.23 (Win32) OpenSSL/1.0.2j mod_fcgid/2.3.9
获取php运行方式：cgi-fcgi	浏览器版本：Mozilla/5.0 (Windows NT 6.1) AppleWebKit/537.36 (KHTML, like Gecko) Chrome/63.0.3239.132 Safari/537.36
服务器端口：8080	系统类型及版本号：Windows NT WIN-M2BRUHEDC2C 6.1 build 7600 (Windows 7 Ultimate Edition) i586

图 7-11　子窗口 right 的页面效果

7.2.8　修改子窗口 bottom 引入的文件

子窗口 bottom 引入的文件为 bottom.php。

该子窗口需修改的只有背景图片 bottom_bg.gif，修改后的效果如图 7-12 所示。

图 7-12　背景图片 bottom_bg.gif 修改后的效果

至此，开发后台框架模块已完成，最终效果如图 7-13 所示。

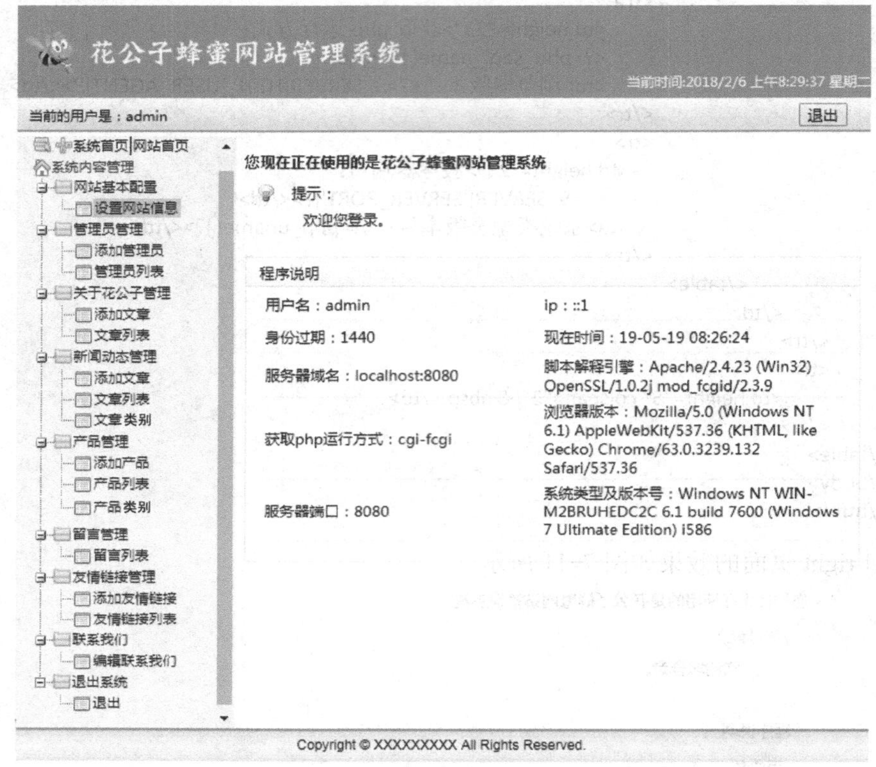

图 7-13　花公子蜂蜜网站后台框架效果

7.3　经验传递

☆ 在网站项目的设计与开发中，通常利用下载的网站后台模块进行“本地化”，然后应用到实际的网站项目中，因此，积累 2～3 套网站后台模板，基本上能满足今后开发网站项目的需求。

7.4　知识拓展

网站的后台模板是设计好的用于组织网站后台功能的框架，现推荐一个免费资源网站（免费模板网：http://www.wangjie.org），读者可以在该网站下载网站后台模板进行研究学习。

任务 8　开发网站后台之网站基本配置模块

【知识目标】

1. 了解在线编辑器的相关知识；
2. 掌握 KindEditor 在线编辑器的应用。

【能力目标】

1. 能够在网站项目中使用在线编辑器；
2. 能够使用 PHP 动态网站知识开发网站基本配置模块；
3. 养成良好的代码编写习惯；
4. 培养严谨的思维能力和敬业的工作态度。

【任务描述】

本任务是根据该模块的数据表，利用 PHP 等相关知识设计及开发网站基本配置模块。

8.1 知识准备

8.1.1 关于在线编辑器

在线编辑器是一种通过浏览器对文字、图片等内容进行在线编辑的工具。一般所指的在线编辑器是 HTML 编辑器。

在线编辑器用来对网页等内容进行在线编辑，让用户在网站上获得“所见即所得”效果，所以多用来进行网站内容信息的编辑、发布及在线文档的共享等，比如新闻、博客发布等。由于其简单易用，因此被网站广泛使用，为众多网民所熟悉。

一般在线编辑器都具有 3 种模式：编辑模式、代码模式和预览模式。编辑模式下，用户可以进行文本、图片等内容的增加、删除和修改；代码模式下，专业技术人员可查看和修改原始代码（如 HTML 代码等）；预览模式下，可用来查看最终的编辑效果。

在线编辑器一般具有如下基本功能：文字的增加、删除和修改；文字格式（如字体、大小、颜色、样式等）的增加、删除和修改；表格的插入和编辑；图片、音频、视频等多媒体的上传、导入和样式修改；文档格式的转换；多媒体的上传、播放支持；图文样式调整、排版；图片处理，如上传图片可自动生成缩略图，以解决打开图片库选图速度慢的问题；非本地服务器图片自动下载及保存；完善的表格编辑功能（可插入、删除、修改、合并、拆分等），表格背景色、表格线等的编辑，并有预览功能，满意后可插入/修改；表格线的添加与去除；插入 Word/Excel 等代码；自定义 CSS 样式等。

常见的在线编辑器有 FreeTextBox、Ckeditor、KindEditor、WebNoteEditor 等。

8.1.2 KindEditor 在线编辑器

1. KindEditor 在线编辑器简介

KindEditor 是一套开源的在线 HTML 编辑器，可让用户在网站上获得所见即所得的编辑效果。开发人员可以用 KindEditor 把传统的多行文本输入框(textarea)替换为可视化的富文本输入框。KindEditor 使用 JavaScript 编写，可以无缝地与 Java、.NET、PHP、ASP 等程序集成，比较适合在 CMS、商城、论坛、博客、Wiki、电子邮件等互联网应用上使用。该在线编辑器的默认模式如图 8-1 所示。

图 8-1　KindEditor 在线编辑器默认模式

2．KindEditor 在线编辑器的特点

☆ 快速：体积小，加载速度快。

☆ 开源：开放源代码，高水平，高品质。

☆ 底层：内置自定义 DOM 类库，精确操作 DOM。

☆ 扩展：基于插件的设计，可根据需求增减功能。

☆ 风格：便于修改编辑器风格，只需修改一个 CSS 文件。

☆ 兼容：支持大部分主流浏览器，比如 IE、Firefox、Safari、Chrome、Opera。

3．KindEditor 在线编辑器的下载

该在线编辑器可以在其官方网站上下载，网站地址是 http://KindEditor.net/。

4．KindEditor 在线编辑器的使用方法

首先需要在官方网站上下载 KindEditor 在线编辑器，然后解压得到文件夹 KindEditor，设定所使用编辑器的网页文件和编辑器文件包 KindEditor（即 KindEditor 文件夹）在同一个目录。

步骤一：在网页的<head>与</head>标签之间引入编辑器的 CSS 文件和 JavaScript 文件，代码如下。

```
<link rel="stylesheet" href="KindEditor/themes/default/default.css" />
<script charset="utf-8" src="KindEditor/KindEditor-min.js"></script>
<script charset="utf-8" src="KindEditor/lang/zh_CN.js"></script>
```

步骤二：编写 JavaScript 来初始化一个应用对象，代码如下。

```
<script>
var editor;
KindEditor.ready(function(K) {
    editor = K.create('textarea[name="content"]', {
    allowFileManager : true
    });
});
</script>
```

步骤三：在需要插入编辑器的地方插入如下代码。

```
<textarea name="content" style="width:800px;height:300px;visibility:hidden;">
</textarea>
```

编辑器的宽度和高度可以根据实际情况来确定。若要单独调用编辑器的图片上传功能，则需要在编辑器初始化时为图片上传按钮添加单击事件，代码如下：

```
K('#image3').click(function( ) {
        editor.loadPlugin('image', function( ) {
                editor.plugin.imageDialog({
                        showRemote : false,
                        imageUrl : K('#site_logo').val( ),
                        clickFn : function(url, title, width, height, border, align) {
                                K('#site_logo').val(url);
                                editor.hideDialog( );
                        }
                });
        });
});
```

8.2 任务实现

该模块主要用于设置网站的基本信息，编辑好配置信息后只需单击“保存”按钮即可。任务实现的过程如下。

8.2.1 插入网站配置记录

因为网站基本配置信息只需有一条记录，因此在数据表 config 中插入一条记录。

8.2.2 创建文件 config.php 并引入 CSS 文件

在页面中引入 CSS 文件，代码如下：

```
<link href="css/table.css" rel="stylesheet" type="text/css" />
```

8.2.3 编写页面结构和内容代码

设计网站基本配置页面，主要代码如下：

```
<form id="form1" name="form1" method="post" action="?act=save">
  <table cellpadding="0" cellspacing="0">
    <tr>
      <td class="tt" colspan="2">网站基本配置</td>
    </tr>
    <tr>
      <td width="20%">网站标题</td>
      <td width="80%">
        <input type="text" name="site_title" id="site_title" />
      </td>
    </tr>
    <tr>
```

```
    <td>网站 Logo</td>
    <td>
      <input name="site_logo" type="text" id="site_logo" size="40" />
      <input type="button" id="image3" value="上传" />
    </td>
  </tr>
  <tr>
    <td>公司的二维码</td>
    <td>
      <input name="company_ewm" type="text" id="company_ewm" size="40" />
      <input type="button" id="image4" value="上传" />
    </td>
  </tr>
  <tr>
    <td>网站地址</td>
    <td>
      <input type="text" name="site_url" id="site_url" />
    </td>
  </tr>
  <tr>
    <td>网站关键字</td>
    <td><textarea name="site_keywords" id="site_keywords" cols="45" rows="5">
    </td>
  </tr>
  <tr>
    <td>网站描述</td>
    <td>
      <textarea name="site_description" id="site_description"
      cols="45" rows="5"></textarea>
    </td>
  </tr>
  <tr>
    <td>底部版权信息</td>
    <td>
      <textarea name="site_copyright" id="site_copyright"
      cols="45" rows="5">
    </td>
  </tr>
  <tr>
    <td>公司名称</td>
    <td>
      <input type="text" name="company_name" id="company_name" />
    </td>
  </tr>
  <tr>
    <td>联系电话</td>
    <td>
      <input type="text" name="company_phone" id="company_phone" />
    </td>
  </tr>
  <tr>
    <td>传真</td>
    <td><input type="text" name="company_fax" id="company_fax" /></td>
  </tr>
  <tr>
```

```
            <td>电子邮箱 </td>
            <td><input type="text" name="company_email" id="company_email" /></td>
        </tr>
        <tr>
            <td>微信</td>
            <td><input type="text" name="company_weixin" id="company_weixin" /></td>
        </tr>
        <tr>
            <td>公司地址</td>
            <td>
                <input name="company_address" type="text" id="company_address"
                  size="60" />
            </td>
        </tr>
        <tr>
            <td colspan="2">
                <input type="submit" name="button" id="button" value="保存" />
            </td>
        </tr>
    </table>
</form>
```

网站基本配置页面的效果如图 8-2 所示。

网站基本配置	
网站标题	
网站Logo	上传
公司的二维码	上传
网站地址	
网站关键字	
网站描述	
底部版权信息	
公司名称	
联系电话	
传真	
电子邮箱	
微信	
公司地址	
保存	

图 8-2　网站基本配置页面效果

8.2.4　调用编辑器

在<head>与</head>标签之间，通过以下代码调用编辑器：

```
<link rel="stylesheet" href="KindEditor/themes/default/default.css" />
<script charset="utf-8" src="KindEditor/KindEditor-min.js"></script>
<script charset="utf-8" src="KindEditor/lang/zh_CN.js"></script>
<script>
    var editor;
    KindEditor.ready(function(K)
    {
    var editor = K.editor({
                allowFileManager : true
            });
    //上传 Logo
    K('#image3').click(function( ) {
            editor.loadPlugin('image', function( ) {
                editor.plugin.imageDialog({
                    showRemote:true,
                    imageUrl: K('#site_logo').val( ),
                    clickFn:function(url, title, width, height, border, align) {
                        K('#site_logo').val(url);
                        editor.hideDialog( );
                    }
                });
            });
        });
    //上传公司二维码
    K('#image4').click(function( ) {
            editor.loadPlugin('image', function( ) {
                editor.plugin.imageDialog({
                    showRemote:true,
                    imageUrl: K('#company_ewm').val( ),
                    clickFn:function(url, title, width, height, border, align) {
                        K('#company_ewm').val(url);
                        editor.hideDialog( );
                    }
                });
            });
        });
    });
</script>
```

8.2.5 编写 PHP 代码以输出网站基本配置信息

步骤一：在页面代码最前面输入如下代码：

```
<?php
require_once('session.php');
require_once('../public/conn.php');
$sql="select * from config where id=1";
$result=mysql_query($sql);
$row=mysql_fetch_array($result);
?>
```

步骤二：输出网站基本配置信息。

在文本域<input>标签中添加 value 属性，并输出相应的值，具体代码如下。

```
网站标题：value= “<?=$row['site_title']?>”
网站 Logo：value= “<?=$row['site_logo']?>”
公司的二维码：value= “<?=$row['company_ewm']?>”
网站地址：value= “<?=$row['site_url']?>”
公司名称：value= “<?=$row['company_name']?>”
联系电话：value= “<?=$row['company_phone']?>”
传真：value= “<?=$row['company_fax']?> ”
电子邮箱：value= “<?=$row['company_email']?>”
微信：value= “<?=$row['company_weixin']?>”
公司地址：value= “<?=$row['company_address']?>”
```

在下面的<textarea>与</textarea>标签之间添加相应代码如下。

```
网站关键字：<?=$row['site_keywords']?>
网站描述：<?=$row['site_description']?>
底部版权信息：<?=$row['site_copyright']?>
```

添加完成后，网站基本配置页面的效果如图 8-3 所示。

网站基本配置	
网站标题	花公子蜂蜜
网站Logo	[ ] 上传
公司的二维码	[ ] 上传
网站地址	http://www.flowerbee.com
网站关键字	蜂蜜，野蜂蜜，百花密
网站描述	花公子蜂蜜有限公司成立于2011年，公司 ……
底部版权信息	公司地址：广东省惠州市惠城区惠州经济职业技术学院大学生创业园 Copyright ©2017 花公子蜂业科技有限公司 All rights reserved. 联系电话：400-XXXXXXX E-mail:flowerbee@qq.com 备案号:粤ICP备000000号
公司名称	花公子蜂蜜科技有限公司
联系电话	400-XXXXXXX
传真	400-XXXXXXX
电子邮箱	flowerbee@qq.com
微信	xiaomifengwx
公司地址	广东省惠州市惠城区惠州经济职业技术学院大学生创业园
保存	

图 8-3　网站基本配置页面

步骤三：编写修改网站基本配置信息的 PHP 代码。

在页面代码的最后面编写如下代码，实现网站基本配置记录的修改：

```
<?php
if($_GET['act']== 'save'){
        $sql="update config set site_title='".$_POST['site_title']."' ',site_logo='".$_POST['site_logo']."' ',
company_ewm='".$_POST['company_ewm']."' ',site_url='".$_POST['site_url']."' ',site_keywords='".$_POST['site_
keywords']."' ',site_description='".$_POST['site_description']."' ',site_copyright='".$_POST['site_copyright']."' ',company_
name='".$_POST['company_name']."' ',company_phone='".$_POST['company_phone']."' ',company_fax='".$_POST
```

```
['company_fax']."  ',company_email='".$_POST['company_email']."  ',company_weixin='".$_POST['company_weixin']."
',company_address='".$_POST['company_address']." ' where id=1";
            if(mysql_query($sql)){
                echo"<script>alert('保存成功！ ');
                window.location.href='config.php'</script>";
                exit;
            }else{
                echo"<script>alert('保存失败！ ');
                window.locaiton.href='config.php'</script>";
                    exit;
            }
        }
        mysql_free_result($result);
        mysql_close($conn);
        ?>
```

8.3 经验传递

☆ 关于图片及文件的上传，可以直接调用编辑器的功能来实现，而不必单独开发上传模块。图片或文件上传后，存储在数据库的是图片或文件的路径，图片或文件将上传到默认目录“web/admin/KindEditor/attached”。

☆ 在 KindEditor 编辑器中，可以通过修改 file_manager_json.php 文件来更改上传图片及文件的目录。

8.4 知识拓展

“UEditor 编辑器和 UMeditor 编辑器简介”相关内容可参见本书提供的电子资源中的“电子资源包/任务 8/UEditor 编辑器和 UMeditor 编辑简介.docx”进行学习。

任务 9　开发网站后台之管理员管理模块

【知识目标】

1. 掌握 ceil()函数、mysql_num_rows()函数、empty()函数的应用;
2. 掌握 MySQL 中 LIMIT 子句的用法;
3. 理解分页原理;
4. 掌握 while 循环语句的应用;
5. 巩固数据库基本操作技能;
6. 了解管理员权限控制的知识。

【能力目标】

1. 能够开发通用的网站管理员管理模块;
2. 能够利用分页知识实现数据的分页;
3. 养成良好的代码编写习惯;
4. 培养严谨的思维能力和敬业的工作态度。

【任务描述】

本任务是根据数据库管理员数据表，利用 PHP 相关知识设计及开发管理员管理模块。

9.1　知识准备

9.1.1　ceil()函数

ceil()函数为向上舍入而成为最接近的整数。

【语法格式】

```
ceil(x)
```

【参数说明】

x：必填项，返回不小于 x 的下一个整数，如果 x 有小数部分则进一位，该函数返回的类型为 float。

【实例演示】

```
<?php
echo(ceil(0.60);          //该行代码输出的结果为 1
echo(ceil(0.40);          //该行代码输出的结果为 1
echo(ceil(5);             //该行代码输出的结果为 5
echo(ceil(5.1);           //该行代码输出的结果为 6
echo(ceil(-5.1);          //该行代码输出的结果为-5
echo(ceil(-5.9));         //该行代码输出的结果为-5
?>
```

9.1.2 mysql_num_rows()函数

mysql_num_rows()函数用于返回结果集中行的数目，此命令仅对 SELECT 语句有效。要取得被 INSERT、UPDATE 或者 DELETE 查询所影响到的行的数目，可使用 mysql_affected_rows()函数。

【语法格式】

```
mysql_num_rows(data)
```

【参数说明】

data：mysql_query()返回的结果集。

【实例演示】

```
$stu_total=mysql_num_rows(mysql_query("SELECT * FROM student"));
```

上述语句的作用为返回表 student 记录的条数。

9.1.3 MySQL 中 LIMIT 的用法

使用查询语句的时候，经常要返回前几条或者中间某几行数据，LIMIT 子句可以被用于强制 SELECT 语句返回指定的记录数。LIMIT 接收一个或两个数字参数，参数必须是一个整数常量。如果给定两个参数，第一个参数指定第一个返回记录行的偏移量，第二个参数指定返回记录行的数目。

【语法格式】

```
SELECT * FROM table LIMIT [offset,] rows|rows offset
```

【使用方法】

用法一：如果 LIMIT 后跟着两个参数，第一个是偏移量，第二个是数目，例如：

```
SELECT * FROM employee LIMIT 3,7;          //返回第 4～11 行
SELECT * FROM employee LIMIT 3,1;          //返回第 4 行
```

用法二：若是一个参数，则表示返回前几行，例如：

```
SELECT * FROM employee LIMIT 3;            //返回前 3 行
```

9.1.4 关于分页

通常客户端从服务器端读取的数据都是以分页的形式来显示的，一页一页地阅读既方便又美观，因此写分页程序是 Web 开发的一个重要组成部分。下面为读者讲解分页的相关知识。要对记录进行分页，首先要弄清楚以下几个参数。

1．记录总数

记录总数即所查询的记录的条数，常用的有两种方法，以查询学生信息表 student 为例进行说明。

第一种方法：直接查询 student 表，并利用 SQL 的 count()函数统计记录数并返回，代码为

```
$record_total=mysql_query("SELECT count(*) FROM student");
```

第二种方法：使用 mysql_num_rows( )函数实现，代码为

```
$record_total=mysql_num_rows(mysql_query("SELECT * FROM student"));
```

2．每页显示的记录数

该记录数可以自定义，代码如下：

```
$pagesize=10;      //设置每页输出的记录为 10 条
```

3．总页数

根据上述两个已知变量得知，总页数等于总记录数除以每页的记录数。细心的读者会发现，总页数会出现小数的情况，例如总记录数为 18，每页显示的记录数为 10，按照前面的计算方法得出的结果为 1.8 页。在出现小数的情况下，只需使用 ceil( )函数向上舍入为最接近的整数即可，即总页数为 2。由上述的分析可得，计算总页数的公式就是：

总页数=ceil(总记录数/每页的记录数)

因此，计算学生信息表 student 记录的总页数的代码如下：

```
$page_total=ceil($record_total/$pagesize);
```

4．当前页数

当前的页数通常用变量$page 来表示，但是要注意以下情况。

情况一：如果当前变量 $page 的值为空或小于 1，应强制给$page 变量赋值为最小页码，参考代码为

```
$page=(empty($_GET['page']) || $_GET['page']<1)?1:$_GET['page'];
```

情况二：如果当前变量$page 的值大于总页数，则应强制给$page 变量赋值为最大页码，参考代码为

```
if($_GET['page'>$page_total){
      $page=$page_total;
}
```

情况三：为了防止$page 变量值为非数字类型，应将$page 变量强制转换为整型，参考代码为

```
$page=(int)$page;
```

5．偏移量

偏移量是理解分页原理的关键，它是指输出当前页记录的时候，应从结果集的哪一条记录开始输出，并输出$pagesize 条，SQL 语句的 LIMIT 恰好能解决该问题。

通常用$offset 变量表示偏移量，其计算的方法为

```
$offset=($page-1)*$pagesize;
```

例如，要查询学生信息表 student，并进行分页，则 SQL 查询语句应为

```
$sql="SELECT * FROM student LIMIT $offset,$pagesize";
```

6．首页、上一页、下一页、尾页

为了方便对分页的浏览，通常会引入“首页”“上一页”“下一页”“尾页”分页导航。

☆ 首页：即页码为 1。

☆ 上一页：这里要考虑的情况是，若当前页码为 1，则上一页就不应为 0，而应强制为 1；若当前的页码不为 1，上一页就应该是当前页码减 1（或使链接失效）。参考代码为

```
$prepage=($page<>1)?$page-1:$page;
```

☆ 下一页：这里要考虑的情况是，若当前页码为最后一页（即当前页码为$page_total），则下一页就不应为当前页加 1，而应强制设置为最大页码数（或使链接失效）。参考代码为

```
$nextpage=($page<>$page_num)?$page+1:$page;
```

☆ 尾页：即页码为总页数$page_total。

9.1.5 while 循环语句

while 循环是 PHP 中最简单的循环类型。它与 C 语言中的 while 用法一样，只要指定的条件为 true，while 循环就会执行代码块。其语法如下：

```
while (expr){
    要执行的代码块;
}
```

或者可以使用替代语法：

```
while (expr):
    要执行的代码块;
endwhile;
```

在执行 while 循环语句时，条件表达式的值在每次开始循环时都会进行检查，只要条件表达式的值为 true，就重复执行循环体，否则会终止循环。

下面两个例子完全一样，都显示 10 行文本。

【例 9-1】

```
<?php
$i = 1;
while ($i <= 10){
    echo "这是第".$i."条文章标题<br />";
    $i++;
}
```

【例 9-2】

```
<?php
$i = 1;
while ($i <= 10):
    echo "这是第".$i."条文章标题<br />";
    $i++;
endwhile;
?>
```

上述两个例子运行的结果如图 9-1 所示。

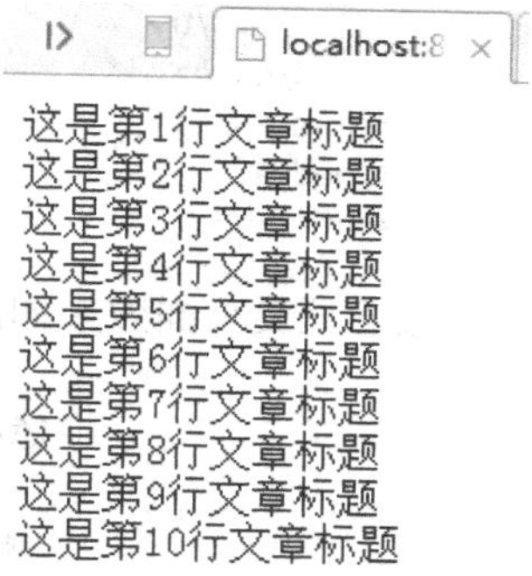

这是第1行文章标题
这是第2行文章标题
这是第3行文章标题
这是第4行文章标题
这是第5行文章标题
这是第6行文章标题
这是第7行文章标题
这是第8行文章标题
这是第9行文章标题
这是第10行文章标题

图 9-1 while 循环实例（例 9-1、例 9-2）运行结果

9.2 任务实现

管理员管理模块由添加管理员、查询并输出管理员列表、修改管理员和删除管理员 4 个功能操作组成，下面介绍每个功能操作的实现。

9.2.1 添加管理员

该功能操作先是在添加管理员页面（admin_add.php 页面文件）编辑信息，编辑完成后提交表单，此时，将表单的数据提交到 admin_add_pass.php 页面文件进行处理。需将该页面文件连接到 MySQL 数据库，并把接收到的数据写入管理员信息表的相应字段。这样，将管理员信息写入数据库的操作就完成了。

1．编写“添加管理员-表单页”页面文件

“添加管理员-表单页”页面文件名为 admin_add.php。该页面主要用于编辑管理员信息。该页面文件完整的代码如下：

```
<?php
//引入 session 文件
require_once('session.php');
?>
<!DOCTYPE html PUBLIC "-//W3C//DTD XHTML 1.0 Transitional//EN" "http://www. w3.org/TR/xhtml1/DTD/xhtml1-transitional.dtd">
<html xmlns="http://www.w3.org/1999/xhtml">
<head>
<meta http-equiv="Content-Type" content="text/html; charset=utf-8" />
<title>添加管理员</title>
<link rel="stylesheet" href="css/table.css" />
</head>
<body>
<form name="form_add" id="form_add" action="admin_add_pass.php" method="post" >
    <table cellspacing="0" cellpadding="0">
        <tr>
            <td class="tt" colspan="2">添加管理员</td>
        </tr>
        <tr>
            <td width="23%"><span style="color:#F30">*</span>账号</td>
            <td width="77%"><input name="admin_name" type="text" id="admin_name"
             size="30" /></td>
        </tr>
        <tr>
            <td><span style="color:#F30">*</span>密码</td>
            <td><input name="admin_pass" type="password" id="admin_pass"
             size="31" /></td>
        </tr>
        <tr>
            <td colspan="2" class="btn"><input class="btn" type="submit"
             name="button" id="button" value="添加" /></td>
```

```
            </tr>
        </table>
</form>
</body>
</html>
```

添加管理员页面效果如图 9-2 所示。

添加管理员

*账号

*密码

添加

图 9-2　添加管理员页面效果

2．编写“添加管理员-写入数据库”页面文件

“添加管理员-写入数据库”页面文件名为 admin_add_pass.php。该文件的主要作用是把“添加管理员-表单页”传递过来的数据接收并写入数据库。该文件完整的代码如下：

```
<?php
//引入 session 文件以对用户登录进行验证
require_once('session.php');
//引入数据库连接连接
require_once ('../public/conn.php');
//设置页面的编码为 utf-8，否则输出的中文会出现乱码
header("Content-type:text/html;charset=utf-8");
//接收表单传递的值
$admin_name=$_POST['admin_name'];
$admin_pass=$_POST['admin_pass'];
//对账号进行非空判断，若不为空，则判断该账号是否可用
if ($admin_name==""){
    echo "<script>alert('账号不能为空！ ');history.go(-1)</script>";
    exit;
}elseif(mysql_fetch_array(mysql_query("select * from admin where admin_name='".$_POST['admin_name']." '"))>0){
    echo "<script>alert('该账号已存在，请重新输入！ ');window.location.href= 'admin_add.php'</script>";
    exit;
    }
//对密码进行非空判断
if ($admin_pass==""){
    echo "<script>alert('密码不能为空！ ');history.go(-1)</script>";
    exit;
}
$sql_add="insert into admin (admin_name,admin_pass) values ('".$admin_name." ', '".$admin_pass." ')";
//输出执行结果
if(mysql_query($sql_add)){
    echo "<script>alert('添加成功！ ');window.location.href='admin_list.php';</script>";
    exit;
}else{
```

```
        echo "<script>alert('添加失败！');window.location.href='admin_add.php';</script>";
        exit;
    }
    //关闭数据库连接
    mysql_close($conn);
    ?>
```

9.2.2 查询并输出管理员列表

查询输出“管理员列表”的页面文件名为 admin_list.php。该操作主要是查询数据库的 admin 表，并把管理员信息以列表的形式输出。该页面文件完整的代码如下：

```
    <?php
    require_once('session.php');
    require_once('../public/conn.php');
    ?>
    <!DOCTYPE html PUBLIC "-//W3C//DTD XHTML 1.0 Transitional//EN" "http://www.w3.org/TR/xhtml1/DTD/xhtml1-transitional.dtd">
    <html xmlns="http://www.w3.org/1999/xhtml">
    <head>
    <meta http-equiv="Content-Type" content="text/html; charset=utf-8" />
    <title>管理员列表</title>
    <link href="css/table.css" rel="stylesheet" type="text/css" />
    </head>
    <body>
    <table width="100%" cellspacing="0" cellpadding="0">
        <tr>
            <td class="tt" colspan="2">管理员列表</td>
        </tr>
        <tr>
            <td width="20%">账号</td>
            <td width="80%">操作</td>
        </tr>
        <?php
         //使用 mysql_num_rows 计算总记录数
        $total_num=mysql_num_rows(mysql_query("select id from admin"));
        //设置每页显示的记录数
        $pagesize=10;
        //计算总页数
        $page_num=ceil($total_num/$pagesize);
        //设置页数（即当前输出的页面，如第 2 页）
        $page=$_GET['page'];
        if($page<1 || $page==''){
            $page=1;
            }
        if($page>$page_num){
            $page=$page_num;
            }
        //记录数的偏移量
        $offset=$pagesize*($page-1);
        //上一页、下一页
        $prepage=($page<>1)?$page-1:$page;
        $nextpage=($page<>$page_num)?$page+1:$page;
        //读取记录
```

```
        $sql="select * from admin limit $offset,$pagesize";
        $result=mysql_query($sql);
    //如果表中有记录，则循环输出，否则输出暂无记录
    if($total_num>0){
        while($row=mysql_fetch_array($result)){
        ?>
        <tr>
            <td><?=$row['admin_name']?></td>
            <td>
            <!--说明：以下为“修改”和“删除”按钮均添加了单击事件，当单击按钮时，会转到
相应的页面文件，并通过变量 ID 传递相应记录的 ID 值-->
            <input class="btn" type="button" name="button" id="button" value="修改" onclick="window.
location.href='admin_modify.php?id=<?=$row['id']?> '" />
                  
                <! --注意：在“删除”按钮标签中，添加 PHP 代码以判断该账号是否为超级管理
员，如果是，则该账号不能被删除，此行记录的按钮将会变成不可用状态-->
                <input class="btn" type="button" name="button2" id="button2" value=" 删 除 "
onclick="window.location.href='admin_delete.php?id=<?=$row['id']?> '" <?php if($row['admin_name']== 'admin')
{echo" disabled='disabled'";}?> /></td>
        </tr>
        <?
            }
            //释放结果集
            mysql_free_result($result);
        }else{
          echo "<tr><td colspan='5' height='31' style='color:red;font-size:13px'>暂无记录</td></tr>";
        }
        mysql_close($conn);
        ?>
        <tr>
            <td colspan="2" align="center">
                <?=$page?>/<?=$page_num?>  
                <a href="?page=1">首页</a>  
                <a href="?page=<?=$prepage?>">上一页</a>  
                <a href="?page=<?=$nextpage?>">下一页</a>  
                <a href="?page=<?=$page_num?>"> 尾页</a></td>
        </tr>
    </table>
    <body>
    </html>
```

管理员列表页面效果如图 9-3 所示。

管理员列表	
账号	操作
admin	修改 删除
abc	修改 删除
1/1 首页 上一页 下一页 尾页	

图 9-3　管理员列表页面效果

9.2.3 修改管理员信息

修改管理员信息时，需要先把要修改的信息查询出来，编辑好需修改的信息后，通过表单把数据传递到修改文件，修改文件将接收表单传递过来的数据，并覆盖数据表中原来的记录，这样就达到修改管理员信息的目的。

1．编写“修改管理员-显示页”文件

“修改管理员-显示页”页面文件名为 admin_modify.php。该页面文件主要用于输出所要修改的管理员信息。该页面文件完整的代码如下：

```
<?php
require_once('session.php');
require_once ('../public/conn.php');
//查询所要修改的记录
$sql="select * from admin where id='".$_GET['id']." '";
$result=mysql_query($sql);
$row=mysql_fetch_array($result);
?>
<!DOCTYPE html PUBLIC "-//W3C//DTD XHTML 1.0 Transitional//EN" "http://www.w3.org/TR/xhtml1/DTD/xhtml1-transitional.dtd">
<html xmlns="http://www.w3.org/1999/xhtml">
<head>
<meta http-equiv="Content-Type" content="text/html; charset=utf-8" />
<title>修改管理员信息</title>
<link href="css/table.css" rel="stylesheet" type="text/css" />
</head>
<body>
<!--说明：表单标签的 action 属性中，属性值为表单提交的地址，并传递所修改记录 ID;账号通常设置为不可修改，但可以修改密码-->
<form  name="form_add"  id="form_add"  action="admin_modify_pass.php?id=<?=$row['id']?>"  method="post" >
    <table cellspacing="0" cellpadding="0">
        <tr>
            <td class="tt" colspan="2">修改管理员</td>
        </tr>
        <tr>
            <td width="23%"><span style="color:#F30">*</span>账号</td>
            <td width="77%"><input name="admin_name" type="text" id="admin_name"
             size="30" value="<?=$row['admin_name']?>" disabled='disabled'
            /></td>
        </tr>
        <tr>
            <td><span style="color:#F30">*</span>密码</td>
            <td><input name="admin_pass" type="password" id="admin_pass"
             size="31"  />
                 (请输入新密码！)</td>
        </tr>
        <tr>
            <td colspan="2" class="btn"><input class="btn" type="submit"
             name="button" id="button" value="修改" /></td>
        </tr>
    </table>
</form>
</body>
```

```
</html>
```

修改管理员信息页面效果如图 9-4 所示。

修改管理员

*账号 abc

*密码 (请输入新密码！)

修改

图 9-4　修改管理员信息页面效果

2．编写“修改管理员-修改页”文件

“修改管理员-修改页”页面文件名为 about_modify_pass.php。该页面文件主要用于接收“修改管理员-显示页”页面传递过来的数据，并覆盖数据表的相应记录以实现修改。该页面文件完整的代码如下：

```
<?php
require_once('session.php');
require_once ('../public/conn.php');
header("Content-type:text/html;charset=utf-8");
if($_POST['admin_pass']== ''){
    echo "<script>alert('请输入新密码！');history.back( );</script>";
    exit;
}
$sql="update admin set admin_pass='".$_POST['admin_pass']." ' where id='".$_GET['id']." '";
if(mysql_query($sql)){
    echo "<script>alert('修改成功！');
    window.location.href='admin_list.php'</script>";
    exit;
}else{
    echo "<script>alert('修改失败！');
    window.location.href='admin_list.php'</script>";
    exit;
}
mysql_close($conn);
?>
```

9.2.4　删除管理员信息

“删除管理员”页面文件名为 about_delete.php。该页面文件的主要作用是删除管理员。该页面文件完整的代码如下：

```
<?php
require_once('session.php');
require_once ('../public/conn.php');
header("Content-type:text/html;charset=utf-8");
$sql="delete from admin where id='".$_GET['id']." '";
if(mysql_query($sql)){
    echo "<script>alert('删除成功！');
```

```
        window.location.href='admin_list.php'</script>";
        exit;
    }else{
        echo "<script>alert('删除失败! ');
        window.location.href='admin_list.php'</script>";
        exit;
    }
    mysql_close($conn);
    ?>
```

9.3 经验传递

☆ 开发管理员管理模块时要特别注意，网站的超级管理员是不能被删除的，因此在开发管理列表页时，应屏蔽超级管理员记录行的“删除”按钮，或者在写查询语句时不输出超级管理员记录。

☆ 管理员的账号通常是不能被修改的。

9.4 知识拓展

“基于 RBAC 权限管理系统设计”相关内容可参见本书提供的电子资源中的“电子资源包/任务 9/基于 RBAC 权限管理系统设计.docx”进行学习。

任务 10　开发网站后台之关于花公子管理模块

【知识目标】

1. 掌握 date_default_timezone_set( )函数、date( )函数、htmlspecialchars( )函数的应用；
2. 巩固 KindEditor 编辑器的应用；
3. 巩固 PHP 对数据库记录的基本操作。

【能力目标】

1. 能够根据需求设计开发企业简介类的功能模块；
2. 养成良好的代码编写习惯；
3. 培养严谨的思维能力和敬业的工作态度。

【任务描述】

本任务是根据数据库中的花公子数据表，利用 PHP 相关知识设计及开发关于花公子管理模块。

10.1　知识准备

10.1.1　date_default_timezone_set( )函数

date_default_timezone_set( )函数用于设置默认的时区。

【语法格式】

```
date_default_timezone_set(timezone)
```

【参数说明】

timezone：必填项，用于指定要使用的时区。

注意：从 PHP 5.1.0 开始，php.ini 里加入了 date.timezone 这个选项，默认情况下是关闭的，也就是显示的时间都是格林尼治标准时间，这和北京时间差了正好 8 个小时，使用以下方法可以恢复我们正常使用的时间。

第一种方法：在页面输出时间前，使用本函数对时区进行初始化，即在输出时间的语句前加入以下语句：

```
date_default_timezone_set (具体的时区);
```

我国的部分时区有 Asia/Chongqing、Asia/Shanghai、Asia/Urumqi（依次为重庆、上海、乌鲁木齐）。

第二种方法：修改 php.ini。打开 php.ini，查找 date.timezone，去掉前面的分号，并在“=”后面加具体的时区，然后重启 Apache 即可。

10.1.2 date()函数

date()函数用于格式化一个本地时间或者日期。

【语法格式】

```
date(format,timestamp)
```

【参数说明】

format：必填项，设定日期或时间的格式。

timestamp：可选项，指定时间戳。如果没有提供时间戳，当前的时间将被使用。

格式化中常用的字符如下。

☆ d：表示月里的某天（01～31）。

☆ m：表示月（01～12）。

☆ Y：表示年（四位数）。

☆ l：表示周里的某天。

☆ h：带有首位零的十二小时格式。

☆ i：带有首位零的分钟。

☆ s：带有首位零的秒（00～59）。

☆ a：小写的午前和午后（am 或 pm）。

注意：也可以插下如“-”“/”“.”等其他字符。

【实例演示】

PHP 代码如下。

```
<?php
date_default_timezone_set('Asia/Shanghai');
echo "现在的时间是：".date("Y-m-d h:i:s")."<br />";
echo "当前的日期是：".date("Y-m-d");
?>
```

运行的结果如图 10-1 所示。

localhost:8080/web/test.php

现在的时间是：2019-05-19 05:07:55
当前的日期是：2019-05-19

图 10-1 实例运行结果

10.1.3 htmlspecialchars()函数

htmlspecialchars()函数用于将一些预定义的字符转换为 HTML 实体。

预定义的字符如下。

☆ &（&符）转换为&map。

☆ "（双引号）转换为"。

☆ ’（单引号）转换为’。

☆ <（小于）转换为<。

☆ >（大于）转换为>。

【语法格式】

```
htmlspecialchars(string,flags,character-set,double_encode)
```

【参数说明】

string：必填项，指定需要转换的字符串。

flags：可选项，设置如何编码单引号和双引号。可用的引号类型如下。

☆ ENT_COMPAT——默认，仅编码双引号。

☆ ENT_QUOTES——编码双引号和单引号。

☆ ENT_NOQUOTES——不编码任何引号。

character-set：可选项，指定要使用的字符集。

double_encode：可选项，用布尔值表示，用于设置是否编码已存在的 HTML 实体。

【实例演示】

PHP 代码如下：

```
<?php
$html = "<a href='fletch.html'>Stew's favorite movie.</a>\n";
print htmlspecialchars($html)."<br/>";
print htmlspecialchars($html, ENT_QUOTES)."<br/>";
print htmlspecialchars($html, ENT_NOQUOTES)."<br/>";
?>
```

在浏览器上输出结果的代码如下：

```
<a href='fletch.html'>Stew's favorite movie.</a>
<a href='fletch.html'>Stew's favorite movie.</a>
<a href='fletch.html'>Stew's favorite movie.</a>
```

查看页面源码结果的代码如下：

```
&lt;a href='fletch.html'&gt;Stew's favorite movie.&lt;/a&gt;<br/>
&lt;a href=&#039;fletch.html&#039;&gt;Stew&#039;s favorite movie.&lt;/a&gt;<br/>
&lt;a href='fletch.html'&gt;Stew's favorite movie.&lt;/a&gt;<br/>
```

该函数还可以用于过滤输入以转义或删除不安全的字符，例如网站的评论表单接收 HTML，默认情况下，访客可以毫无阻拦地在评论中加入恶意的代码，例如：

```
<p>我的测试</p>
<script>alert(123)</script>
```

如果不过滤这个评论，恶意代码会存入数据库，然后在网站的标记中渲染，继而就会产生不良后果。

10.2 任务实现

该模块由添加关于花公子文章、查询并输出关于花公子文章列表、修改关于花公子文章和删除关于花公子文章 4 个功能操作组成。下面介绍每个功能操作的实现。

10.2.1 添加关于花公子文章

1．编写“添加关于花公子文章-表单页”页面文件

“添加关于花公子文章-表单页”页面文件名为 about_add.php。该页面主要用于编辑关于花公子文章的信息。该页面文件完整的代码如下：

```
<?php
require_once('session.php');
```

```
?>
<!DOCTYPE html PUBLIC "-//W3C//DTD XHTML 1.0 Transitional//EN" "http://www.w3.org/TR/xhtml1/DTD/xhtml1-transitional.dtd">
<html xmlns="http://www.w3.org/1999/xhtml">
<head>
<meta http-equiv="Content-Type" content="text/html; charset=utf-8" />
<title>添加关于花公子文章</title>
<link href="css/table.css" rel="stylesheet" type="text/css" />
<!--引入 KindEditor 编辑器-->
<link rel="stylesheet" href="kindeditor/themes/default/default.css" />
<script charset="utf-8" src="kindeditor/kindeditor-min.js"></script>
<script charset="utf-8" src="kindeditor/lang/zh_CN.js"></script>
<script>
    var editor;
    KindEditor.ready(function(K)
    {
        editor = K.create('textarea[name="content"]', {
            allowFileManager : true
        });
    });
</script>
</head>
<body>
<form id="form1" name="form1" method="post" action="about_add_pass.php">
    <table width="100%" cellspacing="0" cellpadding="0">
        <tr>
            <td class="tt" colspan="2">添加关于花公子文章</td>
        </tr>
        <tr>
            <td width="20%"><span style="color:#F30">*</span>标题：</td>
            <td width="80%"><input name="title" type="text" id="title"
            size="50" /></td>
        </tr>
        <tr>
            <td>来源：</td>
            <td><input name="comefrom" type="text" id="comefrom"
            value="本站" /></td>
        </tr>
        <tr>
            <td>发布日期：</td>
            <td><input name="pubdate" type="text" id="pubdate"
            value="<?php date_default_timezone_set('UTC');
            echo date("Y-m-d");?>" /></td>
        </tr>
        <tr>
            <td>关键词：</td>
            <td><label for="keywords"></label>
                <textarea name="keywords" cols="60" rows="3"
                id="keywords"></textarea></td>
        </tr>
        <tr>
            <td>描述：</td>
            <td><label for="description"></label>
                <textarea name="description" id="description" cols="60"
                rows="3"></textarea></td>
```

```
            </tr>
            <tr>
                <td><span style="color:#F30">*</span>内容：</td>
                <td>
                    <!--输出编辑器-->
                    <textarea name="content" style="width:500px;
                    height:300px;visibility:hidden;"></textarea>
                </td>
            </tr>
            <tr>
                <td>栏目起始页：</td>
                <td><input name="firstpage" type="radio" id="firstpage" value="是" />
                    是    
                    <input name="firstpage" type="radio" id="firstpage" value="" />
                    否 </td>
            </tr>
            <tr>
                <td colspan="2"><input class="btn" type="submit"
                name="Submit" value="添加" /></td>
            </tr>
        </table>
    </form>
    </body>
    </html>
```

添加关于花公子文章页面的效果如图 10-2 所示。

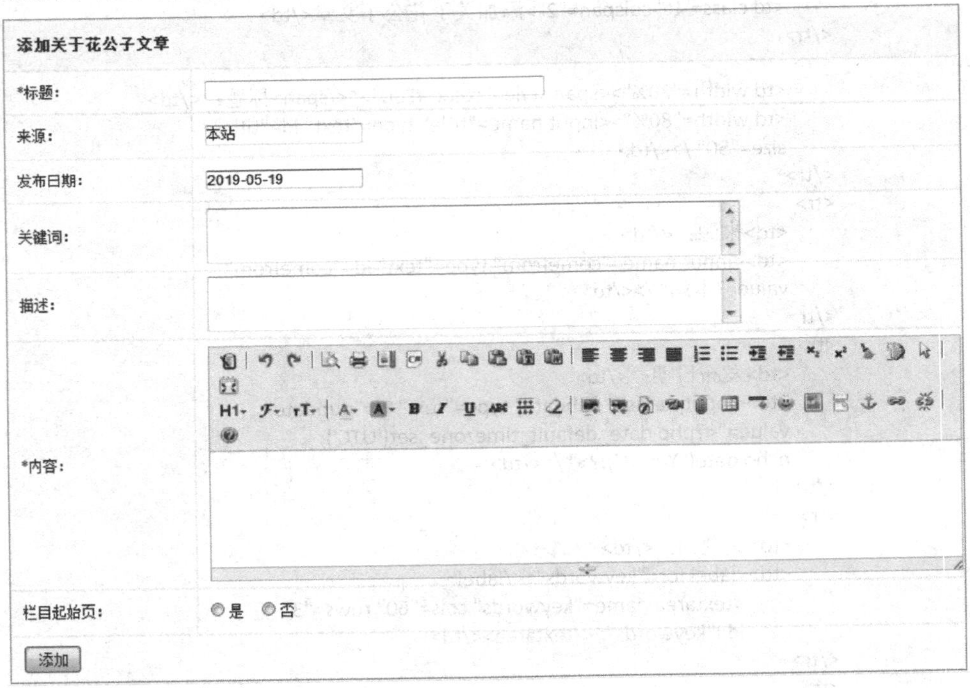

图 10-2　添加关于花公子文章页面的效果

2．编写“添加关于花公子文章-写入数据库”页面文件

“添加关于花公子文章-写入数据库”页面文件名为 about_add_pass.php。该页面文件用于接收“添加关于花公子文章-表单页”提交过来的数据，然后将其写到数据库相应的表中。该页面文件完整的代码如下：

```
<?php
require_once'session.php';
require_once'../public/conn.php';
header("Content-type:text/html;charset=utf-8");
//对标题进行非空判断
if(empty($_POST['title'])){
    echo"<script>alert('标题不能为空！');history.back( );</script>";
    exit;
    }
//对内容进行非空判断
if(empty($_POST['content'])){
    echo"<script>alert('内容不能为空！');history.back( );</script>";
    exit;
    }
//处理栏目起始页
$result_firstpage=mysql_query("select id from about where firstpage='是'");
$firstpage_num=mysql_num_rows($result_firstpage);
if(!empty($_POST['firstpage']) && $firstpage_num>0){
        mysql_query("update about set firstpage=''");
}
mysql_free_result($result_firstpage);
$sql="insert into about (title,comefrom,pubdate,keywords,description,content,firstpage) values
('".$_POST['title']."', '".$_POST['comefrom']." ', '".$_POST['pubdate']." ', '".$_POST['keywords']." ', '".$_POST
['description']." ', '".$_POST['content']." ', '".$_POST['firstpage']." ')";
if(mysql_query($sql)){
    echo "<script>alert('添加成功！');
    window.location.href='about_list.php';</script>";
    exit;
}else{
    echo "<script>alert('添加失败！');
    window.location.href='about_list.php';</script>";
    exit;
}
mysql_close($conn);
?>
```

10.2.2 查询并输出关于花公子文章列表

“关于花公子文章列表”页面文件名为 about_list.php。该操作主要是查询数据库 about 表，并把关于花公子文章以列表的形式输出。该页面文件完整的代码如下：

```
<?php
require_once('session.php');
require_once('../public/conn.php');
?>
<!DOCTYPE html PUBLIC "-//W3C//DTD XHTML 1.0 Transitional//EN" "http://www.w3.org/TR/
xhtml1/DTD/xhtml1-transitional.dtd">
<html xmlns="http://www.w3.org/1999/xhtml">
<head>
<meta http-equiv="Content-Type" content="text/html; charset=utf-8" />
<title>关于花公子文章列表</title>
```

```
<link href="css/table.css" rel="stylesheet" type="text/css" />
</head>
<body>
<table width="100%" border="1" cellspacing="0" cellpadding="0">
    <tr>
        <td class="tt" colspan="6">关于花公子文章管理</td>
    </tr>
    <tr>
        <td width="5%" height="35">文章 ID</td>
        <td width="38%">标题</td>
        <td width="22%">发布日期</td>
        <td width="11%">起始页</td>
        <td colspan="2">操作</td>
    </tr>
    <?php
    //记录的总条数
    $total_num=mysql_num_rows(mysql_query("select * from about"));
    //每页记录数
    $pagesize=10;
    //总页数
    $page_num=ceil($total_num/$pagesize);
    //设置页数
    $page=$_GET['page'];
    if($page<1 || $page==''){
        $page=1;
    }
    if($page>$page_num){
        $page=$page_num;
    }
    //计算记录数的偏移量
    $offset=$pagesize*($page-1);
    //上一页、下一页
    $prepage=($page<>1)?$page-1:$page;
    $nextpage=($page<>$page_num)?$page+1:$page;
    $result=mysql_query("select * from about order by id desc limit
     $offset,$pagesize");
    if($total_num>0){
        while($row=mysql_fetch_array($result)){
    ?>
    <tr>
        <td><?php echo $row['id']?></td>
        <td><?php echo $row['title']?></td>
        <td><?php echo $row['pubdate']?></td>
        <td><?php if($row['firstpage']=="是"){
            echo "<img src='images/ok.png'>";}?> </td>
        <td width="8%">
        <input class="btn" type="submit" name="button" id="button" value="修改"
         onclick="window.location.href='about_modify.php?id=<?php
        echo $row['id']?> '" /></td>
        <td width="16%"><input class="btn" type="submit"
        name="button2" id="button2" value="删除" onclick="window.location.href='
        about_delete.php?id=<?php echo $row['id']?> '" /></td>
    </tr>
    <?php
        }
```

```
            mysql_free_result($result);
        }else{
            echo "<tr><td colspan='6' style='color:red;font-size:13px'>暂无记录</td></tr>";
        }
        mysql_close($conn);
        ?>
        <tr>
            <td colspan="7" align="center">
            <?=$page?> /<?=$page_num?>   
            <a href="?page=1">首页</a>  
            <a href="?page=<?=$prepage?>">上一页</a>  
            <a href="?page=<?=$nextpage?>">下一页</a>  
            <a href="?page=<?=$page_num?>"> 尾页</a></td>
        </tr>
    </table>
    </body>
    </html>
```

关于花公子文章列表页面的效果如图 10-3 所示。

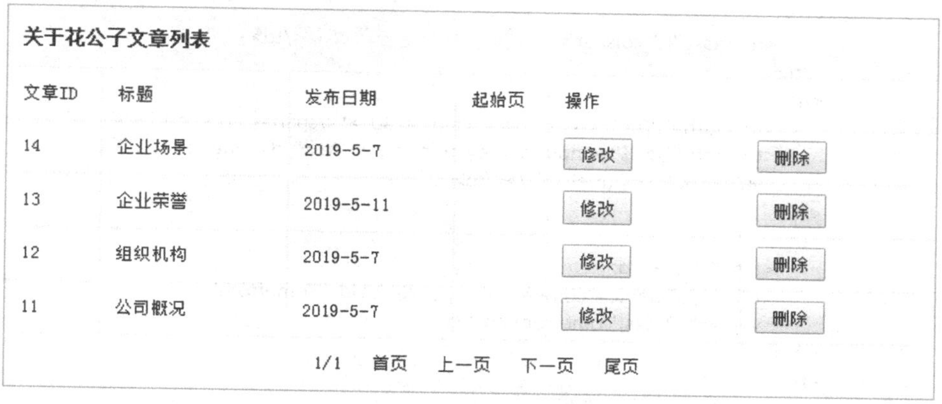

关于花公子文章列表

文章ID	标题	发布日期	起始页	操作	
14	企业场景	2019-5-7		修改	删除
13	企业荣誉	2019-5-11		修改	删除
12	组织机构	2019-5-7		修改	删除
11	公司概况	2019-5-7		修改	删除

1/1　首页　上一页　下一页　尾页

图 10-3　关于花公子文章列表页面效果

10.2.3　修改关于花公子文章

1．编写“修改关于花公子文章-显示页”页面文件

“修改关于花公子文章-显示页”页面文件名为 about_modify.php。该页面文件主要用于输出所要修改的关于花公子文章的信息。该页面文件完整的代码如下：

```
<?php
require_once('session.php');
require_once("../public/conn.php");
$sql="select * from about where id='".$_GET['id']."' ";
$result=mysql_query($sql);
$rs=mysql_fetch_array($result);
?>
<!DOCTYPE html PUBLIC "-//W3C//DTD XHTML 1.0 Transitional//EN" "http://www.w3.org/TR/xhtml1/DTD/xhtml1-transitional.dtd">
<html xmlns="http://www.w3.org/1999/xhtml">
<head>
<meta http-equiv="Content-Type" content="text/html; charset=utf-8" />
```

```
<title>修改关于花公子</title>
<link href="css/table.css" rel="stylesheet" type="text/css" />
<!--引入 KindEditor 编辑器-->
<link rel="stylesheet" href="kindeditor/themes/default/default.css" />
<script charset="utf-8" src="kindeditor/kindeditor-min.js"></script>
<script charset="utf-8" src="kindeditor/lang/zh_CN.js"></script>
<script>
    var editor;
    KindEditor.ready(function(K)
    {
        editor = K.create('textarea[name="content"]', {
            allowFileManager : true
        });
    });
</script>
</head>
<body>
<form id="form1" name="form1" method="post" action="about_modify_pass.php?id=<?=$rs['id']?>">
    <table width="100%" cellspacing="0" cellpadding="0">
        <tr>
            <td class="tt" colspan="2">修改关于花公子文章</td>
        </tr>
        <tr>
            <td width="20%"><span style="color:#F30">*</span>标题：</td>
            <td width="80%"><input name="title" type="text" id="title" size="50"
             value="<?=$rs['title']?>" /></td>
        </tr>
        <tr>
            <td>来源：</td>
            <td><input name="comefrom" type="text" id="comefrom"
             value="<?=$rs['comefrom']?>" /></td>
        </tr>
        <tr>
            <td>发布日期：</td>
            <td><input name="pubdate" type="text" id="pubdate"
             value="<?=$rs['pubdate']?>"   /></td>
        </tr>
        <tr>
            <td>关键词：</td>
            <td><label for="keywords"></label>
                <textarea name="keywords" cols="60" rows="3"
                 id="keywords"><?=$rs['keywords']?></textarea></td>
        </tr>
        <tr>
            <td>描述：</td>
            <td><label for="description"></label>
                <textarea name="description" id="description" cols="60"
                 rows="3"><?=$rs['description']?></textarea></td>
        </tr>
        <tr>
            <td><span style="color:#F30">*</span>内容：</td>
            <td><textarea name="content" style="width:500px;
            height:300px;visibility:hidden;">
            <?=htmlspecialchars($rs['content'])?></textarea></td>
        </tr>
```

```
        <tr>
            <td>栏目起始页：</td>
            <td><input name="firstpage" type="radio" id="firstpage" value="是"
            <?php if($rs['firstpage']=="是"){echo "checked='checked'";}?> />
            是    
            <input name="firstpage" type="radio" id="firstpage" value=""
            <?php if(empty($rs['firstpage'])){echo "checked='checked'";}?> />
            否</td>
        </tr>
        <tr>
            <td colspan="2"><input class="btn" type="submit" name="Submit"
            value="修改" /></td>
        </tr>
    </table>
</form>
</body>
</html>
<?php
mysql_free_result($result);
mysql_close($conn);
?>
```

“修改关于花公子文章-显示页”的页面效果如图 10-4 所示。

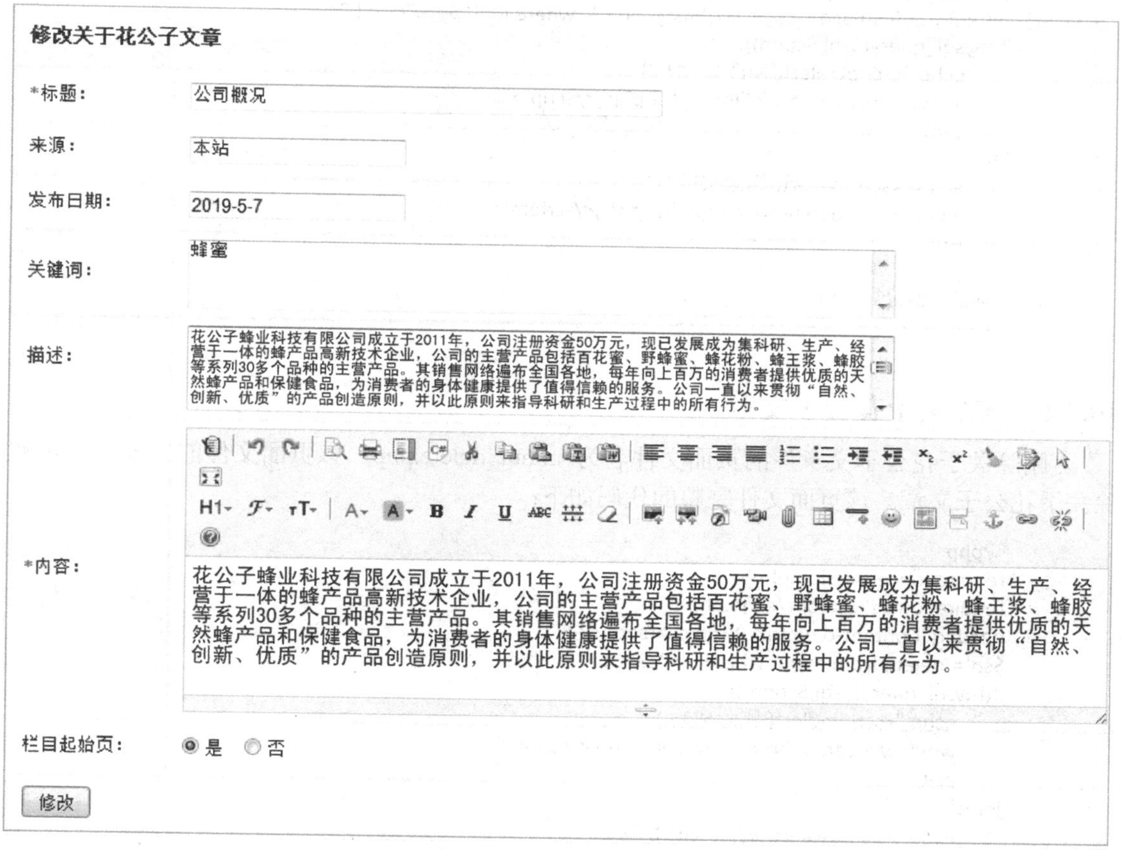

图 10-4 “修改关于花公子文章-显示页”页面效果

2．编写“修改关于花公子文章-修改页”页面文件

“修改关于花公子文章-修改页”页面文件名为 about_modify_pass.php。该页面文件主要用于接收“修改关于花公子文章-显示页”页面传递过来的数据，并覆盖数据表的相应记录以实现修改的功能操作。该页面文件完整的代码如下：

```
<?php
require_once('session.php');
require_once('../public/conn.php');
header("Content-type:text/html;charset=utf-8");
if(empty($_POST['title'])){
    echo"<script>alert('标题不能为空！ ');history.back( );</script>";
    exit;
    }
if(empty($_POST['content'])){
    echo"<script>alert('内容不能为空！ ');history.back( );</script>";
    exit;
    }
if($firstpage_num=mysql_num_rows(mysql_query("select id from about where firstpage='是'"))>0){
    mysql_query("update about set firstpage=''");
    }
$sql="update about set title='".$_POST['title']." ',comefrom='".$_POST['comefrom']." ',pubdate='".$_POST ['pubdate']." ',keywords='".$_POST['keywords']." ',description='".$_POST['description']." ',content='".$_POST['content']." ',firstpage='".$_POST['firstpage']." ' where id='".$_GET['id']." '";
if(mysql_query($sql,$conn)){
    echo "<script>alert('修改成功！ ');
    window.location.href='about_list.php';</script>";
    exit;
}else{
    echo "<script>alert('修改失败！ ');
    window.location.href='about_list.php';</script>";
    exit;
    }
mysql_close($conn);
?>
```

10.2.4 删除关于花公子文章

“删除关于花公子文章”的页面文件名为 about_delete.php。该页面文件的主要作用是删除关于花公子文章。该页面文件完整的代码如下：

```
<?php
require_once('session.php');
require_once('../public/conn.php');
header("Content-type:text/html;charset=utf-8");
$sql="delete from about where id='".$_GET['id']." '";
if(mysql_query($sql,$conn)){
    echo "<script>alert('删除成功');
    window.location.href='about_list.php'</script>";
    exit;
}else{
    echo "<script>alert('删除失败');
    window.location.href='about_list.php'</script>";
    exit;
```

```
    }
    mysql_close($conn);
    ?>
```

10.3 经验传递

☆ 要能快速开发与关于花公子文章管理相类似的模块，需熟练掌握 PHP 对数据库记录的操作。

☆ 选择一款常用的在线编辑器，然后参考官方文档进行学习及研究，除了熟练掌握文本编辑框和文件上传功能应用外，还应掌握编辑器其他功能的应用。

☆ 数据库、网页文件等字符编码须一致，避免出现乱码问题。

10.4 知识拓展

“关于值传递的安全性处理”相关内容可参见本书提供的电子资源中的“电子资源包/任务 10/关于值传递的安全性处理.docx”进行学习。

任务 11　开发网站后台之新闻动态管理模块

【知识目标】

1. 了解一级分类的原理并掌握其具体实现；
2. 掌握将写入、修改、删除等数据库操作的 PHP 代码整合在同一个文件的方法；
3. 掌握 SELECT 中 onchange 事件传值的方法；
4. 巩固数据库的基本操作技能；
5. 了解无限级分类的原理及实现。

【能力目标】

1. 能够根据分类原理设计及开发新闻动态类别管理子模块；
2. 能够根据需求设计及开发新闻动态文章管理子模块；
3. 能够利用 SELECT 中 onchange 事件实现新闻动态信息的分类查看；
4. 培养良好的代码编写习惯和吃苦耐劳的精神。

【任务描述】

本任务是根据该模块的数据表，利用 PHP 等相关知识设计及开发新闻动态类别管理子模块和新闻动态文章管理子模块。其中，新闻动态类别子模块具有添加、修改、删除新闻动态类别，查询并输出新闻动态类别列表等功能；新闻动态文章管理子模块具有添加、修改、删除新闻动态文章，查询并输出新闻动态文章列表（含按分类查看）等功能。

11.1　知识准备

11.1.1　一级分类实现原理

在网站项目的开发中，通常要对数据进行分类管理与查看，例如对文章、产品等数据进行分类，一级分类实现起来比较简单，下面分析其实现的原理。

1．数据引入

例如某综合商店，其部分货物数据如表 11-1 所示。

表 11-1　某综合商店部分货物数据表

货物名称	进货价/元	单位	数量	类别编码
苹果	3.2	斤	30	101
美的热水器 M01	213	台	3	102
葡萄	7	斤	20	101
飞利浦电热壶	45	个	8	102
鸭梨（10 斤装）	3	箱	5	101

通过分析表 11-1 可知，货物所属的类别是由“类别编码”栏标记的。为了方便对类别数据进行管理，创建货物类别表，如表 11-2 所示。

表 11-2 货物类别表

类别编码	类别名称
101	水果
102	电器
⋮	⋮

2. 数据在数据库中的呈现

通过表 11-1 和表 11-2 的数据可以看出，表 11-1 和表 11-2 是通过类别编码关联起来的，将其用数据库数据表描述，如表 11-3 和表 11-4 所示。

表 11-3 货物数据表（goods）

name	price	quantity	unit	c_number
苹果	3.2	30	斤	101
美的热水器 M01	213	3	台	102
葡萄	7	20	斤	101
飞利浦电热壶	45	8	个	102
鸭梨（10 斤装）	3	5	箱	101

表 11-4 货物类别数据表（category）

c_number	c_name
101	水果
102	电器
⋮	⋮

3. 数据表的设计

数据表的结构如表 11-5 和表 11-6 所示。

表 11-5 货物数据表（goods）结构

字段名	类型	Null	主键	外键	唯一	自增	说明
id	int	否	是	否	是	是	记录 ID
name	varchar(50)	是	否	否	否	否	货物名称
price	float	是	否	否	否	否	价格
unit	varchar(5)	是	否	否	否	否	单位
quantity	int	是	否	否	否	否	数量
c_number	varchar(10)	是	否	是	否	否	类别编码

表 11-6　货物类别数据表（category）结构

字段名	类型	Null	主键	外键	唯一	自增	说明
c_number	varchar(10)	否	是	否	是	否	类别编码
c_name	Varchar(50)	是	否	否	否	否	类别名称

4．编码实现

在编码实现上，只介绍实现的要点，具体程序请读者自行编写。为了实现货物管理，需开发以下两个模块。

模块一：货物类别管理模块，主要用于管理货物的类别。

模块二：货物管理模块，主要用于管理货物数据。

在开发添加货物的功能时，需要选择该货物所属的类别，通常用下拉列表来实现，如图 11-1 所示。

货物类别：--请选择--

图 11-1　选择货物类别下拉列表

以下是通过下拉列表输出货物类别的 PHP 代码：

```
<?php
echo "<select name=”c_number”>";
echo "<option value=">--请选择--</opion>";
$sql_category="select * from category";
$result_category=mysql_query($sql_category);
while($row_category=mysql_fetch_array($result_category)){
echo "<option value='".$row_category['c_number']." ' >";
echo $row_category['c_name'];
echo "</option>";
}
echo "</option>";
?>
```

在输出货物列表时，如果只查询 goods 表，则输出的类别编码不能直观显示该货物所属的类别，因此，需要进行连表查询。连表查询的条件为 c_number 字段，具体的 SQL 语句如下：

```
// 说明：读者在输入 SQL 语句时，请不要换行
$sql_goods="select * from goods,category where goods.c_number=category.c_number";
```

11.1.2　关于 SELECT 中 onchange 事件传值的方法

onchange 事件在项目开发中应用非常多，该事件会在域的内容改变时执行指定的 JavaScript 脚本。支持该事件的有 fileUpload、select、text、textarea 等表单元素。以下是在 SELECT 中，通过 onchange 事件实现传值的一种方法，具体代码如下：

```
<select size="1" name="catid" onchange="location.replace(this.value)">
    <option value="">--请选择--</option>
    <option value="?p=你选择了 A">A</option>
    <option value="?p=你选择了 B">A</option>
</select>
```

在该 onchange 事件中，当选项发生改变时，通过传递变量 p，可以在本模块中实现新闻动态文章的分类显示效果。

11.2 任务实现

该模块主要由新闻动态类别管理子模块和新闻动态文章管理子模块组成，以下为该模块的实现过程及结果。

11.2.1 开发新闻动态类别管理子模块

新闻动态类别管理子模块由添加、查询并输出、修改、删除等功能操作组成。由于该子模块的内容项较少，因此把以上 4 种功能操作的 PHP 代码整合成一个页面文件。以下为该页面文件完整代码：

```
<?php
require_once('session.php');
require_once('../public/conn.php');
?>
<!DOCTYPE html PUBLIC "-//W3C//DTD XHTML 1.0 Transitional//EN" "http://www.w3.org/TR/ xhtml1/
DTD/xhtml1-transitional.dtd">
<html xmlns="http://www.w3.org/1999/xhtml">
<head>
<meta http-equiv="Content-Type" content="text/html; charset=utf-8" />
<title>新闻动态类别管理</title>
<link href="css/table.css" rel="stylesheet" type="text/css" />
</head>
<body>
<!--添加新闻动态类别-->
<form name="form_add" id="form_add" action="?act=add" method="post" >
    <table cellspacing="0" cellpadding="0">
        <tr>
            <td class="tt" colspan="6">添加新闻动态类别</td>
        </tr>
        <tr>
            <td width="6%">标题</td>
            <td width="30%"><input type="text" name="title" id="title" /></td>
            <td width="13%">排序</td>
            <td width="28%"><input name="sort" type="text" id="sort"
            size="10" /></td>
            <td width="23%" colspan="2"><input class="btn" type="submit"
            name="button" id="button" value="提交" /></td>
        </tr>
    </table>
</form>
<br />
<!--新闻动态类别-列表及修改显示-->
<table cellspacing="0" cellpadding="0">
    <tr>
        <td class="tt" colspan="5">新闻动态类别列表</td>
    </tr>
    <tr>
        <td>id</td>
        <td>标题</td>
```

```
            <td>排序</td>
            <td colspan="2">操作</td>
        </tr>
        <?php
        $sql="select * from news_category order by id desc";
        $result=mysql_query($sql);
        $row=mysql_num_rows($result);
        if($row>0){
        while($row=mysql_fetch_array($result)){
        ?>
        <!--说明：因为将新闻类别列表及修改显示页整合在一起，因此每一条记录需要有一个表单，并且每个表单的 name 属性不能相同，否则提交表的数据将会不准确。为了使表单 name 不同，解决方法是，使表单 name 属性值含记录的 ID（主键），这样就能保证循环输出的表单名不一样了-->
        <form name="form<?php echo $row['id']?>" id="form<?php echo $row['id']?>"
        action="?act=modify&id=<?php echo $row['id']?>" method="post">
            <tr>
                <td><?=$row['id']?></td>
                <td height="35"><input name="title" type="text" id="title"
                 value="<?php echo $row['title']?>" /></td>
                <td><input name="sort" type="text" id="sort" value="
                <?php echo $row['sort']?>" size="10" /></td>
                <td width="23%" colspan="2">
                <input class="btn" type="submit"name="button" id="button"
                value="修改" />  
                <input class="btn" type="button" name="button2" id="button2"
                value="删除" onclick="window.location.href='?act=del&id=
                <?php echo $row['id']?> '" /></td>
            </tr>
        </form>
        <?php
        }
        mysql_free_result($result);
        }else{
        ?>
        <tr>
            <td colspan="5">暂无记录！ </td>
        </tr>
        <?php
        }
        ?>
    </table>
    </body>
    </html>
    <?php
    //添加新闻动态类别
    if ($_GET['act']=="add"){
        if ($_POST['title']==""){
            echo "<script>alert('标题不能为空！ ');history.go(-1)</script>";
            exit;
            }
        if (!is_numeric(intval($_POST['sort']))){
            echo "<script>alert('排序必须为数字！ ');history.go(-1)</script>";
            exit;
```

```
            }
        $sql_add="insert into news_category (title,sort) values
          ('".$_POST['title']." ', '".$_POST['sort']." ')";
        if(mysql_query($sql_add)){
            echo "<script>alert('添加成功！ ');
            window.location.href='news_category.php';</script>";
            exit;
        }else{
            echo "<script>alert('添加失败！ ');
            window.location.href='news_category.php';</script>";
            exit;
        }
    }
    //修改新闻动态类别
    if ($_GET['act']=="modify"){
        if ($_POST['title']==""){
            echo "<script>alert('标题不能为空！ ');history.go(-1)</script>";
            exit;
        }
        if (!is_numeric(intval($_POST['sort']))){
            echo "<script>alert('排序必须为数字！ ');history.go(-1)</script>";
            exit;
        }
        $sql_modify="update news_category set title='".$_POST['title']." ',
        sort='".$_POST['sort']." ' Where id='".$_GET['id']." '";
        if(mysql_query($sql_modify)){
            echo "<script>alert('修改成功！ ');
            window.location.href='news_category.php';</script>";
            exit;
        }else{
            echo "<script>alert('修改失败！ ');
            window.location.href='news_category.php';</script>";
            exit;
        }
    }
    //删除新闻动态类别
    if ($_GET['act']=="del"){
        $sql_delete="delete from news_category where id='".$_GET['id']." '";
        if(mysql_query($sql_delete)){
            echo "<script>alert('删除成功！ ');
            window.location.href='news_category.php';</script>";
            exit;
        }else{
            echo "<script>alert('删除失败！ ');
            window.location.href='news_category.php';</script>";
            exit;
        }
    }
    mysql_close($conn);
    ?>
```

新闻动态类别管理子模块的页面效果如图 11-2 所示。

添加新闻动态类别

标题 排序 提交

新闻动态类别列表

id	标题	排序	操作
2	行业新闻	20	修改 删除
1	公司新闻	10	修改 删除

图 11-2 新闻动态类别管理子模块页面效果

11.2.2 开发新闻动态文章管理子模块

1. 添加新闻动态文章

（1）编写“添加新闻动态文章-表单页”页面文件。

“添加新闻动态文章-表单页”页面文件名为 news_add.php。该页面主要用于编辑新闻动态文章信息。该页面文件完整的代码如下：

```
<?php
require_once('session.php');
require_once('../public/conn.php');
?>
<!DOCTYPE html PUBLIC "-//W3C//DTD XHTML 1.0 Transitional//EN" "http://www.w3.org/TR/xhtml1/
DTD/xhtml1-transitional.dtd">
<html xmlns="http://www.w3.org/1999/xhtml">
<head>
<meta http-equiv="Content-Type" content="text/html; charset=utf-8" />
<title>添加新闻动态文章</title>
<link href="css/table.css" rel="stylesheet" type="text/css" />
<!--引入 KindEditor 编辑器-->
<link rel="stylesheet" href="kindeditor/themes/default/default.css" />
<script charset="utf-8" src="kindeditor/kindeditor-min.js"></script>
<script charset="utf-8" src="kindeditor/lang/zh_CN.js"></script>
<script>
    var editor;
    KindEditor.ready(function(K)
    {
        editor = K.create('textarea[name="content"]', {
        allowFileManager : true
        });
    });
</script>
</head>
<body>
<form id="form1" name="form1" method="post" action="news_add_pass.php">
    <table cellspacing="0" cellpadding="0">
        <tr>
            <td class="tt" colspan="2">添加新闻动态文章</td>
        </tr>
        <tr>
```

```
            <td width="20%"><span style="color:#F30">*</span>标题：</td>
            <td width="80%"><input name="title" type="text" id="title"
            size="50" /></td>
        </tr>
        <tr>
            <td>来源：</td>
            <td><input name="comefrom" type="text" id="comefrom"
            value="本站" /></td>
        </tr>
        <tr>
            <td>发布日期：</td>
            <td>
                <input name="pubdate" type="text" id="pubdate"
                value="<?php date_default_timezone_set('UTC');
                echo date("Y-m-d");?>" /></td>
        </tr>
        <tr>
            <td><span style="color:#F30">*</span>类别</td>
            <td><select name="catid" size="1"><!--输出新闻动态类别-->
                    <option value="">--请选择--</option>
                    <?php
                      $result_category=mysql_query("select * from news_category");
                      while($row_category=mysql_fetch_array($result_category)){
                        echo "<option value=".$row_category['id'].">";
                        echo $row_category['title'];
                        echo "</option>";
                      }
                      mysql_free_result($result_category);
                      ?>
                </select></td>
        </tr>
        <tr>
            <td>关键词：</td>
            <td><label for="keywords"></label>
                <textarea name="keywords" cols="60" rows="3"
                id="keywords"></textarea></td>
        </tr>
        <tr>
            <td>描述：</td>
            <td><label for="description"></label>
                <textarea name="description" id="description" cols="60"
                 rows="3"></textarea></td>
        </tr>
        <tr>
            <td><span style="color:#F30">*</span>内容：</td>
            <td><!--输出编辑器-->
            <textarea name="content" visibility:hidden;
            style="width:500px;height:300px; "></textarea></td>
        </tr>
        <tr>
            <td colspan="2"><input class="btn" name="Submit" type="submit"
             value="添加" /></td>
        </tr>
    </table>
</form>
```

```
</body>
</html>
```

“添加新闻动态文章-表单页”的页面效果如图 11-3 所示。

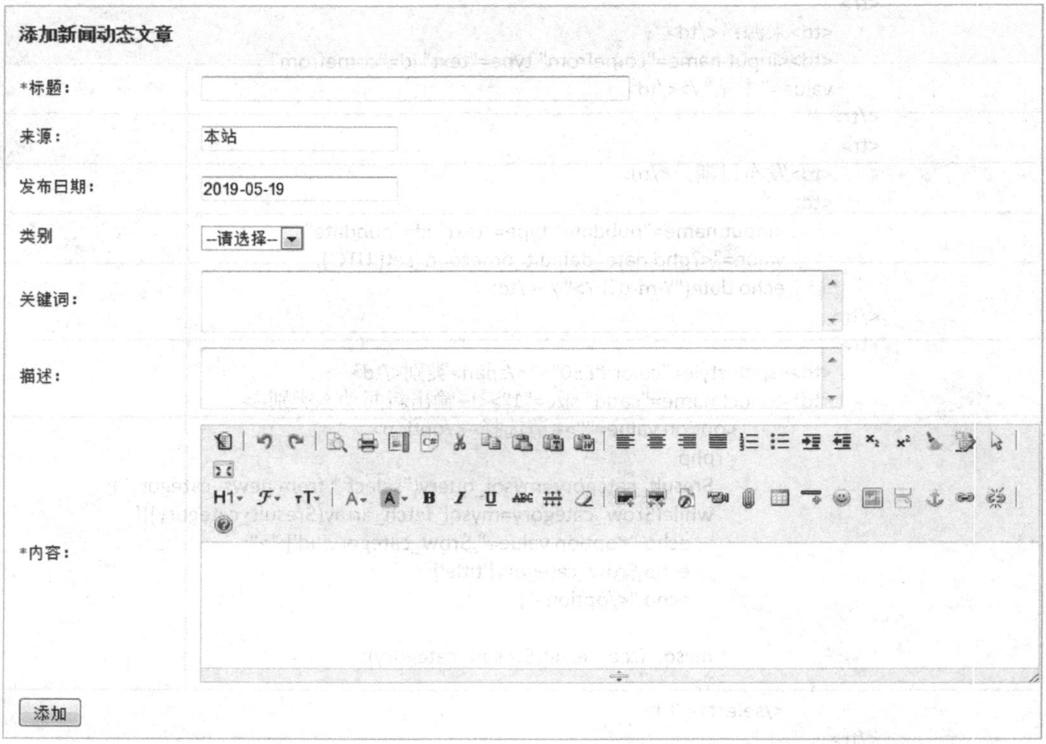

添加新闻动态文章

*标题：

来源：本站

发布日期：2019-05-19

类别 --请选择--

关键词：

描述：

*内容：

添加

图 11-3 “添加新闻动态文章-表单页”页面效果

（2）编写“添加新闻动态文章-写入数据库”页面文件。

“添加新闻动态文章-写入数据库”页面文件名为 news_add_pass.php。该页面文件用于接收“添加新闻动态文章-表单页”提交过来的数据，然后将其写入数据库相应的表中。该页面文件完整的代码如下：

```
<?php
require_once'session.php';
require_once'../public/conn.php';
header("Content-type:text/html;charset=utf-8");
if(empty($_POST['title'])){
    echo "<script>alert('标题不能为空！ ');history.back( );</script>";
    exit;
    }
if(empty($_POST['catid'])){
    echo "<script>alert('类别不能为空！ ');history.back( );</script>";
    exit;
    }
if(empty($_POST['content'])){
    echo "<script>alert('内容不能为空！ ');history.back( );</script>";
    exit;
    }
```

```
//在输入以下 SQL 语句时，请不要换行
$sql="insert into news(title,comefrom,pubdate,catid,keywords,description,content) values('".$_POST
['title']." ', '".$_POST['comefrom']." ', '".$_POST['pubdate']." ',
'".$_POST['catid']." ', '".$_POST['keywords']." ', '".$_POST['description']." ',
'".$_POST['content']." ')";
if(mysql_query($sql,$conn)){
    echo "<script>alert('添加成功！ ');
    window.location.href='news_list.php';</script>";
    exit;
}else{
    echo "<script>alert('添加失败！ ');
    window.location.href='news_list.php';</script>";
    exit;
}
mysql_close($conn);
?>
```

2．查询并输出新闻动态文章列表

"新闻动态文章列表"页面文件名为 news_list.php。该操作主要用于查询数据库中的 news 表，并把新闻动态文章以列表的形式输出。该页面文件完整的代码如下：

```
<?php
require_once('session.php');
require_once('../public/conn.php');
//根据是否选择产品分类统计总记录数
if($_GET['catid']==""){
$total_num=mysql_num_rows(mysql_query("select news.id,news_category.id from news,news_category
where news.catid=news_category.id"));
}else{
$total_num=mysql_num_rows(mysql_query("select news.id,news_category.id from news,news_category
where news.catid=news_category.id and news.catid='".$_GET['catid']." '"));
}
//设置每页显示的记录数
$pagesize=10;
//计算总页数
$page_num=ceil($total_num/$pagesize);
//设置页数
$page=$_GET['page'];
if($page<1 || $page==''){
    $page=1;
    }
if($page>$page_num){
    $page=$page_num;
    }
//记录数的偏移量
$offset=$pagesize*($page-1);
//上一页、下一页
$prepage=($page<>1)?$page-1:$page;
$nextpage=($page<>$page_num)?$page+1:$page;
//根据是否选择产品类别，使用不同的语句
if($_GET['catid']==""){
    $sql="select news.*,news_category.title as cattitle from news,news_category where news.catid=
news_category.id limit $offset,$pagesize";
```

```
}else{
    $sql="select news.*,news_category.title as cattitle from news,news_category where news.catid=
news_category.id and news.catid='".$_GET['catid']." ' limit $offset,$pagesize";
}
//查询数据
$result=mysql_query($sql);
?>
<!DOCTYPE html PUBLIC "-//W3C//DTD XHTML 1.0 Transitional//EN" "http://www.w3.org/TR/xhtml1/
DTD/xhtml1-transitional.dtd">
<html xmlns="http://www.w3.org/1999/xhtml">
<head>
<meta http-equiv="Content-Type" content="text/html; charset=utf-8" />
<title>新闻动态文章列表</title>
<link href="css/table.css" rel="stylesheet" type="text/css" />
</head>
<body>
<table width="100%" border="1" cellspacing="0" cellpadding="0">
    <tr>
        <td class="tt" colspan="7">新闻动态</td>
    </tr>
    <tr>
        <td height="39" colspan="7"> 按类别检索：
            <select size="1" name="catid"
            onChange="location.replace(this.value)">
                <option value="" selected>--请选择--</option>
                <option value="?catid=""">全部</option>
                <?php
                $result_news_category=mysql_query("select * from
                news_category");
                while($v2=mysql_fetch_array($result_news_category)){
                ?>
                <option value="?catid=<?=$v2['id']?>"
                <?php if($v2['id']==$_GET['catid']){echo 'selected';}?>>
                    <?=$v2['title']?>
                </option>
                <?php
                }
                ?>
            </select></td>
    </tr>
    <tr>
        <td width="9%" height="35">文章 ID</td>
        <td width="48%">标题</td>
        <td width="11%">类别</td>
        <td width="9%">来源</td>
        <td width="9%">发布日期</td>
        <td colspan="2">操作</td>
    </tr>
    <?php
    if($result){
        while($rs=mysql_fetch_array($result)){
    ?>
        <tr>
            <td height="31"><?php echo $rs['id']?></td>
```

```
                    <td><?php echo $rs['title']?></td>
                    <td><?php echo $rs['cattitle']?></td>
                    <td><?php echo $rs['comefrom']?></td>
                    <td><?php echo $rs['pubdate']?></td>
                    <td width="7%"><input name="button" type="submit"
                    class="btn" id="button"
                    onclick="window.location.href='news_modify.php?id=
                    <?php echo $rs['id']?> '" value="修改" /></td>
                    <td width="7%"><input name="button2" type="submit"
                    class="btn" id="button2" onclick="window.location.href='
                    news_delete.php?id=<?php echo $rs['id']?> '" value="删除" /></td>
                </tr>
            <?php
                }
            mysql_free_result($result);
            }else{
            ?>
            <tr>
                <td height="35" colspan="7">暂无记录!</td>
            </tr>
            <?php
            }
            mysql_close($conn);
            ?>
            <tr>
                <td height="43" colspan="7" align="center">
                    <?=$page?>/<?=$page_num?>  
                    <a href="?page=1&catid=<?php echo $_GET['catid'];?>">
                    首页</a>  
                    <a href="?page=<?=$prepage?>&catid=<?php echo $_GET['catid'];?>">
                    上一页
                    </a>  
                    <a href="?page=<?=$nextpage?>&catid=<?php echo $_GET['catid'];?>">
                    下一页</a>  
                    <a href="?page=<?=$page_num?>&catid=<?php echo $_GET['catid'];?>">
                    尾页</a></td>
            </tr>
        </table>
    </body>
</html>
```

新闻动态列表页面运行效果如图 11-4 所示。

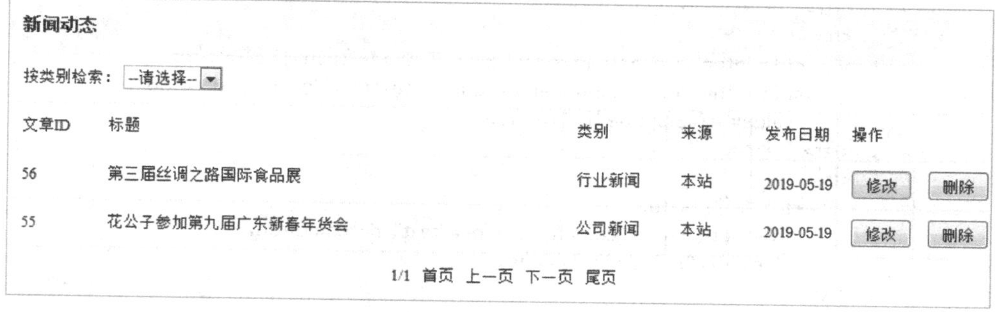

图 11-4　新闻动态列表页面运行效果

3．修改新闻动态文章

（1）编写“修改新闻动态文章-显示页”页面文件。

“修改新闻动态文章-显示页”页面文件名为 news_modify.php。该页面文件主要用于输出所要修改的新闻动态文章信息。该页面文件完整的代码如下：

```
<?php
session_start( );
require_once('session.php');
require_once("../public/conn.php");
$sql="select * from news where id='".$_GET['id']." '";
$result=mysql_query($sql);
$rs=mysql_fetch_array($result);
?>
<!DOCTYPE html PUBLIC "-//W3C//DTD XHTML 1.0 Transitional//EN" "http://www.w3.org/TR/xhtml1/
DTD/xhtml1-transitional.dtd">
<html xmlns="http://www.w3.org/1999/xhtml">
<head>
<meta http-equiv="Content-Type" content="text/html; charset=utf-8" />
<title>修改新闻动态文章</title>
<link href="css/table.css" rel="stylesheet" type="text/css" />
<!--引入 KindEditor 编辑器开始-->
<link rel="stylesheet" href="kindeditor/themes/default/default.css" />
<script charset="utf-8" src="kindeditor/kindeditor-min.js"></script>
<script charset="utf-8" src="kindeditor/lang/zh_CN.js"></script>
<script>
    var editor;
    KindEditor.ready(function(K)
    {
        editor = K.create('textarea[name="content"]', {
        allowFileManager : true
        });

    });
</script>
<!--引入 KindEditor 编辑器结束-->
</head>
<body>
<form id="form1" name="form1" method="post" action="news_modify_pass.php?id=<?=$rs['id']?>">
    <table cellspacing="0" cellpadding="0">
        <tr>
            <td class="tt" colspan="2">修改文章</td>
        </tr>
        <tr>
            <td width="20%"><span style="color:#F30">*</span>标题：</td>
            <td width="80%"><input name="title" type="text" id="title" size="50"
             value="<?=$rs['title']?>" /></td>
        </tr>
        <tr>
            <td>来源：</td>
            <td><input name="comefrom" type="text" id="comefrom"
            value="<?=$rs['title']?>" /></td>
        </tr>
        <tr>
            <td>发布日期：</td>
```

```
                <td><input name="pubdate" type="text" id="pubdate"
                value="<?=$rs['pubdate']?>" /></td>
            </tr>
            <tr>
                <td><span style="color:#F30">*</span>类别</td>
                <td><select name="catid" size="1">
                        <option value="">--请选择--</option>
                        <?php
                          $result_category=mysql_query("select * from news_category");
                          while($row_category=mysql_fetch_array($result_category)){
                                echo "<option value=".$row_category['id']." ";
                                if($row_category['id']==$rs['catid']){
                                  echo "selected='selected'";}
                                echo ">";
                                echo $row_category['title'];
                                echo "</option>";
                          }
                          mysql_free_result($result_category);
                          ?>
                    </select></td>
            </tr>
            <tr>
                <td>关键词：</td>
                <td>
                    <textarea name="keywords" cols="60" rows="3" id="keywords">
                    <?php echo $rs['keywords'];?></textarea></td>
            </tr>
            <tr>
                <td>描述：</td>
                <td>
                    <textarea name="description" id="description" cols="60" rows="3">
                    <?php echo $rs['description'];?></textarea></td>
            </tr>
            <tr>
                <td><span style="color:#F30">*</span>内容：</td>
                <td><textarea name="content" style="width:500px;height:300px;
                visibility:hidden;">
                <?=htmlspecialchars($rs['content'])?></textarea></td>
            </tr>
            <tr>
                <td  colspan="2"><input  class="btn"  name="Submit"  type="submit"   value="修改"  />
</td>
            </tr>
        </table>
    </form>
    </body>
    </html>
    <?php
    mysql_free_result($result);
    mysql_close($conn);
    ?>
```

修改新闻动态文章页面效果如图 11-5 所示。

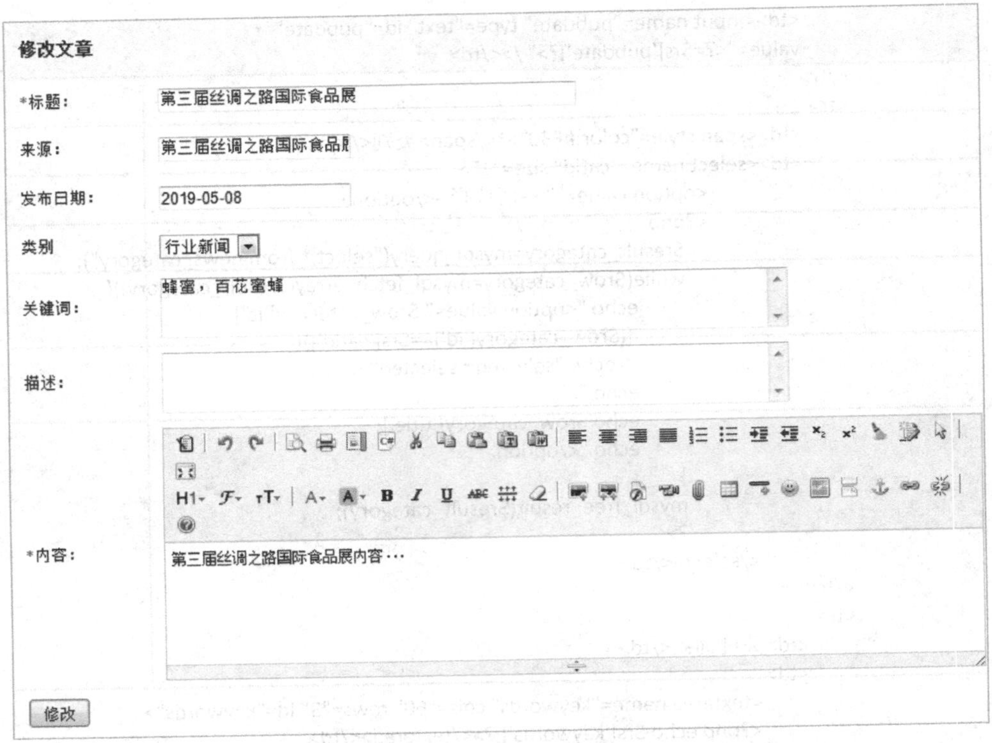

修改文章

*标题：第三届丝调之路国际食品展

来源：第三届丝调之路国际食品展

发布日期：2019-05-08

类别 行业新闻

关键词：蜂蜜，百花蜜蜂

描述：

*内容：第三届丝调之路国际食品展内容…

修改

图 11-5 修改新闻动态文章页面效果

（2）编写“修改新闻动态文章-修改页”页面文件。

“修改新闻动态文章-修改页”页面文件名为 news_modify_pass.php。该页面文件主要用于接收“修改新闻动态文章-表单页”页面传递过来的数据，并覆盖数据表的相应记录以实现修改的功能。该页面文件完整的代码如下：

```
<?php
require_once('session.php');
require_once('../public/conn.php');
header("Content-type:text/html;charset=utf-8");
if(empty($_POST['title'])){
    echo "<script>alert('标题不能为空！');history.back( );</script>";
    exit;
    }
if(empty($_POST['catid'])){
    echo "<script>alert('类别不能为空！');history.back( );</script>";
    exit;
    }
if(empty($_POST['content'])){
    echo "<script>alert('内容不能为空！');history.back( );</script>";
    exit;
    }
$sql="update news set title='".$_POST['title']."',comefrom='".$_POST['comefrom']."',pubdate='".$_POST['pubdate']."',catid='".$_POST['catid']."',keywords='".$_POST['keywords']."',description='".$_POST['description']."',content='".$_POST['content']."' where id='".$_GET['id']."'";
if(mysql_query($sql,$conn)){
    echo "<script>alert('修改成功！');
```

```
		window.location.href='news_list.php';</script>";
		exit;
	}else{
		echo "<script>alert('修改失败！ ');
		window.location.href='news_list.php';</script>";
		exit;
	}
	mysql_close($conn);
	?>
```

4．删除新闻动态文章

“删除新闻动态文章”的页面文件名为 news_delete.php。该页面文件的主要用于删除新闻动态文章。该页面文件完整的代码如下：

```
<?php
require_once('session.php');
header("Content-type:text/html;charset=utf-8");
require_once('../public/conn.php');
$sql="delete from news where id='".$_GET['id']."' ";
if(mysql_query($sql,$conn)){
	echo "<script>alert('删除成功');
	window.location.href='news_list.php'</script>";
	exit;
}else{
	echo "<script>alert('删除失败');
	window.location.href='news_list.php'</script>";
	exit;
}
mysql_close($conn);
?>
```

11.3 经验传递

☆ 对于初学者，信息分类是学习过程中的难点。读者首先要掌握一级分类，然后延伸至二级分类，最后研究、学习无限级分类。

☆ 建议读者开始学习并掌握 PHP 面向对象编程知识。

11.4 知识拓展

关于 PHP 无限级分类的原理及实现，本书不做介绍，请读者进入以下网站资源进行学习。

网站资源 1：http://www.php.cn/code/3966.html。

网站资源 2：http://www.php.cn/php-weizijiaocheng-352818.html。

任务12　开发网站后台之产品中心管理模块

【知识目标】

1. 巩固一级分类的相关知识和开发技能；
2. 巩固SELECT中onchange事件传值的方法；
3. 巩固数据库的基本操作技能；
4. 了解页面静态化的相关知识。

【能力目标】

1. 能够根据分类原理设计及开发产品类别管理子模块；
2. 能够根据需求设计及开发产品管理子模块；
3. 能够利用SELECT中onchange事件实现产品的分类及查看；
4. 培养良好的代码编写习惯和吃苦耐劳的精神。

【任务描述】

本任务主要根据该模块的数据表，利用PHP等相关知识设计及开发产品类别管理子模块和产品管理子模块。其中，产品类别管理子模块具有添加、修改、删除产品类别，查询并输出产品类别列表等功能；产品管理子模块具有添加、修改、删除产品，查询并输出产品列表（含按分类查看）等功能。

12.1　知识准备

完成该项目任务所需的知识在前面的任务中已进行了讲解。

12.2　任务实现

该模块主要由产品类别管理子模块、产品管理子模块组成，下面介绍该模块实现过程及结果。

12.2.1　开发产品类别管理子模块

产品类别管理子模块的页面文件名为product_category.php。产品类别管理子模块由添加、查询并输出、修改、删除等功能操作组成。由于该子模块的内容项较少，因此把以上4种功能操作的PHP代码整合成一个页面文件。以下为该页面文件完整代码：

```
<?php
require_once('session.php');
require_once('../public/conn.php');
?>
<!DOCTYPE html PUBLIC "-//W3C//DTD XHTML 1.0 Transitional//EN" "http://www.w3.org/TR/xhtml1/
DTD/xhtml1-transitional.dtd">
```

```
<html xmlns="http://www.w3.org/1999/xhtml">
<head>
<meta http-equiv="Content-Type" content="text/html; charset=utf-8" />
<title>产品类别管理</title>
<link href="css/table.css" rel="stylesheet" type="text/css" />
</head>
<body>
<!—添加产品类别-->
<form name="form_add" id="form_add" action="?act=add" method="post" >
  <table cellspacing="0" cellpadding="0">
    <tr>
      <td class="tt" colspan="6">添加产品类别</td>
    </tr>
    <tr>
      <td width="6%">标题</td>
      <td width="30%">
        <input type="text" name="title" id="title" />
      </td>
      <td width="13%">排序</td>
      <td width="28%">
        <input name="sort" type="text" id="sort" size="10" />
      </td>
      <td width="23%" colspan="2">
        <input class="btn" type="submit" name="button" id="button" value="提交" />
      </td>
    </tr>
  </table>
</form>
<br />
<!—产品类别的列表及修改显示-->
<table cellspacing="0" cellpadding="0">
  <tr>
    <td class="tt" colspan="5">产品类别列表</td>
  </tr>
  <tr>
    <td>id</td>
    <td>标题</td>
    <td>排序</td>
    <td colspan="2">操作</td>
  </tr>
  <?php
     $sql="select * from product_category order by id desc";
    $result=mysql_query($sql);
     $row=mysql_num_rows($result);
     if($row>0){
     while($row=mysql_fetch_array($result)){
     ?>
  <form name="form<?php echo $row['id']?>" id="form<?php echo $row['id']?>" action="?act=
modify&id=<?php echo $row['id']?>" method="post">
    <tr>
      <td>
        <?=$row['id']?>
      </td>
      <td height="35">
        <input name="title" type="text" id="title"
```

```
            value="<?php echo $row['title']?>" />
        </td>
        <td>
            <input name="sort" type="text" id="sort"
            value="<?php echo $row['sort']?>" size="10" />
        </td>
        <td width="23%" colspan="2">
            <input class="btn" type="submit" name="button" id="button" value="修改" />
              
            <input class="btn" type="button" name="button2" id="button2"
            value="删除" onclick="window.location.href='?act=del&id=
            <?php echo $row['id']?>'" />
        </td>
    </tr>
  </form>
  <?php
    }
    mysql_free_result($result);
    }else{
    ?>
  <tr>
    <td colspan="5">暂无记录！</td>
  </tr>
  <?php
    }
    ?>
</table>
</body>
</html>
<?php
//添加产品类别
if ($_GET['act']=="add"){
        if ($_POST['title']==""){
                echo "<script>alert('标题不能为空！');history.go(-1)</script>";
                exit;
        }
        if (!is_numeric(intval($_POST['sort']))){
                echo "<script>alert('排序必须为数字！');history.go(-1)</script>";
                exit;
        }
        $sql_add="insert into product_category (title,sort) values
        ('".$_POST['title']."','".$_POST['sort']."')";
        if(mysql_query($sql_add)){
                echo "<script>alert('添加成功！');
                window.location.href='product_category.php';</script>";
                exit;
        }else{
                echo "<script>alert('添加失败！');
                window.location.href='product_category.php';</script>";
                exit;
        }
}
//修改产品类别
if ($_GET['act']=="modify"){
        if ($_POST['title']==""){
```

```
            echo "<script>alert('标题不能为空！ ');history.go(-1)</script>";
            exit;
        }
        if (!is_numeric(intval($_POST['sort']))){
            echo "<script>alert('排序必须为数字！ ');history.go(-1)</script>";
            exit;
        }
        $sql_modify="update product_category set title='".$_POST['title']."',
        sort='".$_POST['sort']."' where id='".$_GET['id']."'";
        if(mysql_query($sql_modify)){
            echo "<script>alert('修改成功！ ');
            window.location.href='product_category.php';</script>";
            exit;
        }else{
            echo "<script>alert('修改失败！ ');
            window.location.href='product_category.php';</script>";
            exit;
        }
    }
    //删除产品类别
    if ($_GET['act']=="del"){
        $sql_delete="delete from product_category where id='".$_GET['id']."'";
        if(mysql_query($sql_delete)){
            echo "<script>alert('删除成功！ ');
            window.location.href='product_category.php';</script>";
            exit;
        }else{
            echo "<script>alert('删除失败！ ');
            window.location.href='product_category.php';</script>";
            exit;
        }
    }
    mysql_close($conn);
    ?>
```

产品类别管理子模块的页面效果如图 12-1 所示。

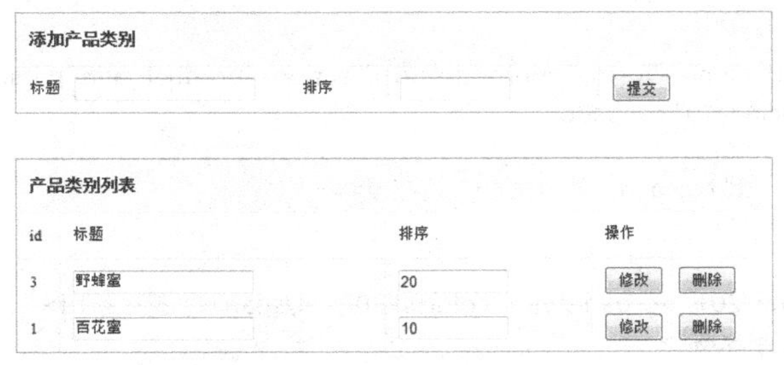

图 12-1　产品类别管理子模块页面效果

12.2.2　开发产品管理子模块

1．添加产品

（1）编写“添加产品-表单页”页面文件。

“添加产品-表单页”页面文件名为 product_add.php。该页面主要用于编辑产品。该页面文件完整的代码如下：

```
<?php
require_once('session.php');
require_once("../public/conn.php");
?>
<!DOCTYPE html PUBLIC "-//W3C//DTD XHTML 1.0 Transitional//EN" "http://www.w3.org/TR/xhtml1/
DTD/xhtml1-transitional.dtd">
<html xmlns="http://www.w3.org/1999/xhtml">
<head>
<meta http-equiv="Content-Type" content="text/html; charset=utf-8" />
<title>添加产品</title>
<link href="css/table.css" rel="stylesheet" type="text/css" />
<link rel="stylesheet" href="kindeditor/themes/default/default.css" />
<script charset="utf-8" src="kindeditor/kindeditor-min.js"></script>
<script charset="utf-8" src="kindeditor/lang/zh_CN.js"></script>
<script type="text/javascript">
var editor;
KindEditor.ready(function(K)
{
    editor = K.create('textarea[name="content"]', {
        allowFileManager : true
    });
    K('#image3').click(function() {
        editor.loadPlugin('image', function() {
            editor.plugin.imageDialog({
                showRemote : true,
                imageUrl : K('#url3').val(),
                clickFn : function(url, title, width, height, border, align) {
                    K('#url3').val(url);
                    editor.hideDialog();
                }
            });
        });
    });
});
</script>
</head>
<body>
<form id="form1" name="form1" method="post" action="product_add_pass.php">
  <table cellspacing="0" cellpadding="0">
    <tr>
      <td class="tt" colspan="2">添加产品</td>
    </tr>
    <tr>
      <td width="20%"><span style="color:#F30">*</span>标题：</td>
      <td width="80%">
        <input name="title" type="text" id="title" size="50" />
      </td>
    </tr>
    <tr>
      <td>来源：</td>
      <td>
        <input name="comefrom" type="text" id="comefrom" value="本站" />
      </td>
    </tr>
    <tr>
```

```
        <td>发布日期：</td>
        <td>
          <input name="pubdate" type="text" id="pubdate" value="<?php
        date_default_timezone_set('UTC');
        echo date("Y-m-d");
        ?>" />
        </td>
      </tr>
      <tr>
        <td>产品编号：</td>
        <td>
          <input name="numeration" type="text" id="numeration" />
        </td>
      </tr>
      <tr>
        <td>价格：</td>
        <td>
          <input name="price" type="text" id="price" />
        </td>
      </tr>
      <tr>
        <td><span style="color:#F30">*</span>类别：</td>
        <td>
          <select name="catid" size="1">
            <option value="">--请选择--</option>
            <?php
            $result_category=mysql_query("select * from product_category");
            while($row_category=mysql_fetch_array($result_category)){
            ?>
            <option value="<?php echo $row_category['id'];?>">
            <?php echo $row_category['title'];?></option>
            <?php
            }
            mysql_free_result($result_category);
            ?>
          </select>
        </td>
      </tr>
      <tr>
        <td>缩略图：</td>
        <td>
          <input name="thumbnail" type="text" id="url3" value="" />
          <input type="button" id="image3" value="选择图片" />
          (建议大小为：162*177)</td>
      </tr>
      <tr>
        <td>关键词：</td>
        <td>
          <label for="keywords"></label>
          <textarea name="keywords" cols="60" rows="3" id="keywords"></textarea>
        </td>
      </tr>
      <tr>
        <td>描述：</td>
        <td>
```

```
                <label for="description"></label>
                <textarea name="description" id="description" cols="60" rows="3"></textarea>
            </td>
        </tr>
        <tr>
            <td><span style="color:#F30">*</span>内容：</td>
            <td>
                <textarea name="content"
                style="width:500px;height:300px;visibility:hidden;"></textarea>
            </td>
        </tr>
        <tr>
            <td colspan="2">
                <input name="Submit" type="submit" class="btn" value="添加" />
            </td>
        </tr>
    </table>
</form>
</body>
</html>
```

添加产品页面的效果如图 12-2 所示。

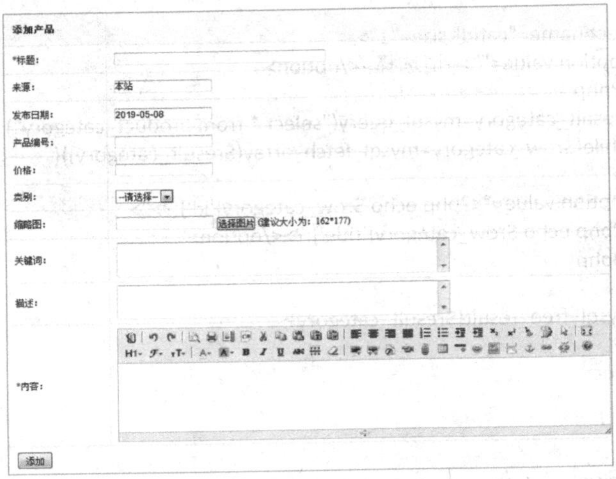

图 12-2　添加产品页面效果

（2）编写“添加产品-写入数据库”页面文件。

“添加产品-写入数据库”页面文件名为 product_add_pass.php。该页面文件用于接收“添加产品-表单页”提交过来的数据，然后将其写入数据库相应的表中。该页面文件完整的代码如下：

```
<?php
require_once'session.php';
require_once'../public/conn.php';
header("Content-type:text/html;charset=utf-8");
if(empty($_POST['title'])){
        echo "<script>alert('标题不能为空！ ');history.back();</script>";
        exit;
        }
```

```
if(empty($_POST['catid'])){
    echo "<script>alert('类别不能为空！');history.back();</script>";
    exit;
    }
if(empty($_POST['content'])){
    echo "<script>alert('内容不能为空！');history.back();</script>";
    exit;
    }
//输入 SQL 语句时，请不要换行
$sql="insert into product(
title,comefrom,pubdate,numeration,price,catid,thumbnail,keywords,description,
content)values('".$_POST['title']."','".$_POST['comefrom']."',
'".$_POST['pubdate']."','".$_POST['numeration']."','".$_POST['price']."',
'".$_POST['catid']."','".$_POST['thumbnail']."','".$_POST['keywords']."',
'".$_POST['description']."','".$_POST['content']."')";
if(mysql_query($sql)){
    echo "<script>alert('添加成功！');window.location.href='product_list.php';</script>";
    exit;
}else{
    echo "<script>alert('添加失败！');window.location.href='product_list.php';</script>";
    exit;
}
mysql_close($conn);
?>
```

2．查询并输出产品列表

"产品列表"页面文件名为 news_list.php。该操作主要用于查询数据库中的 product 表，并把产品以列表形式输出。该页面文件完整的代码如下：

```
<?php
require_once('session.php');
require_once('../public/conn.php');
//根据是否选择产品分类统计总记录数
if($_GET['catid']==""){
$total_num=mysql_num_rows(mysql_query("select product.id,product_category.id from product,
product_category where product.catid=product_category.id"));
}else{
$total_num=mysql_num_rows(mysql_query("select product.id,product_category.id from product,
product_category where product.catid=product_category.id and product.catid='".$_GET['catid']."'"));
}
//设置每页显示的记录数
$pagesize=10;
//计算总页数
$page_num=ceil($total_num/$pagesize);
//设置页数
$page=$_GET['page'];
if($page<1 || $page==''){
    $page=1;
    }
if($page>$page_num){
    $page=$page_num;
    }
//记录数的偏移量
$offset=$pagesize*($page-1);
//上一页、下一页
```

```
$prepage=($page<>1)?$page-1:$page;
$nextpage=($page<>$page_num)?$page+1:$page;
//根据是否选择产品类别使用不同的语句，在输入 SQL 语句时请不要换行
if($_GET['catid']==""){
	$sql="select product.*,product_category.title as cattitle from product,product_category where
product.catid=product_category.id limit $offset,$pagesize";
}else{
	$sql="select product.*,product_category.title as cattitle from product,product_category where
product.catid=product_category.id and product.catid='".$_GET['catid']."' limit $offset,$pagesize";
}
//查询数据
$result=mysql_query($sql);
?>
<!DOCTYPE html PUBLIC "-//W3C//DTD XHTML 1.0 Transitional//EN" "http://www.w3.org/TR/
xhtml1/DTD/xhtml1-transitional.dtd">
<html xmlns="http://www.w3.org/1999/xhtml">
<head>
<meta http-equiv="Content-Type" content="text/html; charset=utf-8" />
<title>产品列表</title>
<link href="css/table.css" rel="stylesheet" type="text/css" />
</head>
<body>
<table width="100%" border="1" cellspacing="0" cellpadding="0">
  <tr>
    <td class="tt" colspan="7">产品列表</td>
  </tr>
  <tr>
    <td height="39" colspan="7"> 按类别检索：
      <select size="1" name="catid" onChange="location.replace(this.value)">
        <option value="" selected>--请选择--</option>
        <option value="?catid=''">全部</option>
        <?php
        $result_product_category=mysql_query("select * from product_category");
        while($v2=mysql_fetch_array($result_product_category)){
        ?>
        <option value="?catid=<?=$v2['id']?>" <?php if($v2['id']==$_GET['catid'])
        {echo 'selected';}?>><?=$v2['title']?></option>
        <?php
        }
        mysql_free_result($result_product_category);
        ?>
      </select>
    </td>
  </tr>
  <tr>
    <td width="9%" height="35">文章 ID</td>
    <td width="48%">标题</td>
    <td width="11%">类别</td>
    <td width="9%">来源</td>
    <td width="9%">发布日期</td>
    <td colspan="2">操作</td>
  </tr>
  <?php
    if($result){
    while($rs=mysql_fetch_array($result)){
```

```
        ?>
    <tr>
        <td height="31"><?php echo $rs['id']?></td>
        <td><?php echo $rs['title']?></td>
        <td><?php echo $rs['cattitle']?></td>
        <td><?php echo $rs['comefrom']?></td>
        <td><?php echo $rs['pubdate']?></td>
        <td width="7%">
          <input name="button" type="submit" class="btn" id="button"
          onclick="window.location.href='product_modify.php?id=<?php echo $rs['id']?>'"
          value="修改" />
        </td>
        <td width="7%">
          <input name="button2" type="submit" class="btn" id="button2"
          onclick="window.location.href='product_delete.php?id=<?php echo $rs['id']?>'"
          value="删除" />
        </td>
    </tr>
    <?php
            }
        mysql_free_result($result);
        }else{
        ?>
    <tr>
      <td height="35" colspan="7">暂无记录!</td>
    </tr>
    <?php
        }
        mysql_close($conn);
        ?>
    <tr>
      <td height="43" colspan="7" align="center">
        <?=$page?>/<?=$page_num?>  
        <a href="?page=1&catid=<?php echo $_GET['catid'];?>">首页</a>  
        <a href="?page=<?=$prepage?>&catid=<?php echo $_GET['catid'];?>">
        上一页</a>  
        <a href="?page=<?=$nextpage?>&catid=<?php echo $_GET['catid'];?>">
        下一页</a>  
         <a href="?page=<?=$page_num?>&catid=<?php echo $_GET['catid'];?>">
        尾页</a></td>
    </tr>
</table>
</body>
</html>
```

产品列表页面的效果如图 12-3 所示。

产品列表						
按类别检索: --请选择--						
文章ID	标题	类别	来源	发布日期	操作	
3	百花蜜蜂浆60g	百花蜜	本站	2019-05-19	修改	删除
1/1 首页 上一页 下一页 尾页						

图 12-3 产品列表页面效果

3．修改产品

（1）编写“修改产品-显示页”页面文件。

“修改产品-显示页”页面文件名为 product_modify.php。该页面文件主要用于输出所要修改的产品。该页面文件完整的代码如下：

```
<?php
require_once('session.php');
require_once("../public/conn.php");
$sql="select * from product where id='".$_GET['id']."'";
$result=mysql_query($sql);
$rs=mysql_fetch_array($result);
?>
<!DOCTYPE html PUBLIC "-//W3C//DTD XHTML 1.0 Transitional//EN" "http://www.w3.org/TR/xhtml1/
DTD/xhtml1-transitional.dtd">
<html xmlns="http://www.w3.org/1999/xhtml">
<head>
<meta http-equiv="Content-Type" content="text/html; charset=utf-8" />
<title>修改产品</title>
<link href="css/table.css" rel="stylesheet" type="text/css" />
<link rel="stylesheet" href="kindeditor/themes/default/default.css" />
<script charset="utf-8" src="kindeditor/kindeditor-min.js"></script>
<script charset="utf-8" src="kindeditor/lang/zh_CN.js"></script>
<script type="text/javascript">
var editor;
KindEditor.ready(function(K)
{
        editor = K.create('textarea[name="content"]', {
                allowFileManager : true
        });
        K('#image3').click(function() {
                editor.loadPlugin('image', function() {
                        editor.plugin.imageDialog({
                                showRemote : true,
                                imageUrl : K('#url3').val(),
                                clickFn : function(url, title, width, height, border, align) {
                                        K('#url3').val(url);
                                        editor.hideDialog();
                                }
                        });
                });
        });
});
</script>
</head>
<body>
<form id="form1" name="form1" method="post" action="product_modify_pass.php?id=<?=$rs['id']?>">
  <table cellspacing="0" cellpadding="0">
    <tr>
      <td class="tt" colspan="2">修改产品</td>
    </tr>
    <tr>
      <td width="20%"><span style="color:#F30">*</span>标题：</td>
      <td width="80%">
        <input name="title" type="text" id="title" size="50" value="<?=$rs['title']?>" />
```

```
        </td>
      </tr>
      <tr>
        <td>来源：</td>
        <td>
          <input name="comefrom" type="text" id="comefrom" value="<?=$rs['title']?>" />
        </td>
      </tr>
      <tr>
        <td>发布日期：</td>
        <td>
          <input name="pubdate" type="text" id="pubdate" value="<?=$rs['pubdate']?>" />
        </td>
      </tr>
      <tr>
        <td>产品编号：</td>
        <td>
          <input name="numeration" type="text" id="numeration" value="
          <?php echo $rs['numeration'];?>" />
        </td>
      </tr>
      <tr>
        <td>价格：</td>
        <td>
          <input name="price" type="text" id="price" value="<?php echo $rs['price'];?>" />
        </td>
      </tr>
      <tr>
        <td><span style="color:#F30">*</span>类别</td>
        <td>
          <select name="catid" size="1">
            <option value="">--请选择--</option>
            <?php
              $result_category=mysql_query("select * from product_category");
              while($row_category=mysql_fetch_array($result_category)){
            ?>
            <option value="<?php echo $row_category['id'];?>"
                <?php if($row_category['id']==$rs['catid']){echo "selected='selected'";}?>>
                <?php echo $row_category['title'];?></option>
            <?php
              }
              mysql_free_result($result_category);
              mysql_close($conn);
            ?>
          </select>
        </td>
      </tr>
      <tr>
        <td>缩略图：</td>
        <td>
          <input name="thumbnail" type="text" id="url3" value="
          <?php echo $rs['thumbnail'];?>" />
          <input type="button" id="image3" value="选择图片" />
          (建议大小为：162*177)</td>
      </tr>
```

```
      <tr>
        <td>关键词：</td>
        <td>
          <label for="keywords"></label>
          <textarea name="keywords" cols="60" rows="3" id="keywords">
          <?php echo $rs['keywords'];?></textarea>
        </td>
      </tr>
      <tr>
        <td>描述：</td>
        <td>
          <label for="description"></label>
          <textarea name="description" id="description" cols="60" rows="3">
          <?php echo $rs['description'];?></textarea>
        </td>
      </tr>
      <tr>
        <td><span style="color:#F30">*</span>内容：</td>
        <td>
          <textarea name="content" style="width:500px;height:300px;visibility:hidden;">
          <?=htmlspecialchars($rs['content'])?></textarea>
        </td>
      </tr>
      <tr>
        <td colspan="2">
          <input name="Submit" type="submit" class="btn" value="修改" />
        </td>
      </tr>
    </table>
  </form>
  </body>
  </html>
```

修改产品页面的效果如图 12-4 所示。

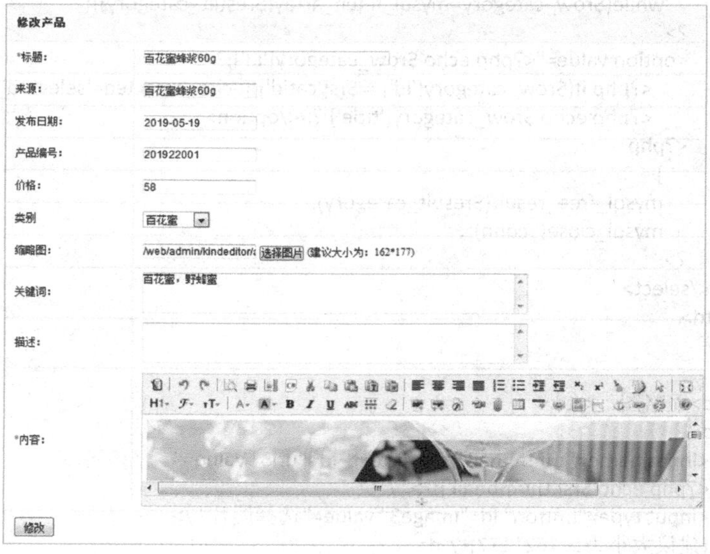

图 12-4　修改产品页面效果

（2）编写“修改产品-修改页”页面文件。

“修改产品-修改页”页面文件名为 product_modify_pass.php。该页面文件主要用于接收“修改产品-表单页”页面传递过来的数据，并覆盖数据表的相应记录以实现修改的功能。该页面文件完整的代码如下：

```
<?php
require_once('session.php');
require_once('../public/conn.php');
header("Content-type:text/html;charset=utf-8");
if(empty($_POST['title'])){
        echo "<script>alert('标题不能为空！');history.back();</script>";
        exit;
        }
if(empty($_POST['catid'])){
        echo "<script>alert('类别不能为空！');history.back();</script>";
        exit;
        }
if(empty($_POST['content'])){
        echo "<script>alert('内容不能为空！');history.back();</script>";
        exit;
        }
//说明：在输入 SQL 语句时，请不要换行
$sql="update product set title='".$_POST['title']."',comefrom='".$_POST['comefrom']."',
pubdate='".$_POST['pubdate']."',numeration='".$_POST['numeration']."',
price='".$_POST['price']."',catid='".$_POST['catid']."',
thumbnail='".$_POST['thumbnail']."',keywords='".$_POST['keywords']."',
description='".$_POST['description']."',content='".$_POST['content']."'
where id='".$_GET['id']."'";
if(mysql_query($sql,$conn)){
      echo "<script>alert('修改成功！');
      window.location.href='product_list.php';</script>";
      exit;
}else{
      echo "<script>alert('修改失败！');
      window.location.href='product_list.php';</script>";
      exit;
      }
mysql_close($conn);
?>
```

4．删除产品

“删除产品”的页面文件名为 product_delete.php。该页面文件的主要用于删除产品。该页面文件完整的代码如下：

```
<?php
require_once('session.php');
header("Content-type:text/html;charset=utf-8");
require_once('../public/conn.php');
$sql="delete from product where id='".$_GET['id']."'";
if(mysql_query($sql)){
      echo "<script>alert('删除成功');
      window.location.href='product_list.php'</script>";
      exit;
```

```
}else{
    echo "<script>alert('删除失败');
    window.location.href='product_list.php'</script>";
    exit;
}
mysql_close($conn);
?>
```

12.3 经验传递

☆ 开发过程中应注意，在产品缩略图上传文本框的右侧应有对所上传图片大小的说明，否则容易导致所上传的图片大小或比例与前台输出缩略图的大小或比例不一致，出现所显示的图片变形等情况；

☆ 读者应该能够真正理解无限级分类的原理，并能够开发实现，因为产品管理模块对多级分类的应用较多。

12.4 知识拓展

“页面静态化”相关内容可参见本书提供的电子资源中的“电子资源包/任务 12/页面静态化.docx”进行学习。

任务13　开发网站后台之留言管理模块

【知识目标】

1. 巩固修改数据库的操作技能；
2. 巩固删除数据库的操作技能；
3. 掌握如何利用标记字段实现数据记录的状态显示；
4. 学会如何利用 smtp 类发送电子邮件。

【能力目标】

1. 能够根据需求设计及开发留言管理模块；
2. 能够利用 smtp 类实现电子邮件的发送；
3. 培养良好的代码编写习惯和吃苦耐劳的精神；
4. 培养良好的自主学习能力。

【任务描述】

本任务主要是设计及开发留言管理模块，标记留言记录处理状态和删除留言记录的功能。

13.1　知识准备

下面介绍实现数据状态标记的原理。

在网站项目中，通常需要标记数据的状态，实现该功能可通过修改该记录用于标记状态的字段值，例如某网站的购物模块，在订单表中可用一个字段（例如字段名为 send，类型是 varchar(5)，默认值为“否”）来标记该条订单是否发货。在订单产生时，send 字段的值默认为“否”（用该值标记未发货），当发货后，需要修改 send 字段的值为“是”（用该值标记已发货）。在页面的呈现上，可以使用以下两种方法实现。

方法一：使用 if 条件语句实现，主要代码如下。

```
<?php
if($row['send']=='否'){
    echo"未发货";//若用图标⊗表示 echo "<src="no.jpg">"
}else{
    echo"已发货";//若用图标✓表示 echo "<src="yes.jpg">"
}
?>
```

方法二：使用三目运算符实现，主要代码如下。

```
<?php
$send_state=($row['send']=='否')?"未发货":"已发货";
echo $send_state;
?>
```

13.2 任务实现

该模块主要用于管理客户的留言信息，具有查看留言列表、标记留言处理状态和删除留言等功能。

13.2.1 输出留言列表

“留言列表”页面文件名为 message.php。该操作主要是查询数据库中的 message 表，并把留言以列表的形式输出。该页面文件完整的代码如下：

```
<?php
require_once('session.php');
require_once('../public/conn.php');
?>
<!DOCTYPE html PUBLIC "-//W3C//DTD XHTML 1.0 Transitional//EN" "http://www.w3.org/TR/xhtml1/
DTD/xhtml1-transitional.dtd">
<html xmlns="http://www.w3.org/1999/xhtml">
<head>
<meta http-equiv="Content-Type" content="text/html; charset=utf-8" />
<title>留言列表</title>
<link href="css/table.css" rel="stylesheet" type="text/css" />
</head>
<body>
<table width="100%" border="1" cellspacing="0" cellpadding="0">
  <tr>
    <td class="tt" colspan="8">留言列表</td>
  </tr>
  <tr>
    <td width="13%" height="29"><strong>标题</strong></td>
    <td width="11%"><strong>称呼</strong></td>
    <td width="11%"><strong>手机</strong></td>
    <td width="8%"><strong>QQ</strong></td>
    <td width="8%">邮箱</td>
    <td width="30%"><strong>内容</strong></td>
    <td width="15%"><strong>是否处理</strong></td>
    <td width="12%"><strong>操作</strong></td>
  </tr>
  <?php
    //记录留言的总条数
    $total_num=mysql_num_rows(mysql_query("select id from message"));
    //每页记录数
    $pagesize=5;
    //总页数
    $page_num=ceil($total_num/$pagesize);
    //设置页数
    $page=$_GET['page'];
    if($page<1 || $page==''){
    $page=1;
    }
    if($page>$page_num){
        $page=$page_num;
```

```
            }
            //记录数的偏移量
            $offset=$pagesize*($page-1);
            //上一页、下一页
            $prepage=($page<>1)?$page-1:$page;
            $nextpage=($page<>$page_num)?$page+1:$page;
    //输入 SQL 语句时，请不要换行
            $result=mysql_query("select * from message    order by id desc limit
    $offset,$pagesize");
            if($total_num>0){
                while($row=mysql_fetch_array($result)){
      ?>
      <tr>
        <td><?php echo $row['title']?></td>
        <td><?php echo $row['name']?></td>
        <td><?php echo $row['tel']?></td>
        <td><?php echo $row['qq']?></td>
        <td><?php echo $row['email']?></td>
        <td><?php echo $row['content']?></td>
        <td>
        <?php if($row['deal']=='否'){?>
        <a href="message_deal.php?deal=yes&id=<?=$row['id']?>"
        title="单击设置为已处理图标">
            <img border="0" src="images/no.png"></a>
        <?php }else{?>
        <a href="message_deal.php?deal=no&id=<?=$row['id']?>"
        title="单击设置为未处理图标">
            <img border="0" src="images/ok.png"></a>
        <?php }?>
        </td>
        <td>
          <input name="button2" type="submit" class="btn" id="button2"
          onclick="window.location.href='message_delete.php?id=
          <?php echo $row['id']?>'" value="删除" />
        </td>
      </tr>
      <?php
            }
      }else{
            echo "<tr><td colspan='5' height='31' style='color:red;font-size:13px'>
          暂无记录</td></tr>";
      }
    ?>
      <tr>
        <td height="43" colspan="8" align="center">
            <?=$page?>/<?=$page_num?>  
            <a href="?page=1">首页</a>  
            <a href="?page=<?=$prepage?>">上一页</a>  
            <a href="?page=<?=$nextpage?>">下一页</a>  
            <a href="?page=<?=$page_num?>"> 尾页</a></td>
      </tr>
  </table>
  </body>
```

```
</html>
<?php
mysql_free_result($result);
mysql_close($conn);
?>
```

留言列表页面的效果如图 13-1 所示。

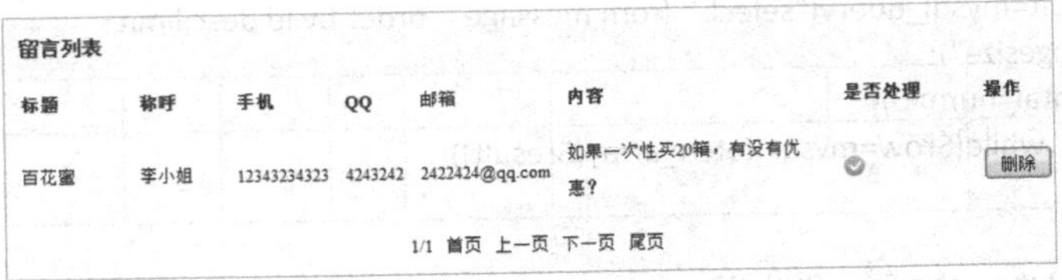

图 13-1　留言列表页面效果

13.2.2　编写留言处理页面文件

“留言处理”页面文件名是 message_deal.php。该页面文件主要用于标记留言处理的状态。该页面文件完整的代码如下：

```
<?php
require_once('session.php');
require_once('../public/conn.php');
header("Content-type:text/html;charset=utf-8");
if($_GET['deal']=="yes"){
        mysql_query("update message set deal='是' where id='".$_GET['id']."'");
        echo "<script>alert('已设置为\"已处理\"！');
        window.location.href='message.php';</script>";
}
if($_GET['deal']=="no"){
        mysql_query("update message set deal='否' where id='".$_GET['id']."'");
        echo "<script>alert('已设置为\"未处理\"！');
        window.location.href='message.php';</script>";
}
mysql_close($conn);
?>
```

13.2.3　编写删除留言页面文件

“删除留言”页面文件名为 message_delete.php。该页面文件的主要作用是删除留言信息。该页面文件完整的代码如下：

```
<?php
require_once('session.php');
require_once('../public/conn.php');
header("Content-type:text/html;charset=utf-8");
$sql="delete from message where id='".$_GET['id']."'";
mysql_query($sql,$conn);
echo "<script>alert('删除成功！');window.location.href='message.php';</script>";
mysql_close($conn);
?>
```

13.3 经验传递

☆ 回复留言是通过修改该条留言记录的回复字段来实现的。

☆ 在实际的网站项目中，有时需要将该模块和发送邮件进行整合，使得访客留言后能及时通过邮件通知管理员。

13.4 知识拓展

下面介绍 PHP 利用 smtp 类轻松地发送电子邮件。

当使用 PHP 内置的 mail()函数不能发送邮件时，可以利用 smtp 类轻松地发送电子邮件。smtp 类发送邮件的方法较简单，只需会调用就可以实现。利用 smtp 类发送邮件的相关文件见本书电子资源中的“配套素材/发送邮件的 demo/”，请读者自行研究学习。

任务 14　开发网站后台之友情链接管理模块

【知识目标】

1. 巩固数据库基本操作技能；
2. 掌握 implode()和 explode()函数的应用。

【能力目标】

1. 能够根据需求设计及开发友情链接管理模块；
2. 培养良好的代码编写习惯和吃苦耐劳的精神。

【任务描述】

本任务是根据数据库中的友情链接数据表，利用 PHP 相关知识设计及开发友情链接管理模块，实现对友情链接内容的添加、查询并输出、修改、删除等操作。

14.1　知识准备

完成该任务所需的知识任务 6、任务 8、任务 9 中已进行了讲解。

14.2　任务实现

该模块主要由添加友情链接、查询并输出友情链接列表、修改友情链接和删除友情链接 4 个功能操作组成，下面介绍每个功能操作的实现。

14.2.1　添加友情链接

1．编写“添加友情链接-表单页”页面文件

“添加友情链接-表单页”页面文件的文件名为 friend_add.php。该页面主要用于编辑友情链接内容。该页面文件完整的代码如下：

```
<?php
require_once('session.php');
?>
<!DOCTYPE html PUBLIC "-//W3C//DTD XHTML 1.0 Transitional//EN" "http://www.w3.org/TR/xhtml1/DTD/xhtml1-transitional.dtd">
<html xmlns="http://www.w3.org/1999/xhtml">
<head>
<meta http-equiv="Content-Type" content="text/html; charset=utf-8" />
<title>添加友情链接</title>
<link href="css/table.css" rel="stylesheet" type="text/css" />
</head>
<body>
<form name="form1" id="form1" action="friend_add_pass.php" method="post" >
  <table cellspacing="0" cellpadding="0">
    <tr>
      <td colspan="2" class="tt">添加友情链接</td>
```

```
        </tr>
        <tr>
          <td width="16%"><span style="color:#F60">*</span>标题：</td>
          <td width="84%">
            <input type="text" name="title" id="title" />
          </td>
        </tr>
        <tr>
          <td><span style="color:#F60">*</span>链接地址：</td>
          <td>
            <input type="text" name="url" id="url" />
          </td>
        </tr>
        <tr>
          <td colspan="2">
            <input name="button" type="submit" class="btn" id="button" value="添加" />
          </td>
        </tr>
      </table>
    </form>
    </body>
    </html>
```

添加友情链接页面的效果如图 14-1 所示。

图 14-1　添加友情链接页面效果

2．编写“添加友情链接-写入数据库”页面文件

“添加友情链接-写入数据库”文件名为 friend_add_pass.php。该页面文件用于接收“添加友情链接-表单页”提交过来的数据，然后将其写入数据库的相应表中。该页面文件完整的代码如下：

```
<?php
require_once('session.php');
require_once('../public/conn.php');
header("Content-type:text/html;charset=utf-8");
if ($_POST['title']==""){
        echo "<script>alert('标题不能为空！');history.go(-1)</script>";
        exit;
        }
if ($_POST['url']==""){
        echo "<script>alert('链接地址不能为空！');history.go(-1)</script>";
        exit;
        }
$sql="insert into friend (title,url) values ('".$_POST['title']."','".$_POST['url']."')";
if(mysql_query($sql)){
        echo "<script>alert('添加成功！');
        window.location.href='friend_list.php';</script>";
```

```
        exit;
    }else{
        echo "<script>alert('添加失败！');
        window.location.href='friend_list.php';</script>";
        exit;
    }
    mysql_close($conn);
    ?>
```

14.2.2 查询并输出友情链接列表

查询并输出友情链接列表的页面文件名为 friend_list.php。该操作主要是查询数据库的 friend 表，并把友情链接内容以列表的形式输出。该页面文件完整的代码如下：

```
<?php
require_once('session.php');
require_once('../public/conn.php');
//记录的总条数
$total_num=mysql_num_rows(mysql_query("select id from friend"));
//每页记录数
$pagesize=10;
//总页数
$page_num=ceil($total_num/$pagesize);
//设置页数
$page=$_GET['page'];
if($page<1 || $page==''){
    $page=1;
    }
if($page>$page_num){
    $page=$page_num;
    }
//计算记录数的偏移量
$offset=$pagesize*($page-1);
//上一页、下一页
$prepage=($page<>1)?$page-1:$page;
$nextpage=($page<>$page_num)?$page+1:$page;
$result=mysql_query("select * from friend order by id desc limit $offset,$pagesize");
?>
<!DOCTYPE html PUBLIC "-//W3C//DTD XHTML 1.0 Transitional//EN" "http://www.w3.org/TR/xhtml1/
DTD/xhtml1-transitional.dtd">
<html xmlns="http://www.w3.org/1999/xhtml">
<head>
<meta http-equiv="Content-Type" content="text/html; charset=utf-8" />
<title>友情链接列表</title>
<link href="css/table.css" rel="stylesheet" type="text/css" />
</head>
<body>
<table cellspacing="0" cellpadding="0">
  <tr>
    <td colspan="3" class="tt">友情链接列表</td>
  </tr>
  <tr>
    <td>标题</td>
    <td width="40%">链接</td>
```

```
            <td width="22%">操作</td>
        </tr>
        <tr>
            <?php
            if($total_num>0){
            while($row=mysql_fetch_array($result)){
            ?>
            <td width="38%"><?php echo $row['title']?></td>
            <td><?php echo $row['url']?></td>
            <td>
                <input name="button" type="submit" class="btn" id="button"
                onclick="window.location.href='friend_modify.php?id=<?=$row['id']?>'"
                value="修改" />
                  
                <input name="button2" type="button" class="btn" id="button2"
                onclick="window.location.href='friend_delete.php?id=<?=$row['id']?>'"
                value="删除" />
            </td>
        </tr>
        <?php
                    }
                    mysql_free_result($result);
            }else{
                echo "<tr><td colspan='5' height='31' style='color:red;font-size:13px'>
                暂无记录</td></tr>";
                }
            ?>
        <tr>
            <td colspan="3" align="center">
                <?=$page?>/<?=$page_num?>  
                <a href="?page=1">首页</a>  
                <a href="?page=<?=$prepage?>">上一页</a>  
                <a href="?page=<?=$nextpage?>">下一页</a>  
                <a href="?page=<?=$page_num?>"> 尾页</a></td>
        </tr>
    </table>
    </body>
    </html>
    <?php
    mysql_close($conn);
    ?>
```

友情链接列表页面的效果如图 14-2 所示。

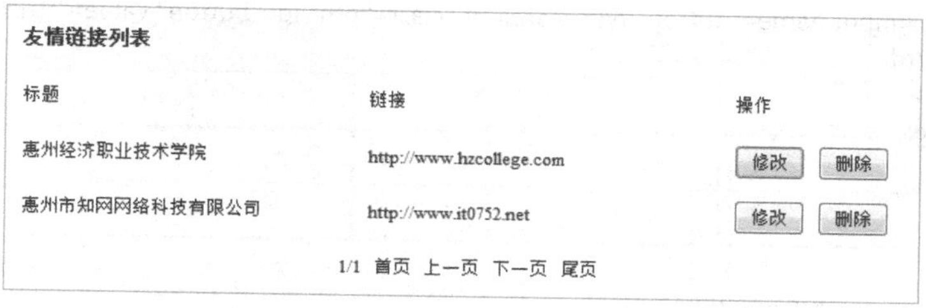

友情链接列表

标题	链接	操作
惠州经济职业技术学院	http://www.hzcollege.com	修改 删除
惠州市知网网络科技有限公司	http://www.it0752.net	修改 删除

1/1 首页 上一页 下一页 尾页

图 14-2　友情链接列表页面效果

14.2.3 修改友情链接

1．编写“修改友情链接-显示页”页面文件

修改友情链接-显示页”页面文件名为 friend_modify.php。该页面文件主要用于输出所要修改的友情链接。该页面文件完整的代码如下：

```
<?php
require_once('session.php');
require_once('../public/conn.php');
$sql="select * from friend where id='".$_GET['id']."'";
$result=mysql_query($sql);
$row=mysql_fetch_array($result);
?>
<!DOCTYPE html PUBLIC "-//W3C//DTD XHTML 1.0 Transitional//EN" "http://www.w3.org/TR/xhtml1/
DTD/xhtml1-transitional.dtd">
<html xmlns="http://www.w3.org/1999/xhtml">
<head>
<meta http-equiv="Content-Type" content="text/html; charset=utf-8" />
<title>修改友情链接</title>
<link href="css/table.css" rel="stylesheet" type="text/css" />
</head>
<body>
<form name="form1" id="form1" action="friend_modify_pass.php?id=<?=$row['id']?>" method="post" >
  <table cellspacing="0" cellpadding="0">
    <tr>
      <td colspan="2" class="tt">修改友情链接</td>
    </tr>
    <tr>
      <td width="13%"><span style="color:#F60">*</span>标题：</td>
      <td width="87%">
        <input name="title" type="text" id="title" value="<?=$row['title']?>"
         size="40" />
      </td>
    </tr>
    <tr>
      <td><span style="color:#F60">*</span>链接地址：</td>
      <td>
        <input name="url" type="text" id="url" value="<?=$row['url']?>"
        size="40" />
      </td>
    </tr>
    <tr>
      <td colspan="2">
        <input name="button" type="submit" class="btn" id="button" value="修改" />
      </td>
    </tr>
  </table>
</form>
</body>
</html>
<?php
mysql_free_result($result);
mysql_close($conn);
?>
```

修改友情链接页面效果如图 14-3 所示。

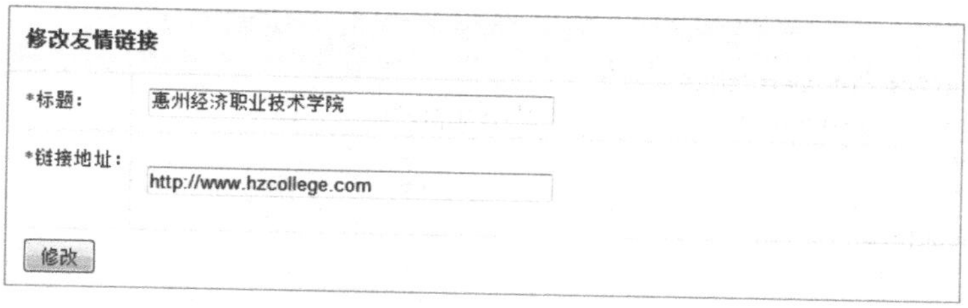

修改友情链接

*标题： 惠州经济职业技术学院

*链接地址： http://www.hzcollege.com

修改

图 14-3 修改友情链接页面效果

2. 编写“修改友情链接-修改页”页面文件

“修改友情链接-修改页”页面文件名为 friend_modify_pass.php。该页面文件主要用于接收“修改友情链-显示页”页面传递过来的数据，并覆盖数据表的相应记录以实现修改的功能。该页面文件完整的代码如下：

```
<?php
require_once('session.php');
require_once('../public/conn.php');
header("Content-type:text/html;charset=utf-8");
if ($_POST['title']==""){
        echo "<script>alert('标题不能为空！');history.go(-1)</script>";
        exit;
}
if ($_POST['url']==""){
        echo "<script>alert('链接地址不能为空！');history.go(-1)</script>";
        exit;
}
$sql="update friend set title='".$_POST['title']."',url='".$_POST['url']."' where id='".$_GET['id']."'";
if(mysql_query($sql)){
        echo "<script>alert('修改成功！');
        window.location.href='friend_list.php';</script>";
        exit;
}else{
        echo "<script>alert('修改失败！');
        window.location.href='friend_list.php';</script>";
        exit;
}
mysql_close($conn);
?>
```

14.2.4 删除友情链接

删除友情链接的页面文件名为 friend_delete.php。该页面文件的主要用于删除友情链接。该页面文件完整的代码如下：

```
<?php
require_once('session.php');
require_once('../public/conn.php');
header("Content-type:text/html;charset=utf-8");
$sql="delete from friend where id='".$_GET['id']."'";
if(mysql_query($sql)){
        echo "<script>alert('删除成功');
```

```
		window.location.href='friend_list.php'</script>";
		exit;
	}else{
		echo "<script>alert('删除失败');
		window.location.href='friend_list.php'</script>";
		exit;
	}
	mysql_close($conn);
	?>
```

14.3 经验传递

☆ 友情链接管理模块的数据项较少，在网站的开发中，友情链接管理模块具有重要作用，在开发该模块时可增加友情链接申请功能。

14.4 知识拓展

“implode()函数和 explode()函数”相关内容可参见本书提供的电子资源中的“电子资源包/任务 14/“implode()函数和 explode()函数.docx”进行学习。

任务 15　开发网站后台之联系我们管理模块

【知识目标】

1. 巩固修改数据库的操作技能;
2. 巩固 KindEditor 编辑的应用;
3. 了解单页管理模块设计及开发过程;
4. 了解 PHP 开源框架。

【能力目标】

1. 能够开发联系我们管理模块;
2. 培养良好的代码编写习惯和吃苦耐劳的精神;
3. 培养良好的自主学习能力。

【任务描述】

本任务是根据数据库中的联系我们数据表，利用相关知识设计及开发联系我们管理模块。

15.1　知识准备

下面介绍单页管理模块设计及开发过程。

浏览企业网站的时候，通常会发现有一些栏目只用一个页面就能展示其所要表达的内容，这种页面可以理解为单页面，在网站建设行业中简称为单页。在开发单页管理模块时，通常按图 15-1 所示的过程进行设计与开发。

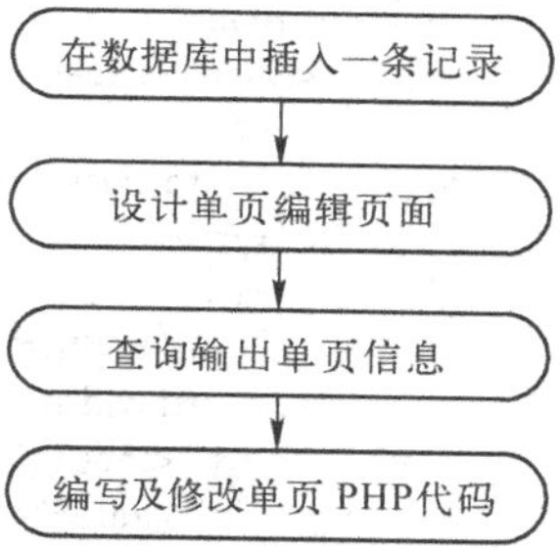

在数据库中插入一条记录 → 设计单页编辑页面 → 查询输出单页信息 → 编写及修改单页 PHP代码

图 15-1　单页管理模块的设计及开发过程

15.2　任务实现

15.2.1　插入记录

该模块主要用于管理联系我们信息，由一个单页面组成。在编写该页面代码前，先要在数据表的 contact 中插入一条记录。

15.2.2　编写“联系我们-显示页”页面文件

“联系我们-显示页”页面文件名为 contact_modify.php。该页面文件主要用于查询并输出联系我们信息，同时也作为修改显示页面。该页面文件的完整代码如下：

```
<?php
require_once('session.php');
require_once("../public/conn.php");
//查询联系我们信息
```

```
$sql="select * from contact";
$result=mysql_query($sql);
$row=mysql_fetch_array($result);
?>
<!DOCTYPE html PUBLIC "-//W3C//DTD XHTML 1.0 Transitional//EN" "http://www.w3.org/TR/xhtml1/
DTD/xhtml1-transitional.dtd">
<html xmlns="http://www.w3.org/1999/xhtml">
<head>
<meta http-equiv="Content-Type" content="text/html; charset=utf-8" />
<title>编辑联系我们</title>
<link href="css/table.css" rel="stylesheet" type="text/css" />
<!--引入 KindEditor 编辑器-->
<link rel="stylesheet" href="kindeditor/themes/default/default.css" />
<script charset="utf-8" src="kindeditor/kindeditor-min.js"></script>
<script charset="utf-8" src="kindeditor/lang/zh_CN.js"></script>
<script type="text/javascript">
var editor;
KindEditor.ready(function(K) {
    editor = K.create('textarea[name="content"]', {
    allowFileManager : true
    });
});
</script>
</head>
<body>
<form id="form1" name="form1" method="post" action="contact_modify_pass.php">
  <table cellspacing="0" cellpadding="0">
    <tr>
      <td class="tt" colspan="2">编辑联系我们信息</td>
    </tr>
    <tr>
      <td width="20%"><span style="color:#F30">*</span>标题：</td>
      <td width="80%">
        <input name="title" type="text" id="title" size="50"
        value="<?=$row['title']?>" />
      </td>
    </tr>
    <tr>
      <td>来源：</td>
      <td>
        <input name="comefrom" type="text" id="comefrom"
        value="<?=$row['comefrom']?>" />
      </td>
    </tr>
    <tr>
      <td>发布日期：</td>
      <td>
        <input name="pubdate" type="text" id="pubdate"
        value="<?=$row['pubdate']?>"   />
      </td>
    </tr>
    <tr>
      <td>关键词：</td>
      <td>
        <label for="keywords"></label>
```

```
            <textarea name="keywords" cols="60" rows="3"id="keywords">
            <?=$row['keywords']?></textarea>
          </td>
        </tr>
        <tr>
          <td>描述：</td>
          <td>
            <label for="description"></label>
            <textarea name="description" id="description" cols="60"
            rows="3"><?=$row['description']?></textarea>
          </td>
        </tr>
        <tr>
          <td><span style="color:#F30">*</span>内容：</td>
          <td>
            <textarea style="width:500px;height:300px;visibility:hidden;
            name="content""><?=htmlspecialchars($row['content'])?></textarea>
          </td>
        </tr>
        <tr>
          <td colspan="2">
            <input class="btn" type="submit" name="Submit" value="保存" />
          </td>
        </tr>
      </table>
</form>
</body>
</html>
<?php
mysql_free_result($result);
mysql_close($conn);
?>
```

“联系我们-显示页”页面的效果如图 15-2 所示。

编辑联系我们信息	
*标题：	联系我们
来源：	本站
发布日期：	2019-05-19
关键词：	蜂蜜，野蜂蜜
描述：	
*内容：	主办单位：花公子蜂业科技发展股份公司 地址：广东省惠州市惠城区 免费热线：400-××××××× 网址：http://www.flowerbee.com 电子邮箱：huagongzi@163.com QQ:123456789 微信：xiaomifengwx
保存	

图 15-2 “联系我们-显示页”页面效果

15.2.3 编写“联系我们-修改页”页面文件

“联系我们-修改页”页面文件名为 contact_modify_pass.php。该页面文件主要用于接收“联系我们-显示页”页面传递过来的数据，并更新数据库相应的记录。该文件完整的代码如下：

```
<?php
require_once('session.php');
require_once('../public/conn.php');
header("Content-type:text/html;charset=utf-8");
if(empty($_POST['title'])){
        echo"<script>alert('标题不能为空！ ');history.back();</script>";
        exit;
        }
if(empty($_POST['content'])){
        echo"<script>alert('内容不能为空！ ');history.back();</script>";
        exit;
        }
//输入 SQL 语句时，请不要换行
$sql="update contact set title='".$_POST['title']."',
comefrom='".$_POST['comefrom']."',pubdate='".$_POST['pubdate']."',
keywords='".$_POST['keywords']."',description='".$_POST['description']."',
content='".$_POST['content']."'";
if(mysql_query($sql,$conn)){
       echo "<script>alert('修改成功！ ');
       window.location.href='contact_modify.php';</script>";
       exit;
}else{
       echo "<script>alert('修改失败！ ');
       window.location.href='contact_modify.php';</script>";
       exit;
       }
mysql_close($conn);
?>
```

15.3 经验传递

☆ 在网站前台，联系我们管理栏目为单页面；在网站后台，联系我们管理模块的功能是通过修改数据库记录的操作来实现的。

15.4 知识拓展

“PHP 开发框架简介”相关内容可参见本书提供的电子资源中的“电子资源包/任务 15/PHP 开发框架简介.docx”进行学习。

任务 16　开发网站后台之退出后台模块

【知识目标】

1. 理解退出网站后台的原理；
2. 掌握 session_unset()函数应用；
3. 掌握 session_destroy()函数应用；
4. 了解 Cookie 和 BOM 头知识。

【能力目标】

1. 能够开发退出网站后台模块；
2. 培养知识迁移的能力：能够开发其他退出后台模块；
3. 培养严谨的工作态度和良好的安全意识。

【任务描述】

本任务为开发退出网站后台模块。

16.1　知识准备

16.1.1　退出网站后台原理

管理员在登录网站后台时，由登录验证模块对其输入的账号和密码进行验证，如果通过验证，将产生凭证存储在 session 中，并以此作为访问后台页面的凭证，因此，退出网站后台是通过删除管理员登录时产生的 session 凭证来实现的，其退出流程如图 16-1 所示。

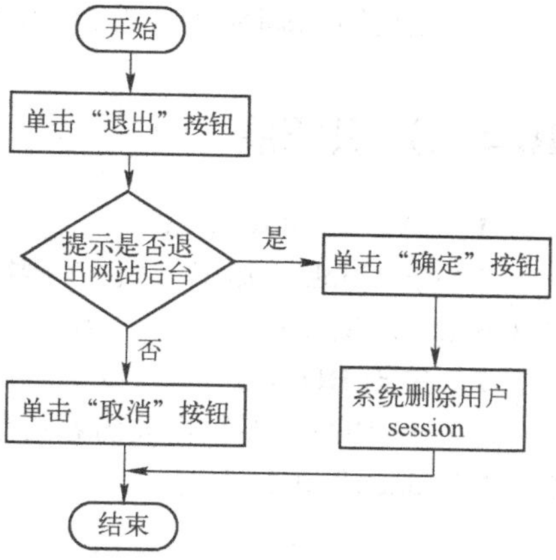

图 16-1　退出网站后台流程图

16.1.2　session_unset()函数

session_unset()函数用于释放当前在内存中已经创建的所有$_SESSION 变量，但不删除 session 文件，以及不释放对应的 session id。

16.1.3　session_destroy()函数

session_destroy()函数用于删除当前用户对应的 session 文件以及释放 session id，内存中的$_SESSION 变量内容依然保留。因此，释放用户的 session 所有资源，需要顺序执行如下代码：

```
<?php
$_SESSION['sessionname'] ="";
session_unset();
session_destroy();
?>
```

16.2 任务实现

退出网站后台模块的作用是退出网站后台并跳转到网站首页。实现该功能的文件（logout.php）的完整代码如下：

```
<?php
require_once'session.php';
header("Content-type:text/html;charset=utf-8");
session_unset();
session_destroy();
echo "<script>alert('退出成功!');
     window.parent.location.href='../index.php'</script>"
?>
```

16.3 经验传递

☆ 在使用 session 前，应先用 session_start()函数开启 session，且前面不能有任何输出；
☆ 在输出 session 值时，应用大写，例如$_SESSION['admin']；
☆ 在使用 session 时，注意 BOM 头。

16.4 知识拓展

1．关于 Cookie 知识

“关于 Cookie 知识”相关内容可参见本书提供的电子资源中的“电子资源包/任务 16/关于 Cookie 知识.docx”进行学习。

2．关于 BOM 头

“关于 BOM 头”相关内容可参见本书提供的电子资源中的“电子资源包/任务 16/关于 BOM 头.docx”进行学习。

任务17　网站前后台整合

【知识目标】

1. 了解什么是前后台整合；
2. 熟悉前后台整合的过程及方法；
3. 掌握常用 PHP 函数的应用；
4. 巩固 MySQL 数据库中对数据的各种操作技能。

【能力目标】

1. 能够使用相关的技术对网站前后台进行整合；
2. 培养学生吃苦耐劳的品质，能够按时完成设计及编程任务；
3. 培养学生的表达与沟通能力，具有良好的职业精神；
4. 培养学生较强的团队合作意识。

【任务描述】

本任务主要是根据网站前台的页面情况，使用动态网站技术把数据库中的相应数据在网站前台相应的版位查询并输出，或把数据写入数据库相应的数据表等，实现通过网站后台管理网站前台数据的效果，最终达到网站前后台的整合。

17.1　知识准备

17.1.1　网站前后台整合的含义

网站后台的主要功能是管理网站数据库的信息，而网站前台则是把数据库的信息通过前台的页面输出。不难看出，网站的前台和后台是通过网站数据库连接起来的。

对于网站前后台的整合，在网站建设行业并没有统一的定义，但最终达到的目的是网站能够运行，并且网站前台的数据能够通过网站后台进行管理与维护。

网站的前后台整合前，还需登录网站后台为每个模块输入一些数据以便在整合时能够方便查看输出的效果。

17.1.2　网站前后台整合的过程及方法

在网站搭建中，网站前后台整合是网站程序员的工作任务。下面为读者介绍整合的过程及方法：

第一步，取得并分析网站前台 Web 文件，即取得网站前台版面切图所形成的静态网页，并分析文件及目录结构；

第二步，把 Web 文件（含 CSS 文件、JS 文件、图片文件等）复制到运行环境中的网站项目目录中；

第三步，更改网站前台的 HTML 文件为 PHP 文件，即把扩展名.html 更改为.php；

第四步，确定整合文件的顺序，通常整合的第一个页面为首页；

第五步，根据网页布局，按照自上而下、自左而右的顺序整合页面的版位及其他内容。

在整合的过程中应注意其他页面是否有与该版位相同的，如果有，可把该版位分离成单独的 PHP 文件，再使用相关函数将其包含进来，这样既减少了重复的劳动，又提高了项目开发效率。

17.1.3 mb_substr()函数

在 PHP 中，mb_substr()是用来截取中文与英文的函数，可以方便、快速地解决截取指定字符长度的问题。

[语法格式]

string mb_substr (string $str,int $start [, int $length = NULL [, string $encoding = mb_internal_encoding()]])

[参数说明]

str：从该 string 中提取子字符串。

start：如果 start 不是负数，返回的字符串会从 str 的第 start 个位置开始，从 0 开始计数。如果 start 是负数，返回的字符串从 str 末尾处开始的第 start 个字符开始。

length：str 中要使用的最大字符数。

encoding：该参数为字符编码，如果省略，则使用内部字符编码。

[返回值]

mb_substr() 函数是根据 start 和 length 参数返回 str 中指定的部分。

[实例演示]

```
<?php
$str = '我现在正在做花公子蜂蜜网站项目。';
echo    mb_substr($str,6,7, 'utf-8');
?>
```

上述代码输出的结果是“花公子蜂蜜网站”。

17.1.4 自定义中文字符串截取函数 substr_CN()

自定义中文字符串截取函数 substr_CN()的代码如下。

```
<?php
//此函数完成带汉字的字符串取串
function substr_CN($str,$mylen){
$len=strlen($str);
$content='';
$count=0;
for($i=0;$i<$len;$i++){
    if(ord(substr($str,$i,1))>127){
     $content.=substr($str,$i,2);
     $i++;
    }else{
     $content.=substr($str,$i,1);
    }
    if(++$count==$mylen){
     break;
    }
}
echo $content;
}
```

```
$str="34 中华人民共和国 56";
substr_CN($str,3);//输出 34 中
?>
```

17.2 任务实现

整合页面之前，先将“任务 3　网站前台版面切图”所形成的 Web 页面及相关文件（包括 HTML 文件、JS 文件、CSS 文件、图片文件）复制到集成开发环境中的网站项目目录“www/web/”相应文件夹下，然后把前台页面文件扩展名.html 更改为.php。

17.2.1 整合网站首页

首页页面文件名为 index.php。

1．整合页头版位

（1）在页面的最前端引入数据库链接文件，并编写代码以查询网站基本配置信息，代码如下：

```
<?php
require_once'public/conn.php';
$result_config=mysql_query("select * from config");
$row_config=mysql_fetch_array($result_config);
?>
```

（2）将页面 title 标签改为如下代码，并增加关键字、页面描述标签，代码如下：

```
<title><?=$config['site_title']?></title>
<meta name="keywords" content="<?=$config['site_keywords']?>">
<meta name="description" content="<?=$config['site_description']?>">
```

（3）网站 Logo 由数据库输出，代码如下：

```
<img src="<?php echo $row_config['site_logo'];?>" width="238" height="53" />
```

（4）服务热线的号码从数据库输出，代码如下：

```
<?php echo $row_config['company_phone'];?>
```

2．整合导航版位

只需更改导航文本链接地址即可实现对导航版位的整合，整合后的代码如下：

```
<a href="index.php" class="sp">首页</a>
<a href="about.php">关于花公子</a>
<a href="news.php">新闻动态</a>
<a href="product.php">产品中心</a>
<a href="message.php">给我留言</a>
<a href="contact.php">联系我们</a>
```

3．整合关于花公子版位

（1）对文本“详细”的超链接部分，整合后的代码如下：

```
<a href="about.php">详细</a>
```

（2）花公子简介信息来自数据库，整合后的主要代码如下：

```
<?php
$result_about=mysql_query("select description from about where firstpage='是'");
$row_about=mysql_fetch_array($result_about);
echo mb_substr($row_about['description'],0,126,'utf-8');
mysql_free_result($result_about);
?>
```

4．整合新闻动态版位

（1）对文本“详细”的超链接部分，整合后的代码如下：

```
<a href="news.php">更多</a>
```

（2）新闻动态标题来自数据库，整合后的主要代码如下：

```
<?php
$result_news=mysql_query("select * from news order by id desc limit 8");
while($row_news=mysql_fetch_array($result_news)){
?>
<a href="news_show.php?id=<?php echo $row_news['id']?>">
<?php echo mb_substr($row_news['title'],0,25,'utf-8');?></a>
<?php
}
mysql_free_result($result_news);
?>
```

5．整合联系信息版位

该版位需要整合的信息项及整合后的主要代码如下：

400 电话由来自数据库，代码为

```
<?php echo $row_config['company_phone'];?>
```

微信号来自数据库，代码为

```
<?php echo $row_config['company_weixin'];?>
```

访客留言，更改超链接地址后，代码为

```
<a href="message.php">访客留言</a>
```

QQ 在线客服中的 QQ 号来自数据库，代码为

```
<a target=blank href=tencent://message/?uin=<?php echo $row_config['company_qq'];?>><img border="0" src="images/qqonline.png"></a>
```

6．整合最新蜂蜜版位

（1）对文本“详细”的超链接部分，整合后的代码如下：

```
<a href="product.php">更多</a>
```

（2）最新蜂蜜缩略图的图片地址来自数据库，整合后的主要代码如下：

```
<?php
    $result_product=mysql_query("select * from product order by id desc limit 5");
    while($row_product=mysql_fetch_array($result_product)){
```

```
?>
        <a href="#"><img src="<?php echo $row_product['thumbnail'];?>" width="162" height=
"177"></a>
    <?php
        }
        mysql_free_result($result_product);
    ?>
```

7. 整合友情链接版位

该版位中的链接标题及链接地址来自数据库，整合后的主要代码如下：

```
<?php
$result_friend=mysql_query("select * from friend order by id desc limit 10");
while($row_friend=mysql_fetch_array($result_friend)){
?>
<a href="<?php echo $row_friend['url'];?>">
    <?php echo mb_substr($row_friend['title'],0,13,'utf-8');?>
</a>
<?php
    }
    mysql_free_result($result_friend);
?>
```

8. 整合页脚版位

该版位左侧的信息主要来自数据库的版位等信息字段，整合后的代码为

```
<?php echo $row_config['site_copyright']?>
```

整合后的右侧二维码图片代码

```
<img src="<?php echo $row_config['company_ewm']?>" width="96" height="96">
```

至此，网站首页版位已整合完成，首页文件（index.php）完整的代码如下：

```
<?php
require_once'public/conn.php';
$sql_config="select * from config";
$result_config=mysql_query($sql_config);
$row_config=mysql_fetch_array($result_config);
?>
<!DOCTYPE html PUBLIC "-//W3C//DTD XHTML 1.0 Transitional//EN" "http://www.w3.org/TR/xhtml1/
DTD/xhtml1-transitional.dtd">
<html xmlns="http://www.w3.org/1999/xhtml">
<head>
<meta http-equiv="Content-Type" content="text/html; charset=utf-8" />
<meta name="keywords" content="<?php echo $row_config['site_keywords'];?>" />
<meta name="description" content="<?php echo $row_config['site_description'];?>" />
<title><?php echo $row_config['site_title'];?></title>
<link href="css/style.css" rel="stylesheet" type="text/css" />
</head>
<body>
<!--“页头”版位-->
<div class="top">
    <div class="left"><img src="<?php echo $row_config['site_logo'];?>" width="238" height="53" /></div>
    <div class="right">服务热线  
    <?php echo $row_config['company_phone'];?></div>
```

```
</div>
<!--“导航”版位-->
<div class="nav">
  <div class="nav-centerbox">
    <a href="index.php" class="sp">首页</a>
    <a href="about.php">关于花公子</a>
    <a href="news.php">新闻动态</a>
     <a href="product.php">产品中心</a>
     <a href="message.php">给我留言</a>
    <a href="contact.php">联系我们</a>
  </div>
</div>
<!--"banner"版位-->
<div class="banner">
  <div class="banner-centerbox">
    <!--在这里，可以添加透明 Flash，将会起到很好的效果-->
  </div>
</div>
<!--“关于花公子、新闻动态、联系信息”形成的横向版位-->
<div class="main">
  <!--关于花公子-->
  <div class="left">
    <div class="up">
      <div class="left"> <span class="cattitle">关于花公子</span>|
      <span class="cattitle_en">ABOUT US</span></div>
      <div class="right"><a href="about.php">详细</a></div>
    </div>
    <div class="down">
      <div class="left"><img src="images/bee.jpg" width="121"
      height="121" /></div>
      <div class="right">
<?php
$result_about=mysql_query("select description from about where firstpage='是'");
$row_about=mysql_fetch_array($result_about);
echo mb_substr($row_about['description'],0,126,'utf-8');
mysql_free_result($result_about);
?> ...
        </div>
    </div>
  </div>
  <!--新闻动态-->
  <div class="center">
    <div class="up">
      <div class="left"> <span class="cattitle">新闻动态</span>|
      <span class="cattitle_en">ABOUT US</span> </div>
      <div class="right"><a href="news.php">更多</a></div>
    </div>
    <div class="down">
    <?php
    $result_news=mysql_query("select * from news order by id desc limit 8");
    while($row_news=mysql_fetch_array($result_news)){
    ?>
      <a href="news_show.php?id=<?php echo $row_news['id']?>">
      <?php echo mb_substr($row_news['title'],0,25,'utf-8');?></a>
    <?php
```

```
            }
            mysql_free_result($result_news);
            ?>
            </div>
        </div>
        <!--联系信息-->
        <div class="right">
          <div class="tel"><?php echo $row_config['company_phone'];?></div>
          <div class="weixin"><?php echo $row_config['company_weixin'];?></div>
          <div class="messagelink"><a href="message.php">访客留言</a></div>
          <div class="qq">
          <a  target=blank  href=tencent://message/?uin=<?php  echo  $row_config['company_qq'];?>><img
border="0" src="images/qqonline.png">
          </a> </div>
        </div>
      </div>
      <!--"最新蜂蜜"版位-->
      <div class="product">
        <div class="up">
          <div class="left"> <span class="cattitle">最新蜂蜜</span>|
          <span class="cattitle_en">LATEST PRODUCT</span> </div>
          <div class="right"><a href="product.php">更多</a></div>
        </div>
        <div class="down">
          <?php
          $result_product=mysql_query("select * from product order by id desc limit 5");
          while($row_product=mysql_fetch_array($result_product)){
          ?>
          <a href="#"><img src="<?php echo $row_product['thumbnail'];?>"
          width="162" height="177"></a>
          <?php
          }
          mysql_free_result($result_product);
          ?>
        </div>
      </div>
      <!--"友情链接"版位-->
      <div class="friend">
        <div class="left">友<br />情<br />链<br />接</div>
        <div class="right">
          <?php
          $result_friend=mysql_query("select * from friend order by id desc limit 10");
          while($row_friend=mysql_fetch_array($result_friend)){
          ?>
          <a href="<?php echo $row_friend['url'];?>">
          <?php echo mb_substr($row_friend['title'],0,13,'utf-8');?></a>
          <?php
          }
          mysql_free_result($result_friend);
          ?>
        </div>
      </div>
      <!--"页脚"版位-->
      <div class="footer">
        <div class="footer-centerbox">
```

```
        <div class="left"> <?php echo $row_config['site_copyright']?> </div>
        <div class="right"> <img src="<?php echo $row_config['company_ewm']?>" width="96"
height="96"> </div>
       </div>
    </div>
    <?php mysql_close($conn);?>
    </body>
    </html>
```

进一步分析后续需要整合的页面会发现，很多版位和上述首页所整合的版位是一致的，为了减少重复工作，提高工作效率，有必要将其代码提取出来以形成单独的 PHP 文件，然后用 require_once 函数将其包含进来。

提取出查询网站基本配置信息的代码，并形成单独的 PHP 文件（**config.php**）。该文件的代码如下：

```
<?php
$sql_config="select * from config";
$result_config=mysql_query($sql_config);
$row_config=mysql_fetch_array($result_config);
?>
```

提取出页头版位的代码并形成单独的 PHP 文件（**top.php**）。该文件的代码如下：

```
<div class="top">
   <div class="left">
      <img src="<?php echo $row_config['site_logo'];?>" width="238"
        height="53" /></div>
   <div class="right">服务热线  
   <?php echo $row_config['company_phone'];?></div>
</div>
```

提取出导航版位的代码并形成单独的 PHP 文件（**nav.php**）。该文件的代码如下：

```
<div class="nav">
   <div class="nav-centerbox">
      <a href="index.php" class="sp">首页</a>
      <a href="about.php">关于花公子</a>
      <a href="news.php">新闻动态</a>
      <a href="product.php">产品中心</a>
      <a href="message.php">给我留言</a>
      <a href="contact.php">联系我们</a>
   </div>
</div>
```

提取出 banner 版位的代码并形成单独的 PHP 文件（**banner.php**）。该文件的代码如下：

```
<div class="banner">
   <div class="banner-centerbox">
      <!--在这里，你可以添加透明 Flash，将会起到很好的效果-->
   </div>
</div>
```

提取出友情链接版位的代码并形成单独的 PHP 文件（**firend.php**）。该文件的代码如下：

```
<div class="friend">
  <div class="left">友<br />情<br />链<br />接</div>
  <div class="right">
    <?php
    $result_friend=mysql_query("select * from friend order by id desc limit 10");
    while($row_friend=mysql_fetch_array($result_friend)){
    ?>
    <a href="<?php echo $row_friend['url'];?>">
    <?php echo mb_substr($row_friend['title'],0,13,'utf-8');?></a>
    <?php
    }
    mysql_free_result($result_friend);
    ?>
  </div>
</div>
```

提取出页脚版位的代码并形成单独的 PHP 文件（**footer.php**）。该文件的代码如下：

```
<div class="footer">
  <div class="footer-centerbox">
    <div class="left"> <?php echo $row_config['site_copyright']?> </div>
    <div class="right"> <img src="<?php echo $row_config['company_ewm']?>" width="96" height="96"> </div>
  </div>
</div>
```

经过对版位代码的提取，此时首页页面的完整代码如下：

```
<?php
require_once'public/conn.php';
require_once'config.php';
?>
<!DOCTYPE html PUBLIC "-//W3C//DTD XHTML 1.0 Transitional//EN" "http://www.w3.org/TR/xhtml1/DTD/xhtml1-transitional.dtd">
<html xmlns="http://www.w3.org/1999/xhtml">
<head>
<meta http-equiv="Content-Type" content="text/html; charset=utf-8" />
<meta name="keywords" content="<?php echo $row_config['site_keywords'];?>" />
<meta name="description" content="<?php echo $row_config['site_description'];?>" />
<title><?php echo $row_config['site_title'];?></title>
<link href="css/style.css" rel="stylesheet" type="text/css" />
</head>
<body>
<!--“页头”版位-->
<?php require_once'top.php';?>
<!--“导航”版位-->
<?php require_once'nav.php';?>
<!--“banner”版位-->
<?php require_once'banner.php';?>
<!--“关于花公子、新闻动态、联系信息”形成的横向版位-->
<div class="main">
  <!--关于花公子-->
  <div class="left">
    <div class="up">
      <div class="left"> <span class="cattitle">关于花公子</span>|
      <span class="cattitle_en">ABOUT US</span> </div>
```

```
            <div class="right"><a href="about.php">详细</a></div>
        </div>
        <div class="down">
            <div class="left"><img src="images/bee.jpg" width="121"
            height="121" /></div>
            <div class="right">
<?php
$result_about=mysql_query("select description from about where firstpage='是'");
$row_about=mysql_fetch_array($result_about);
echo mb_substr($row_about['description'],0,126,'utf-8');
mysql_free_result($result_about);
?>...
            </div>
        </div>
    </div>
    <!--新闻动态-->
    <div class="center">
        <div class="up">
            <div class="left"> <span class="cattitle">新闻动态</span>|
            <span class="cattitle_en">ABOUT US</span> </div>
            <div class="right"><a href="news.php">更多</a></div>
        </div>
        <div class="down">
        <?php
        $result_news=mysql_query("select * from news order by id desc limit 8");
        while($row_news=mysql_fetch_array($result_news)){
        ?>
            <a href="news_show.php?id=<?php echo $row_news['id']?>">
            <?php echo mb_substr($row_news['title'],0,25,'utf-8');?></a>
        <?php
        }
        mysql_free_result($result_news);
        ?>
        </div>
    </div>
    <!--联系信息-->
    <div class="right">
        <div class="tel"><?php echo $row_config['company_phone'];?></div>
        <div class="weixin"><?php echo $row_config['company_weixin'];?></div>
        <div class="messagelink"><a href="message.php">访客留言</a></div>
        <div class="qq">
        <a target=blank href=tencent://message/?uin=
        <?php echo $row_config['company_qq'];?>>
        <img border="0" src="images/qqonline.png"></a> </div>
    </div>
</div>
<!--“最新蜂蜜”版位-->
<div class="product">
    <div class="up">
        <div class="left"> <span class="cattitle">最新蜂蜜</span>|
        <span class="cattitle_en">LATEST PRODUCT</span> </div>
        <div class="right"><a href="product.php">更多</a></div>
    </div>
    <div class="down">
        <?php
```

```
        $result_product=mysql_query("select * from product order by id desc limit 5");
        while($row_product=mysql_fetch_array($result_product)){
        ?>
        <a href="#"><img src="<?php echo $row_product['thumbnail'];?>"
        width="162" height="177"></a>
        <?php
        }
        mysql_free_result($result_product);
        ?>
    </div>
</div>
<!--“友情链接”版位-->
<?php require_once'friend.php';?>
<!--“页脚”版位-->
<?php require_once'footer.php';?>
<?php mysql_close($conn);?>
</body>
</html>
```

17.2.2 整合关于花公子栏目

关于花公子页面文件名为 about.php。在该栏目页面文件中，许多版位与首页相应版位是一致的，因此可以用对相应版位的代码进行提取所形成的 PHP 文件来代替。该栏目需要整合的内容有页面关键词与描述、页面左侧的关于花公子文章标题、页面左侧的联系我们信息、页面右侧的页面导航和关于花公子文章内容，整合后的页面文件（about.php）代码如下：

```
<?php
require_once'public/conn.php';
require_once'config.php';
//查询当前输出的关于花公子页面内容
if(empty($_GET['id'])){
        $sql_content="select * from about where firstpage='是'";
}else{
        $sql_content="select * from about where id='".$_GET['id']."'";
}
$result_content=mysql_query($sql_content);
$row_content=mysql_fetch_array($result_content);
//判断关键词和描述使用全局的还是当前页面的
$keywords=(empty($row_content['keywords']))?$row_config['keywords']:$row_content['keywords'];
$description=(empty($row_content['description']))?$row_config['description']:$row_content['description'];
?>
<!DOCTYPE html PUBLIC "-//W3C//DTD XHTML 1.0 Transitional//EN" "http://www.w3.org/TR/xhtml1/
DTD/xhtml1-transitional.dtd">
<html xmlns="http://www.w3.org/1999/xhtml">
<head>
<meta http-equiv="Content-Type" content="text/html; charset=utf-8" />
<meta name="keywords" content="<?php echo $keywords;?>" />
<meta name="description" content="<?php echo $description;?>" />
<title><?php echo $row_config['site_title'];?></title>
<link href="css/style.css" rel="stylesheet" type="text/css" />
</head>
<body>
<!--“页头”版位-->
<?php require_once'top.php';?>
```

```
<!--"导航"版位-->
<?php require_once'nav.php';?>
<!--"banner"版位-->
<?php require_once'banner.php';?>
<!--"关于花公子"主体 main-about-->
<div class="main-about">
    <div class="left">
     <div class="sidebar_common">
          <div class="cattitle">关于花公子</div>
          <div class="catcontent">
               <?php
               $sql_about="select * from about";
               $result_about=mysql_query($sql_about);
               while($row_about=mysql_fetch_array($result_about)){
               ?>
               <div class="item">
                    <div class="left"><img src="images/icon-bee.png" width="20"
                    height="24" /></div>
                    <a class="right" href="about.php?id=
                    <?php echo $row_about['id'];?>">
                    <?php echo $row_about['title'];?></a>
               </div>
               <?php
               }
               mysql_free_result($result_about);
               ?>
          </div>
       </div>
       <div class="sidebar_contact">
            <div class="cattitle">联系我们</div>
            <div class="catcontent">
                 <div class="item">地址:
                 <?php echo $row_config['company_address'];?></div>
                 <div class="item">免费热线:
                 <?php echo $row_config['company_phone'];?></div>
                 <div class="item">网址:
                 <?php echo $row_config['site_url'];?></div>
                 <div class="item">电子邮箱:
                 <?php echo $row_config['company_email'];?></div>
                 <div class="item">QQ:
                 <?php echo $row_config['company_qq'];?> </div>
                 <div class="item">微信:
                 <?php echo $row_config['company_weixin'];?></div>
            </div>
       </div>
    </div>
    <div class="right">
       <div class="subnav">您现在的位置:<a href="index.php">首页</a>>
       <a href="about.php?id=<?php echo $row_content['id'];?>">
       <?php echo $row_content['title'];?></a></div>
       <div class="content">
            <?php echo $row_content['content'];?>
       </div>
    </div>
</div>
```

```
<!--“友情链接”版位-->
<?php require_once'friend.php';?>
<!--“页脚”版位-->
<?php require_once'footer.php';?>
<?php mysql_close($conn);?>
</body>
</html>
```

进一步分析后续需要整合的页面会发现，关于花公子版位和联系我们版位与该页面相应的版位一致，为了减少重复工作，提高工作效率，有必要将其提取出来以形成单独的 PHP 文件，然后用 require_once 函数将其包含进来。

提取出关于花公子版位代码，形成单独的 PHP 文件（**sidebar_about.php**）。该文件的代码如下：

```
<div class="sidebar_common">
  <div class="cattitle">关于花公子</div>
  <div class="catcontent">
    <?php
    $sql_about="select * from about";
    $result_about=mysql_query($sql_about);
    while($row_about=mysql_fetch_array($result_about)){
    ?>
    <div class="item">
      <div class="left"><img src="images/icon-bee.png" width="20"
      height="24" /></div>
      <a class="right" href="about.php?id=<?php echo $row_about['id'];?>">
      <?php echo $row_about['title'];?></a> </div>
    <?php
    }
    mysql_free_result($result_about);
    ?>
  </div>
</div>
```

提取出关于我们版位代码，并形成单独的 PHP 文件（**sidebar_contact.php**）。该文件的代码如下：

```
<div class="sidebar_contact">
  <div class="cattitle">联系我们</div>
  <div class="catcontent">
    <div class="item">地址：<?php echo $row_config['company_address'];?></div>
    <div class="item">免费热线：<?php echo $row_config['company_phone'];?></div>
    <div class="item">网址：<?php echo $row_config['site_url'];?></div>
    <div class="item">电子邮箱：<?php echo $row_config['company_email'];?></div>
    <div class="item">QQ：<?php echo $row_config['company_qq'];?> </div>
    <div class="item">微信：<?php echo $row_config['company_weixin'];?></div>
  </div>
</div>
```

经过对版位代码的提取，此时，about.php 页面文件的完整代码如下：

```
<?php
require_once'public/conn.php';
require_once'config.php';
```

```
//查询当前输出的关于花公子页面内容
if(empty($_GET['id'])){
        $sql_content="select * from about where firstpage='是'";
}else{
        $sql_content="select * from about where id='".$_GET['id']."'";
}
$result_content=mysql_query($sql_content);
$row_content=mysql_fetch_array($result_content);
//判断关键词和描述使用全局的还是当前页面的
$keywords=(empty($row_content['keywords']))?$row_config['keywords']:$row_content['keywords'];
$description=(empty($row_content['description']))?$row_config['description']:$row_content['description'];
?>
<!DOCTYPE html PUBLIC "-//W3C//DTD XHTML 1.0 Transitional//EN" "http://www.w3.org/TR/xhtml1/
DTD/xhtml1-transitional.dtd">
<html xmlns="http://www.w3.org/1999/xhtml">
<head>
<meta http-equiv="Content-Type" content="text/html; charset=utf-8" />
<meta name="keywords" content="<?php echo $keywords;?>" />
<meta name="description" content="<?php echo $description;?>" />
<title><?php echo $row_config['site_title'];?></title>
<link href="css/style.css" rel="stylesheet" type="text/css" />
</head>
<body>
<!--"页头"版位-->
<?php require_once'top.php';?>
<!--"导航"版位-->
<?php require_once'nav.php';?>
<!--"banner"版位-->
<?php require_once'banner.php';?>
<!--"关于花公子"主体 main-about-->
<div class="main-about">
        <div class="left">
            <?php require_once'sidebar_about.php';?>
            <?php require_once'sidebar_contact.php';?>
        </div>
        <div class="right">
         <div class="subnav">您现在的位置：<a href="index.php">首页</a>>
         <a href="about.php?id=<?php echo $row_content['id'];?>">
         <?php echo $row_content['title'];?></a></div>
         <div class="content">
                <?php echo $row_content['content'];?>
            </div>
        </div>
</div>
<!--"友情链接"版位-->
<?php require_once'friend.php';?>
<!--"页脚"版位-->
<?php require_once'footer.php';?>
<?php mysql_close($conn);?>
</body>
</html>
```

17.2.3 整合新闻动态栏目

1．整合新闻动态列表页

新闻动态列表页文件名为 news.php。

该页面文件中，许多版位与首页、关于花公子页的相应版位是一致的，因此可以对相应版位的代码进行提取所形成的 PHP 文件来代替。该页面需要整合的内容有页面左侧的新闻动态类别、页面右侧的页内导航和新闻动态标题列表。整合后的页面文件（news.php）代码如下：

```
<?php
require_once'public/conn.php';
require_once'config.php';
?>
<!DOCTYPE html PUBLIC "-//W3C//DTD XHTML 1.0 Transitional//EN" "http://www.w3.org/TR/xhtml1/
DTD/xhtml1-transitional.dtd">
<html xmlns="http://www.w3.org/1999/xhtml">
<head>
<meta http-equiv="Content-Type" content="text/html; charset=utf-8" />
<meta name="keywords" content="<?php echo $row_config['site_keywords'];?>" />
<meta name="description" content="<?php echo $row_config['site_description'];?>" />
<title><?php echo $row_config['site_title'];?></title>
<link href="css/style.css" rel="stylesheet" type="text/css" />
</head>
<body>
<!--“页头”版位-->
<?php require_once'top.php';?>
<!--“导航”版位-->
<?php require_once'nav.php';?>
<!--“banner”版位-->
<?php require_once'banner.php';?>
<!--“新闻动态”主体 main-news-->
<div class="main-news">
  <div class="left">
    <div class="sidebar_common" >
      <div class="cattitle">新闻类别</div>
      <div class="catcontent">
        <?php
        $sql_news_category="select * from news_category";
        $result_news_category=mysql_query($sql_news_category);
        while($row_news_category=mysql_fetch_array($result_news_category)){
        ?>
        <div class="item">
          <div class="left"><img src="images/icon-bee.png" width="20" height="24"
          /></div>
          <a class="right" href="news.php?catid=
          <?php echo $row_news_category['id'];?>&cattitle=
          <?php echo $row_news_category['title'];?>">
          <?php echo $row_news_category['title'];?></a>
        </div>
        <?php
        }
        mysql_free_result($result_news_category);
        ?>
```

```
          </div>
        </div>
        <?php require_once'sidebar_contact.php';?>
      </div>
      <div class="right">
        <div class="subnav">您现在的位置：<a href="index.php">首页</a>>
        <a href="news.php?catid=<?php echo $row_news_category['id'];?>">
        <?php echo $_GET['cattitle'];?></a></div>
        <div class="content">
          <?php
          //记录的总条数
          $total_num=mysql_num_rows(mysql_query("select id from news"));
          //设置每页显示的记录数
          $pagesize=10;
          //计算总页数
          $page_num=ceil($total_num/$pagesize);
          //设置页数
          $page=$_GET['page'];
          if($page<1 || $page==''){
               $page=1;
          }
          if($page>$page_num){
               $page=$page_num;
          }
          //记录数的偏移量
          $offset=$pagesize*($page-1);
          //上一页、下一页
          $prepage=($page<>1)?$page-1:$page;
          $nextpage=($page<>$page_num)?$page+1:$page;
          //判断是否选择了新闻动态分类
          if(empty($_GET['catid'])){
               $sql_news="select * from news limit $offset,$pagesize";
          }else{
                    $sql_news="select * from news where catid='".$_GET['catid']."' limit $offset,$pagesize";
          }
          $result_news=mysql_query($sql_news);
          //判断是否有记录
          if($total_num>0){
          while($row_news=mysql_fetch_array($result_news)){
          ?>
          <div class="row">
             <a href="#"><?php echo $row_news['title'];?></a>
             <div class="pubdate"><?php echo $row_news['pubdate'];?></div>
          </div>
          <?php
          }
          mysql_free_result($result_news);
          }
          ?>
          <div class="page">
               <?php
               //如果选择了类别，则分页应为该类别的分页
               $catid=(empty($_GET['catid']))?"":"&catid=".$_GET['catid'];
               ?>
               <a href="?page=<?=$page_num?><?=$catid?>">尾页</a>
```

```
                <a href="?page=<?=$nextpage?><?=$catid?>">下一页</a>
                <?php
                for($i=1;$i<=$page_num;$i++){
                ?>
                <a href="?page=<?=$i?><?=$catid?>"><?=$i?></a>
                <?php }?>
                <a href="?page=<?=$prepage?><?=$catid?>">上一页</a>
                <a href="?page=1<?=$catid?>">首页</a>
            </div>
        </div>
    </div>
</div>
<!--“友情链接”版位-->
<?php require_once'friend.php';?>
<!--“页脚”版位-->
<?php require_once'footer.php';?>
<?php mysql_close($conn);?>
</body>
</html>
```

进一步分析后续需要整合的页面（新闻动态内容页）会发现，新闻类别版位与该页面相应的版位一致，为了减少重复工作，提高工作效率，有必要将其代码提取出来以形成单独的PHP文件，然后用require_once函数将其包含进来。

提取出新闻动态类别版位代码，并形成单独的PHP文件（**news_category.php**）。该文件的代码如下：

```
<div class="sidebar_common" >
    <div class="cattitle">新闻类别</div>
    <div class="catcontent">
        <?php
        $sql_news_category="select * from news_category";
        $result_news_category=mysql_query($sql_news_category);
        while($row_news_category=mysql_fetch_array($result_news_category)){
        ?>
        <div class="item">
            <div class="left"><img src="images/icon-bee.png" width="20" height="24"
            /></div>
            <a class="right" href="news.php?catid=
            <?php echo $row_news_category['id'];?>&cattitle=
            <?php echo $row_news_category['title'];?>">
            <?php echo $row_news_category['title'];?></a> </div>
        <?php
        }
        mysql_free_result($result_news_category);
        ?>
    </div>
</div>
```

经过对版位代码的提取，此时news.php页面文件的完整代码如下：

```
<?php
require_once'public/conn.php';
require_once'config.php';
?>
```

```
<!DOCTYPE html PUBLIC "-//W3C//DTD XHTML 1.0 Transitional//EN" "http://www.w3.org/TR/xhtml1/DTD/xhtml1-transitional.dtd">
<html xmlns="http://www.w3.org/1999/xhtml">
<head>
<meta http-equiv="Content-Type" content="text/html; charset=utf-8" />
<meta name="keywords" content="<?php echo $row_config['site_keywords'];?>" />
<meta name="description" content="<?php echo $row_config['site_description'];?>" />
<title><?php echo $row_config['site_title'];?></title>
<link href="css/style.css" rel="stylesheet" type="text/css" />
</head>
<body>
<!--"页头"版位-->
<?php require_once'top.php';?>
<!--"导航"版位-->
<?php require_once'nav.php';?>
<!--"banner"版位-->
<?php require_once'banner.php';?>
<!--"新闻动态"主体 main-news-->
<div class="main-news">
  <div class="left">
    <?php require_once'news_category.php';?>
    <?php require_once'sidebar_contact.php';?>
  </div>
  <div class="right">
    <div class="subnav">您现在的位置：<a href="index.php">首页</a>>
    <a href="news.php">新闻动态</a>><a href="news.php?catid=
    <?php echo $_GET['catid'];?>&cattitle=<?php echo $_GET['cattitle'];?>">
    <?php echo $_GET['cattitle'];?></a></div>
    <div class="content">
        <?php
        //记录的总条数
        $total_num=mysql_num_rows(mysql_query("select id from news"));
        //设置每页显示的记录数
        $pagesize=10;
        //计算总页数
        $page_num=ceil($total_num/$pagesize);
        //设置页数
        $page=$_GET['page'];
        if($page<1 || $page==''){
            $page=1;
        }
        if($page>$page_num){
            $page=$page_num;
        }
        //记录数的偏移量
        $offset=$pagesize*($page-1);
        //上一页、下一页
        $prepage=($page<>1)?$page-1:$page;
        $nextpage=($page<>$page_num)?$page+1:$page;
        //判断是否选择了新闻动态分类
        if(empty($_GET['catid'])){
            $sql_news="select * from news limit $offset,$pagesize";
        }else{
                $sql_news="select * from news where catid='".$_GET['catid']."' limit $offset,$pagesize";
        }
```

```
$result_news=mysql_query($sql_news);
//判断是否有记录
if($total_num>0){
while($row_news=mysql_fetch_array($result_news)){
?>
<div class="row">
  <a href="#"><?php echo $row_news['title'];?></a>
  <div class="pubdate"><?php echo $row_news['pubdate'];?></div>
</div>
<?php
 }
mysql_free_result($result_news);
 }
 ?>
<div class="page">
    <?php
    //如果选择了类别，则分页应为该类别的分页
    $catid=(empty($_GET['catid']))?"":"&catid=".$_GET['catid'];
    ?>
    <a href="?page=<?=$page_num?><?=$catid?>">尾页</a>
    <a href="?page=<?=$nextpage?><?=$catid?>">下一页</a>
    <?php
    for($i=1;$i<=$page_num;$i++){
    ?>
    <a href="?page=<?=$i?><?=$catid?>"><?=$i?></a>
    <?php }?>
    <a href="?page=<?=$prepage?><?=$catid?>">上一页</a>
    <a href="?page=1<?=$catid?>">首页</a>
</div>
</div>
</div>
</div>
<!--“友情链接”版位-->
<?php require_once'friend.php';?>
<!--“页脚”版位-->
<?php require_once'footer.php';?>
<?php mysql_close($conn);?>
</body>
</html>
```

2．整合新闻动态内容页

新闻动态内容页的页面文件名为 news_show.php。该页面整合后的完整代码如下：

```
<?php
require_once'public/conn.php';
require_once'config.php';
//查询新闻动态内容，因为在页内导航需输出该新闻所属类别，因此要进行连表查询
$sql_content="select news.*,news_category.title as cattitle from news,news_category where news.catid=news_category.id and news.id='".$_GET['id']."'";
$result_content=mysql_query($sql_content);
$row_content=mysql_fetch_array($result_content);
//判断关键词和描述使用全局的还是当前页面的
$keywords=(empty($row_content['keywords']))?$row_config['keywords']:$row_content['keywords'];
$description=(empty($row_content['description']))?$row_config['description']:$row_content['description'];
?>
```

```
<!DOCTYPE html PUBLIC "-//W3C//DTD XHTML 1.0 Transitional//EN" "http://www.w3.org/TR/xhtml1/
DTD/xhtml1-transitional.dtd">
<html xmlns="http://www.w3.org/1999/xhtml">
<head>
<meta http-equiv="Content-Type" content="text/html; charset=utf-8" />
<meta name="keywords" content="<?php echo $keywords;?>" />
<meta name="description" content="<?php echo $description;?>" />
<title><?php echo $row_config['site_title'];?></title>
<link href="css/style.css" rel="stylesheet" type="text/css" />
</head>
<body>
<!--“页头”版位-->
<?php require_once'top.php';?>
<!--“导航”版位-->
<?php require_once'nav.php';?>
<!--“banner”版位-->
<?php require_once'banner.php';?>
<!--“新闻动态内容页”主体 main-newsshow-->
<div class="main-newsshow">
  <div class="left">
    <?php require_once'news_category.php';?>
    <?php require_once'sidebar_contact.php';?>
  </div>
  <div class="right">
    <div class="subnav">您现在的位置：<a href="index.php">首页</a>>
    <a href="news.php">新闻动态</a>><a href="news.php?catid=
    <?php echo $row_content['catid'];?>&cattitle=
    <?php echo $row_content['cattitle'];?>">
    <?php echo $row_content['cattitle'];?></a></div>
    <div class="content">
      <div class="title"><?php echo $row_content['title'];?></div>
      <div class="comefrom">来源：<?php echo $row_content['comefrom'];?>
      发布时间：<?php echo $row_content['pubdate'];?></div>
      <div class="detail"><?php echo $row_content['content'];?></div>
    </div>
  </div>
</div>
<!--“友情链接”版位-->
<?php require_once'friend.php';?>
<!--“页脚”版位-->
<?php require_once'footer.php';?>
<?php mysql_close($conn);?>
</body>
</html>
```

17.2.4 整合产品中心栏目

1．整合产品中心列表页

产品中心列表页的页面文件名为 product.php。

该页面文件中，许多版位与首页、关于花公子页的相应版位是一致的，因此可以用对相应版位的代码进行提取所形成的 PHP 文件来代替。该页面需要整合的内容有页面左侧的产品类别、页面右侧的页内导航和产品列表。整合后的页面文件（product.php）代码如下：

```
<?php
require_once'public/conn.php';
require_once'config.php';
?>
<!DOCTYPE html PUBLIC "-//W3C//DTD XHTML 1.0 Transitional//EN" "http://www.w3.org/TR/xhtml1/
DTD/xhtml1-transitional.dtd">
<html xmlns="http://www.w3.org/1999/xhtml">
<head>
<meta http-equiv="Content-Type" content="text/html; charset=utf-8" />
<meta name="keywords" content="<?php echo $row_config['site_keywords'];?>" />
<meta name="description" content="<?php echo $row_config['site_description'];?>" />
<title><?php echo $row_config['site_title'];?></title>
<link href="css/style.css" rel="stylesheet" type="text/css" />
</head>
<body>
<!--"页头"版位-->
<?php require_once'top.php';?>
<!--"导航"版位-->
<?php require_once'nav.php';?>
<!--"banner"版位-->
<?php require_once'banner.php';?>
<!--"产品中心列表页"主体 main-product-->
<div class="main-product">
  <div class="left">
    <div class="sidebar_common" >
      <div class="cattitle">产品类别</div>
      <div class="catcontent">
        <?php
        $sql_product_category="select * from product_category";
        $result_product_category=mysql_query($sql_product_category);
        while($row_product_category=mysql_fetch_array($result_product_category)){
        ?>
        <div class="item">
          <div class="left"><img src="images/icon-bee.png" width="20" height="24" /></div>
          <a class="right" href="?catid=<?php echo $row_product_category['id'];?>"><?php echo
$row_product_category['title'];?></a>
        </div>
        <?php
        }
        mysql_free_result($result_product_category);
        ?>
      </div>
    </div>
    <?php require_once'sidebar_contact.php';?>
  </div>
  <div class="right">
    <div class="subnav">您现在的位置：<a href="index.php">首页</a>><a href="product.php">产品
展示</a>><a href="product.php?catid=<?php echo $_GET['catid'];?>&cattitle=<?php echo $_GET['cattitle'];?>">
<?php echo $_GET['cattitle'];?></a></div>
    <div class="content">
      <?php
      //记录的总条数
      $total_num=mysql_num_rows(mysql_query("select id from product"));
      //设置每页显示的记录数
      $pagesize=9;
```

```
			//计算总页数
			$page_num=ceil($total_num/$pagesize);
			//设置页数
			$page=$_GET['page'];
			if($page<1 || $page==''){
				$page=1;
			}
			if($page>$page_num){
				$page=$page_num;
			}
			//记录数的偏移量
			$offset=$pagesize*($page-1);
			//上一页、下一页
			$prepage=($page<>1)?$page-1:$page;
			$nextpage=($page<>$page_num)?$page+1:$page;
			//判断是否选择了产品分类
			if(empty($_GET['catid'])){
				$sql_product="select * from product limit $offset,$pagesize";
			}else{
				$sql_product="select * from product where catid='".$_GET['catid']."' limit $offset,$pagesize";
			}
			$result_product=mysql_query($sql_product);
			//判断是否有记录
			if($total_num>0){
			while($row_product=mysql_fetch_array($result_product)){
			?>
			<div class="probox">
				<a	class="thumbnail"	href="#"><img	src="<?php	echo	$row_product['thumbnail'];?>"
width="162" height="177"></a>
				<a class="title"	href="#"><?php echo $row_product['title'];?></a>
			</div>
			<?php
			}
			mysql_free_result($result_product);
			}
			?>
			<div class="page">
				<?php
				//如果选择了类别，则分页应为该类别的分页
				$catid=(empty($_GET['catid']))?"":"&catid=".$_GET['catid'];
				?>
				<a href="?page=<?=$page_num?><?=$catid?>">尾页</a>
				<a href="?page=<?=$nextpage?><?=$catid?>">下一页</a>
				<?php
				for($i=1;$i<=$page_num;$i++){
				?>
				<a href="?page=<?=$i?><?=$catid?>"><?=$i?></a>
				<?php }?>
				<a href="?page=<?=$prepage?><?=$catid?>">上一页</a>
				<a href="?page=1<?=$catid?>">首页</a>
			</div>
		</div>
	</div>
</div>
<!--“友情链接”版位-->
```

```
<?php require_once'friend.php';?>
<!-- “页脚” 版位-->
<?php require_once'footer.php';?>
<?php mysql_close($conn);?>
</body>
</html>
```

进一步分析后续需要整合的页面会发现，产品类别版位与该页面相应的版位一致，为了减少重复工作，提高工作效率，有必要将其代码提取出来以形成单独的 PHP 文件，然后用 require_once 函数将其包含进来。

提取产品类别版位的代码，并形成单独的 PHP 文件（**product_category.php**）。该文件的代码如下：

```
<div class="sidebar_common" >
  <div class="cattitle">产品类别</div>
  <div class="catcontent">
    <?php
    $sql_product_category="select * from product_category";
    $result_product_category=mysql_query($sql_product_category);
    while($row_product_category=mysql_fetch_array($result_product_category)){
    ?>
    <div class="item">
      <div class="left"><img src="images/icon-bee.png" width="20" height="24"
     /></div>
      <a class="right" href=""><?php echo $row_product_category['title'];?></a> </div>
    <?php
    }
    mysql_free_result($result_product_category);
    ?>
  </div>
</div>
```

经过对版位代码的提取，此时 product.php 页面文件的完整代码如下：

```
<?php
require_once'public/conn.php';
require_once'config.php';
?>
<!DOCTYPE html PUBLIC "-//W3C//DTD XHTML 1.0 Transitional//EN" "http://www.w3.org/TR/xhtml1/
DTD/xhtml1-transitional.dtd">
<html xmlns="http://www.w3.org/1999/xhtml">
<head>
<meta http-equiv="Content-Type" content="text/html; charset=utf-8" />
<meta name="keywords" content="<?php echo $row_config['site_keywords'];?>" />
<meta name="description" content="<?php echo $row_config['site_description'];?>" />
<title><?php echo $row_config['site_title'];?></title>
<link href="css/style.css" rel="stylesheet" type="text/css" />
</head>
<body>
<!-- “页头” 版位-->
<?php require_once'top.php';?>
<!-- “导航” 版位-->
<?php require_once'nav.php';?>
<!-- “banner” 版位-->
```

```
<?php require_once'banner.php';?>
<!--“产品中心列表页”主体 main-product-->
<div class="main-product">
  <div class="left">
    <?php require_once'product_category.php';?>
    <?php require_once'sidebar_contact.php';?>
  </div>
  <div class="right">
    <div class="subnav">您现在的位置：<a href="index.php">首页</a>>
    <a href="product.php">产品中心</a>>
    <a href="product.php?catid=<?php echo $_GET['catid'];?>&cattitle=
    <?php echo $_GET['cattitle'];?>"><?php echo $_GET['cattitle'];?></a></div>
    <div class="content">
      <?php
       //记录的总条数
       $total_num=mysql_num_rows(mysql_query("select id from product"));
       //设置每页显示的记录数
       $pagesize=9;
       //计算总页数
       $page_num=ceil($total_num/$pagesize);
       //设置页数
       $page=$_GET['page'];
       if($page<1 || $page==''){
           $page=1;
       }
       if($page>$page_num){
           $page=$page_num;
       }
       //记录数的偏移量
       $offset=$pagesize*($page-1);
       //上一页、下一页
       $prepage=($page<>1)?$page-1:$page;
       $nextpage=($page<>$page_num)?$page+1:$page;
       //判断是否选择了产品分类
       if(empty($_GET['catid'])){
           $sql_product="select * from product limit $offset,$pagesize";
       }else{
           $sql_product="select * from product where catid='".$_GET['catid']."' limit $offset,$pagesize";
       }
       $result_product=mysql_query($sql_product);
       //判断是否有记录
       if($total_num>0){
       while($row_product=mysql_fetch_array($result_product)){
       ?>
      <div class="probox">
          <a  class="thumbnail" href="product_show.php?id=
          <?php echo $row_product['id'];?>">
          <img src="<?php echo $row_product['thumbnail'];?>"
          width="162" height="177"></a>
          <a class="title"  href="product_show.php?id=
          <?php echo $row_product['id'];?>"><?php echo $row_product['title'];?>
          </a>
      </div>
      <?php
      }
```

```
                mysql_free_result($result_product);
                }
                ?>
            <div class="page">
                <?php
                //如果选择了类别，则分页应为该类别的分页
                $catid=(empty($_GET['catid']))?"":"&catid=".$_GET['catid'];
                ?>
                <a href="?page=<?=$page_num?><?=$catid?>">尾页</a>
                <a href="?page=<?=$nextpage?><?=$catid?>">下一页</a>
                <?php
                for($i=1;$i<=$page_num;$i++){
                ?>
                <a href="?page=<?=$i?><?=$catid?>"><?=$i?></a>
                <?php }?>
                <a href="?page=<?=$prepage?><?=$catid?>">上一页</a>
                <a href="?page=1<?=$catid?>">首页</a>
            </div>
        </div>
    </div>
</div>
<!--“友情链接”版位-->
<?php require_once'friend.php';?>
<!--“页脚”版位-->
<?php require_once'footer.php';?>
<?php mysql_close($conn);?>
</body>
</html>
```

2．整合产品中心内容页

产品中心内容页的页面文件名为 product_show.php。经过整合后该文件（product_show.php）的完整代码如下：

```
<?php
require_once'public/conn.php';
require_once'config.php';
//查询产品内容
$sql_content="select product.*,product_category.title as cattitle from product,product_category where product.catid=product_category.id and product.id='".$_GET['id']."'";
$result_content=mysql_query($sql_content);
$row_content=mysql_fetch_array($result_content);
//判断关键词和描述使用全局的还是当前页面的
$keywords=(empty($row_content['keywords']))?$row_config['keywords']:$row_content['keywords'];
$description=(empty($row_content['description']))?$row_config['description']:$row_content['description'];
?>
<!DOCTYPE html PUBLIC "-//W3C//DTD XHTML 1.0 Transitional//EN" "http://www.w3.org/TR/xhtml1/DTD/xhtml1-transitional.dtd">
<html xmlns="http://www.w3.org/1999/xhtml">
<head>
<meta http-equiv="Content-Type" content="text/html; charset=utf-8" />
<meta name="keywords" content="<?php echo $keywords;?>" />
<meta name="description" content="<?php echo $description;?>" />
<title><?php echo $row_config['site_title'];?></title>
<link href="css/style.css" rel="stylesheet" type="text/css" />
```

```
</head>
<body>
<!--“页头”版位-->
<?php require_once'top.php';?>
<!--“导航”版位-->
<?php require_once'nav.php';?>
<!--“banner”版位-->
<?php require_once'banner.php';?>
<!--“产品中心内容页”主体 main-produceshow-->
<div class="main-productshow">
        <div class="left">
          <?php require_once'product_category.php';?>
          <?php require_once'sidebar_contact.php';?>
       </div>
       <div class="right">
        <div class="subnav">您现在的位置：<a href="index.php">首页</a>>
        <a href="product.php">产品中心</a>><a href="product.php?catid=
        <?php echo $row_content['catid'];?>&cattitle=
        <?php echo $row_content['cattitle'];?>">
        <?php echo $row_content['cattitle'];?></a></div>
        <div class="up">
             <div class="left">
                     <img src="<?php echo $row_content['thumbnail'];?>" width="162"
                     height="177">
                  </div>
                  <div class="right">
                      <span class="title">商品名称：
                      <?php echo $row_content['title'];?></span><br />
                      产品类别：<?php echo $row_content['cattitle'];?><br />
                      商品编号：<?php echo $row_content['numeration'];?><br />
                      价格：￥<?php echo $row_content['price'];?>
                  </div>
             </div>
             <div class="center">
                  <div class="splite">
                     <div>产品详情</div>
                  </div>
                  <div class="detail">
                     <?php echo $row_content['content'];?>
                  </div>
             </div>
             <div class="down">
                <img src="images/service.jpg" width="756"    height="227">
             </div>
       </div>
</div>
<!--“友情链接”版位-->
<?php require_once'friend.php';?>
<!--“页脚”版位-->
<?php require_once'footer.php';?>
<?php mysql_close($conn);?>
</body>
</html>
```

17.2.5 整合给我留言栏目

给我留言页的页面文件名为 message.php。该栏目的整合，只需通过把留言信息写入数据库即可实现。经过整合后，该文件完整的代码如下：

```
<?php
require_once'public/conn.php';
require_once'config.php';
?>
<!DOCTYPE html PUBLIC "-//W3C//DTD XHTML 1.0 Transitional//EN" "http://www.w3.org/TR/xhtml1/
DTD/xhtml1-transitional.dtd">
<html xmlns="http://www.w3.org/1999/xhtml">
<head>
<meta http-equiv="Content-Type" content="text/html; charset=utf-8" />
<meta name="keywords" content="<?php echo $row_config['site_keywords'];?>" />
<meta name="description" content="<?php echo $row_config['site_description'];?>" />
<title><?php echo $row_config['site_title'];?></title>
<link href="css/style.css" rel="stylesheet" type="text/css" />
</head>
<body>
<!--“页头”版位-->
<?php require_once'top.php';?>
<!--“导航”版位-->
<?php require_once'nav.php';?>
<!--“banner”版位-->
<?php require_once'banner.php';?>
<!--“给我留言”主体 main-message-->
<div class="main-message">
    <div class="left">
      <?php require_once'product_category.php';?>
      <?php require_once'sidebar_contact.php';?>
    </div>
    <div class="right">
     <div class="subnav">您现在的位置：<a href="index.php">首页</a>>
     <a href="message.php">给我留言</a></div>
          <div class="message">
            <form name="form1" id="form1" action="?act=add" method="post">
            <ul>
                      <li class="title"><span class="must">*</span>标题：</li>
                      <li><input name="title" type="text" id="title"></li>
                </ul>
                <ul>
                      <li class="title"><span class="must">*</span>称呼：</li>
                      <li><input name="name" type="text" id="name"></li>
                </ul>
                <ul>
                      <li class="title">手机：</li>
                      <li><input name="tel" type="text" id="tel"></li>
                </ul>
                <ul>
                      <li class="title">QQ：</li>
                      <li><input name="qq" type="text" id="qq"></li>
                </ul>
                <ul>
                      <li class="title"><span class="must">*</span>邮箱：</li>
```

```
                    <li><input name="email" type="text" id="email"></li>
                </ul>
                <ul class="ct">
                    <li class="title"><span class="must">*</span>内容：</li>
                    <li>
                      <textarea name="content" cols="70" rows="5"
                      id="content"></textarea>
                    </li>
                </ul>
                <div>
                  <input type="image" src="images/submit.png">
                </div>
                </form>
            </div>
        </div>
</div>
<!--“友情链接”版位-->
<?php require_once'friend.php';?>
<!--“页脚”版位-->
<?php require_once'footer.php';?>
<?php
if($_GET['act']=="add"){
        $title=$_POST['title'];
        $pubdate=date("Y-m-d");
        $name=$_POST['name'];
        $tel=$_POST['tel'];
        $qq=$_POST['qq'];
        $email=$_POST['email'];
        $content=$_POST['content'];
        $deal="否";
        if(empty($title)){
                echo"<script>alert('留言标题不能为空！');
                history.back();</script>";
                exit;
        }
        if(empty($name)){
                echo"<script>alert('称呼不能为空！');
                history.back();</script>";
                exit;
        }
        if(empty($email)){
                echo"<script>alert('电子邮箱不能为空！');
                history.back();</script>";
                exit;
        }
        if(empty($content)){
                echo"<script>alert('留言内容不能为空！');
                history.back();</script>";
                exit;
        }
        $sql_message="insert into message(title,pubdate,name,tel,qq,email,content,deal)values('".$title."',
'".$pubdate."','".$name."','".$tel."','".$qq."','".$email."','".$content."','".$deal."')";
        if(mysql_query($sql_message)){
                echo"<script>alert('留言成功，我们会尽快联系您！');
```

```
            window.location.href='message.php';</script>";
            exit;
        }else{
            echo"<script>alert('留言成功，我们会尽快联系您！');
            history.back();</script>";
            exit;
        }
    }
    mysql_close($conn);
    ?>
    </body>
    </html>
```

17.2.6 整合联系我们栏目

联系我们页的页面文件名为 contact.php。经过整合后，该文件完整的代码如下：

```
<?php
require_once'public/conn.php';
require_once'config.php';
//查询联系我们内容
$sql_content="select * from contact";
$result_content=mysql_query($sql_content);
$row_content=mysql_fetch_array($result_content);
//判断关键词和描述使用全局的还是当前页面的
$keywords=(empty($row_content['keywords']))?$row_config['keywords']:$row_content['keywords'];
$description=(empty($row_content['description']))?$row_config['description']:$row_content['description'];
?>
<!DOCTYPE html PUBLIC "-//W3C//DTD XHTML 1.0 Transitional//EN" "http://www.w3.org/TR/xhtml1/
DTD/xhtml1-transitional.dtd">
<html xmlns="http://www.w3.org/1999/xhtml">
<head>
<meta http-equiv="Content-Type" content="text/html; charset=utf-8" />
<meta name="keywords" content="<?php echo $keywords;?>" />
<meta name="description" content="<?php echo $description;?>" />
<title><?php echo $row_config['site_title'];?></title>
<link href="css/style.css" rel="stylesheet" type="text/css" />
</head>
<body>
<!--“页头”版位-->
<?php require_once'top.php';?>
<!--“导航”版位-->
<?php require_once'nav.php';?>
<!--“banner”版位-->
<?php require_once'banner.php';?>
<!--“联系我们”主体 main-contact-->
<div class="main-contact">
    <div class="left">
        <?php require_once'sidebar_about.php';?>
        <div class="mg-t"></div>
        <?php require_once'product_category.php';?>
    </div>
    <div class="right">
        <div class="subnav">您现在的位置：<a href="index.php">首页</a>>
        <a href="contact.php">联系我们</a></div>
```

```
            <div class="contact_banner">
                <img src="images/contact.jpg">
            </div>
            <div class="content">
                <?php echo $row_content['content'];?>
            </div>
        </div>
    </div>
    <!--“友情链接”版位-->
    <?php require_once'friend.php';?>
    <!--“页脚”版位-->
    <?php require_once'footer.php';?>
    <?php mysql_close($conn);?>
    </body>
    </html>
```

17.3 经验传递

☆ 在整合过程中须注意细节问题；

☆ 同一个页面文件应避免变量的同名，如用于存储 SQL 语句的变量，用于存储 mysql_query()返回的结果集变量，如需要在首页面输出新闻动态和产品信息，则在 SQL 语句中分别用$sql_news 和$sql_product 变量，在结果集中分别用$result_news 和 $result_product 变量，这样既不重名，又可以起到见名知义的作用；

☆ 注意对内容输出长度的控制，如文章标题、产品名称等，否则会出现溢出或破坏布局等问题；

☆ 在多个页面具有完全相同版位的情况下，建议把该版位的代码提取出来以形成单独的 PHP 文件，再进行调用；

☆ 在页面中注意释放由 mysql_query()产生的结果集，用完数据库连接后注意关闭。

17.4 知识拓展

分页函数相关内容可参见本书提供的电子资源中的“电子资源包/任务 17/分页函数.docx”进行学习。

任务 18　网站测试与发布

【知识目标】

1. 了解网站测试的内容；
2. 掌握域名相关知识；
3. 掌握虚拟主机相关知识；
4. 了解网站备案方式、注意事项和备案所需准备的材料，熟悉 ICP 报备流程。

【能力目标】

1. 能够利用网站测试相关工具和知识对网站项目进行测试；
2. 学会注册域名，能够完成域名解析操作；
3. 学会购买虚拟主机，能够完成绑定域名操作；
4. 能够根据网站项目情况，做好网站备案前的各项准备工作，并能够按要求填报备案信息。

【任务描述】

任务主要包括对花公子蜂蜜网站进行全面的测试，注册网站域名，购买虚拟主机，准备网站备案材料并填报备案信息。

18.1　知识准备

18.1.1　网站测试

网站测试是一个网站上线前的重要环节，通常网站测试的内容包括流程测试、UI 测试、链接测试、搜索测试、表单测试、输入域测试、分页测试、交互性数据测试、安全性测试和兼容性测试等，下面对上述测试内容做简要介绍。

1．流程测试

网站的流程测试通常包括以下测试项：

☆ 使用 HTMLLinkValidator 查找网站中的错误链接；
☆ 查看网站所有的页面标题（title）是否正确；
☆ 网站图片是否正确显示；
☆ 网站各级栏目的链接是否正确；
☆ 网站登录、注册的功能是否实现；
☆ 网站的文章标题、图片、友情链接等链接是否正确；
☆ 网站分页功能是否实现，样式是否统一；
☆ 网站的内容是否存在乱码，页面样式是否统一；
☆ 站内搜索功能是否实现；
☆ 前后台交互的部分，数据传递是否正确；

☆ 网站按钮是否对应实际的操作。

2．UI 测试

网站 UI 测试的测试项非常多，下面只罗列部分内容：

☆ 页面的样式风格、大小是否统一；

☆ 各个页面的标题（title）是否正确；

☆ 网站的内容有无错别字或乱码，同一级别的字体、大小、颜色是否统一；

☆ 提示、警告或错误说明是否清楚易懂，用词是否准确；

☆ 弹窗风格、内容等是否得当；

☆ 按钮大小、风格是否统一；

☆ 页面的颜色搭配是否合理；

☆ 页面的信息或图片滚动效果是否得体和易控制；

☆ 页面图片在不同的浏览器、分辨率下是否能正确显示（包括位置、大小）。

3．链接测试

网站链接测试通常包括以下的测试项：

☆ 页面中是否有需要添加链接而没实现的内容或图片；

☆ 网站中是否有死链接；

☆ 单击链接是否可进入相应的页面或实现相应的功能操作；

☆ 文章信息类内容通常用新开窗口方式打开；

☆ 顶部、底部导航通常采取在本页打开的方式。

4．搜索测试

网站的搜索测试通常包括以下测试项：

☆ 搜索按钮功能是否实现；

☆ 搜索网站中存在的信息，能否正确搜索出结果；

☆ 输入特殊字符，是否有报错功能；

☆ 搜索结果页面是否与其他页面风格一致；

☆ 在输入域输入空格执行搜索操作，是否会报错；

☆ 在本站内的搜索输入域中不输入任何内容，搜索出的是否是全部信息或者给予提示信息；

☆ 将焦点放置搜索框中，搜索框内容是否被清空；

☆ 搜索输入域是否实现了 Enter 键监听事件。

5．表单测试

网站表单测试通常包括以下测试项：

☆ 注册、登录功能是否实现；

☆ 提交、重置按钮功能是否实现；

☆ 提交表单时是否对数据进行可用性验证；

☆ 提交的数据是否能被正确写入到数据库；

☆ 提交表单以执行写入、修改、删除等操作时是否有提示信息；

☆ 提示、警告或错误说明信息是否清楚、明了、恰当；

☆ 在浏览器进行前进、后退、刷新等页面操作时是否会造成页面报错。

6．输入域测试

网站的输入域测试通常包括以下测试项：

☆ 对于手机、邮箱、证件号等输入内容是否有长度、类型等的控制；

☆ 输入特殊字符是否会报错；

☆ 是否对必填项进行控制，是否有相应的提示信息；

☆ 输入非数据表中规定的数据类型的字符，是否有友好的提示信息；

☆ 对于非法操作是否有警告信息。

7．分页测试

网站分页测试通常包括以下测试项：

☆ 分页标签样式是否一致；

☆ 分页的总页数及当前页数显示是否正确；

☆ 分页导航是否正常，单击控制标签是否正确跳转到指定的页数。

8．交互性数据测试

网站的交互性数据测试通常包括以下测试项：

☆ 前台的数据操作是否对后台产生相应正确的影响；

☆ 前后台数据交互是否实现；

☆ 数据传递是否正确；

☆ 前后台大数据量信息传递时，数据是否丢失；

☆ 多用户交流时，用户信息控制是否严谨；

☆ 用户的权限是否随着授权而变化。

9．安全性测试

网站的安全性测试通常包括以下测试项：

☆ 网站后台页面是否有访问用户的合法性验证；

☆ 网站是否有超时的限制；

☆ 当使用了安全套接字时，加密是否正确，数据是否完整；

☆ 网站是否有非法字符过滤功能；

☆ 网站是否有防注入功能。

10．网站兼容性测试

浏览器兼容性问题又被称为网页兼容性或网站兼容性问题，它是指网页在各种不同浏览器上的显示效果可能不一致而产生浏览器和网页间的兼容问题。因为不同浏览器使用的内核、对 Web 标准支持程度以及用户客户端的环境不同，所产生的显示效果也不同。网站兼容性测试，主要是测试网站页面是否兼容主流浏览器，常见的测试项如下：

☆ 页面布局是否兼容；

☆ 页面版位的位置是否兼容；

☆ 页面版位的尺寸是否兼容；

☆ 页面字体、图片等页面元素是否兼容；

☆ 页面的编码是否兼容；

☆ 网站功能操作是否兼容。

18.1.2 域名

1．域名定义

域名是由一串用点分隔的名字组成的 Internet 上某一台计算机或计算机组的名称，用于在数据传输时标识计算机的电子方位（有时也指地理位置，地理上的域名，指带有行政自主权的一个地方区域）。域名是一个 IP 地址的“面具”，它是一组为了便于记忆和沟通的服务器的地址。

Internet 域名是 Internet 上的一个服务器或一个网络系统的名字。在全球范围内没有重复的域名，它以若干个英文字母和数字组成，由“.”分隔成几部分，如 hzcollege.com 就是一个域名。域名已成为 Internet 文化的组成部分，它被誉为“企业的网上商标”，没有一家企业不重视自己产品的标识——商标，而域名的重要性和其价值，也已被全世界的企业所认识。

通俗地说，域名就相当于一个家庭房屋的门牌号码，别人通过这个号码可以很容易找到要找的房屋里的人。

2．域名解析

域名和网址并不是一回事，域名注册好之后，只说明对这个域名拥有了使用权，如果不进行域名解析，那么这个域名就不能发挥它的作用。经过解析的域名可以用来作为电子邮箱的后缀，也可以用来作为网址访问自己的网站，因此域名投入使用的必备环节是“域名解析”。域名是为了方便记忆而专门建立的一套地址转换系统，要访问一台互联网上的服务器，最终还必须通过 IP 地址来实现，域名解析就是将域名重新转换为 IP 地址的过程。一个域名只能对应一个 IP 地址，而多个域名可以同时被解析到一个 IP 地址。人们习惯记忆域名，但机器间互相只认 IP 地址，域名与 IP 地址之间是一一对应的，它们之间的转换工作称为域名解析。域名解析需要由专门的域名解析服务器（DNS）来完成，整个过程是自动进行的。比如，一个域名为实现 HTTP 服务，如果想看到这个网站，要进行解析，首先在域名注册商那里通过专门的 DNS 服务器解析到一个 Web 服务器的一个固定 IP 上，然后通过 Web 服务器来接收这个域名，把这个域名映射到这台服务器上。那么，输入这个域名就可以实现访问网站内容了，即实现了域名解析的全过程。

3．域名解析类型

在做域名解析之前，首先要熟悉域名解析类型及其含义，下面为读者介绍常见的域名解析类型。

（1）A 记录。

A 记录又称 IP 指向，用户可以在此设置子域名并指向自己的目标主机地址，从而实现通过域名找到服务器进而找到相应网页的功能。

说明：指向的目标主机地址类型只能使用 IP 地址。

（2）CNAME 记录。

CNAME 记录通常称别名指向，别名是为一个主机设置的名称，相当于用子域名来代替 IP 地址。其优点是，如果 IP 地址发生变化，则只需要改动子域名的解析，而不需要逐一改变 IP 地址解析。

说明：

☆ CNAME 的目标主机地址只能使用主机名，不能使用 IP 地址；

☆ 主机名前不能有任何其他前缀，例如，http://等是不被允许的；

☆ A 记录优先于 CNAME 记录，即如果一个主机地址同时存在 A 记录和 CNAME 记录，则 CNAME 记录不生效。

（3）MX 记录。

MX 记录是指邮件交换记录，用于将以该域名结尾的电子邮件指向对应的邮件服务器从而进行处理。例如，用户所用的邮件是以域名 mydomain.com 结尾的，则需要在管理界面中添加该域名的 MX 记录来处理所有以@mydomain.com 结尾的邮件。

说明：

☆ MX 记录可以使用主机名或 IP 地址；

☆ MX 记录可以通过设置优先级实现主、辅服务器设置，“优先级”中的数字越小，表示级别越高，也可以使用相同优先级达到负载均衡的目的。

（4）NS（Name Server）记录。

NS 记录是指域名服务器记录，用来表明由哪台服务器对该域名进行解析。在注册域名时，总有默认的 DNS 服务器，每个注册的域名都是由一个 DNS 域名服务器来进行解析的。DNS 服务器 NS 记录的地址一般以如下的形式出现：

- ns1.domain.com；
- ns2.domain.com。

说明：

☆ “IP 地址/主机名”中既可以填写 IP 地址，也可以填写类似 ns.mydomain.com 这样的主机地址，但必须保证该主机地址有效。如将 news.mydomain.com 的 NS 记录指向 ns.mydomain.com，在设置 NS 记录的同时还需要设置 ns.mydomain.com 的指向，否则 NS 记录将无法正常解析。

☆ NS 记录优先于 A 记录，即如果一个主机地址同时存在 NS 记录和 A 记录，则 A 记录不生效，这里的 NS 记录只对子域名生效。

18.1.3 虚拟主机

1. 什么是虚拟主机

虚拟主机，俗称“网站空间”，就是把一台运行在互联网上的物理服务器划分成多个“虚拟”服务器，是对互联网服务器采用节省服务器硬件成本的技术。虚拟主机技术主要应用于 HTTP（Hypertext Transfer Protocol，超文本传输协议）服务，将一台服务器的某项或者全部服务内容逻辑划分为多个服务单位，对外表现为多个服务器，从而充分利用服务器的硬件资源。

虚拟主机是使用特殊的软硬件技术，把一台真实的物理服务器主机分割成多个逻辑存储单元。每个逻辑单元都没有物理实体，但是每一个逻辑单元都能像真实的物理主机一样在网络上工作，具有单独的 IP 地址（或共享的 IP 地址）、独立的域名以及完整的 Internet 服务器（支持 WWW、FTP、E-mail 等）功能。

虚拟主机的关键技术在于，即使在同一硬件、同一操作系统上运行着为多个用户打开的不同的服务器程序，也互不干扰。各个用户拥有自己的一部分系统资源（IP 地址、文档存储空间、内存、CPU 等）。各个虚拟主机之间完全独立，在外界看来，每一台虚拟主机和一台单独的主机的表现完全相同，所以这种被虚拟化的逻辑主机被形象地称为“虚拟主机”。

2．选择虚拟主机注意事项

在选择虚拟主机时，可以从以下几个方面去衡量虚拟主机的质量：

☆ 稳定和速度；

☆ 均衡负载；

☆ 提供在线管理功能；

☆ 数据安全；

☆ 完善的售后和技术支持；

☆ IIS 限制数量；

☆ 月流量。

3．虚拟主机的分类

☆ 根据建站程序可以分为 ASP 虚拟主机、.net 虚拟主机、JSP 虚拟主机、PHP 虚拟主机等。

☆ 根据连接线路可以分为单线虚拟主机、双线虚拟主机、多线 BGP 虚拟主机、集群虚拟主机。

☆ 根据位置分布可以分为国内虚拟主机和国外虚拟主机等。

☆ 根据操作系统可以分为 Windows 虚拟主机和 Linux 虚拟主机。

18.1.4 网站备案

网站备案是指向主管机关报告事由存案以备查考。从行政法角度来看备案，实践中主要是遵循《立法法》和《法规规章备案条例》的规定。网站备案的目的就是为了防止在网上从事非法的网站经营活动，打击不良互联网信息的传播。如果网站不备案的话，很有可能被查处后关停。

1．概述

网站备案是根据国家法律法规的规定，需要网站所有者向国家有关部门申请的备案，主要有 ICP 备案和公安局备案。非经营性网站备案（Internet Content Provider Registration Record），是指中华人民共和国境内信息服务互联网站所需进行的备案登记作业。2005 年 2 月 8 日，信息产业部发布了《非经营性互联网信息服务备案管理办法》，并于 3 月 20 日正式实施。该办法要求从事非经营性互联网信息服务的网站进行备案登记，否则将予以关站、罚款等处理。为配合这一需要，信息产业部建立了备案工作网站，接受符合办法规定的网站负责人的备案登记。

2．概念辨析

网站备案是域名备案还是空间备案？

用一句话概括就是，域名如果指到国内网站空间就要备案。也就是说，如果这个域名只是纯粹注册下来，用作投资或者暂时不用，是无须备案的。域名指到国外网站空间，也是无须备案的。

2013 年 10 月 30 日，所有新注册的.cn/.中国/.公司/.网络域名，将不再设置 ClientHold 暂停解析状态。对已设置展示页的域名发布交易、PUSH 过户、域名信息变更、取消展示页、修改 DNS 解析等操作，域名将不再加上 ClientHold 状态。但要解除 ClientHold 的域名，仍需备案通过才可以进行解析。

3．网站备案、ICP备案和域名备案的区别

网站备案就是ICP备案，两者是没有本质区别的，即为网站申请ICP备案号，最终的目的就是给网站域名备案。网站备案和域名备案在本质上也没有区别，都是需要给网站申请ICP备案号。网站的备案是基于空间IP地址的，域名若要访问空间，则必须能够解析一个IP地址。网站备案指的就是空间备案，域名备案就是对能够解析这个空间的所有域名进行备案。

4．服务分类

互联网信息服务可分为经营性信息服务和非经营性信息服务两类。

经营性信息服务，是指通过互联网向上网用户有偿提供信息或者网页制作等服务活动。凡从事经营性信息服务业务的企事业单位，都应当向省、自治区、直辖市通信管理机构或者国务院信息产业主管部门申请办理互联网信息服务增值电信业务经营许可证。申请人取得经营许可证后，应当持经营许可证向企业登记机关办理登记手续。

非经营性互联网信息服务，是指通过互联网向上网用户无偿提供具有公开性、共享性信息的服务活动。凡从事非经营性互联网信息服务的企事业单位，都应当向省、自治区、直辖市通信管理机构或者国务院信息产业主管部门申请办理备案手续。非经营性互联网信息服务提供者不得从事有偿服务。

5．网站备案

（1）备案方式。

公安局备案一般按照各地公安机关指定的地点和方式进行。ICP备案可以自主选择通过官方备案网站在线备案或者通过当地通信部门来进行。

（2）注意事项。

☆ 通信地址要详细，能够找到该网站主办者（若无具体门牌号，可在备案信息中备注说明“该地址已为最详，能通过该地址找到网站主办者”）。

☆ 证件地址要详细，按照网站主办者证件上的注册地址填写（若无具体门牌号，可在备案信息中备注说明“该地址按照证件上注册地址填写，已为最详”）。

☆ 网络购物、WAP、即时通信、网络广告、搜索引擎、网络游戏、电子邮箱、有偿信息、短信彩信服务为经营性质，需在当地通信管理局办理增值电信业务许可证后报备以上网站，非经营性主办者勿随意报备。

☆ 综合门户为企业性质，网站主办者应以企业名义报备。个人只能报备个人性质网站。

☆ 博客、BBS等电子公告，通信管理局没有得到上级主管部门的明确文件时，暂不受理，勿随意选择以上服务内容。

☆ 网站名称不能为域名、英文、姓名、数字。网站名称不能在3个字以下。

☆ 网站主办者为个人的，不能开办以“国字号”“行政区域规划地理名称”和“省会”命名的网站，如“中国XX网”“广东XX网”“惠州XX网”等。

☆ 网站主办者为企业的，不能开办以“国字号”命名的网站，如“中国XX网”。且报备的公司名称不能超范围，如公司营业执照上的公司名称为“广州XX网”，则勿报备“广东XX网”。

☆ 网站名称或内容若涉及新闻、文化、出版、教育、医疗保健、药品和医疗器械、广播影视节目等，应提供省级以上部门出示的互联网信息服务前置审批文件，相关主管部门在未看到前置审批批准文件前不再审核以上类型网站的备案申请。

（3）备案所需资料。

单位主办网站，除如实填报备案管理系统要求填写的各备案字段项内容之外，还应提供如下备案材料。

☆ 网站备案信息真实性核验单。

☆ 单位主体资质证件复印件（加盖公章），如工商营业执照、组织机构代码、社团法人证书等。

☆ 单位网站负责人证件复印件，如身份证（首选证件）、户口簿、台胞证、护照等。

☆ 接入服务商现场采集的单位网站负责人照片。

☆ 网站从事新闻、出版、教育、医疗保健、药品和医疗器械、文化、广播电影电视节目等互联网信息服务，应提供相关主管部门审核同意的文件复印件（加盖公章）；网站从事电子公告服务的，应提供专项许可文件复印件（加盖公章）。

☆ 单位主体负责人证件复印件，如身份证、户口簿、台胞证、护照等。

☆ 网站所使用的独立域名注册证书复印件（加盖公章）。

个人主办网站，除如实填报备案管理系统要求填写的各备案字段项内容之外，还应提供如下备案材料。

☆ 网站备案信息真实性核验单。

☆ 个人身份证件复印件，如身份证（首选证件）、户口簿、台胞证、护照等。

☆ 接入服务商现场采集的个人照片。

☆ 网站从事新闻、出版、教育、医疗保健、药品和医疗器械、文化、广播电影电视节目等互联网信息服务，应提供相关主管部门审核通过的文件（加盖公章）；网站从事电子公告服务的，应提供专项许可文件（加盖公章）。

☆ 网站所使用的独立域名注册证书复印件。

（4）ICP 报备流程。

ICP 信息报备流程如图 18-1 所示。

ICP 信息报备流程如下。

第一步，网站主办者登录接入服务商企业侧系统。

网站主办者进行网站备案时有 3 种供选择的登录方式。

方式一：网站主办者登录部级系统，通过主页面的“自行备案导航”栏目获取为网站提供接入服务的企业名单（只能选择一个接入服务商），并进入企业侧备案系统办理网站备案业务。

方式二：网站主办者登录住址所在地省（市）通信管理局系统，通过主页面的“自行备案导航”栏目获取为网站提供接入服务的企业名单（只能选择一个接入服务商），并进入企业侧备案系统办理网站备案业务。

方式三：网站主办者直接登录到接入服务商的企业侧系统，推荐使用此种方式。

第二步，网站主办者登录到接入服务商企业侧系统自主报备信息或由接入服务商代为提交信息。

网站主办者登录到企业侧系统，进行注册用户，填写备案信息，接入服务商校验所填信息，并将结果反馈给网站主办者。

网站主办者委托接入服务商代为报备网站的全部备案信息并核实信息真伪，接入服务商核实备案信息，并将备案信息提交到省通信管理局系统。

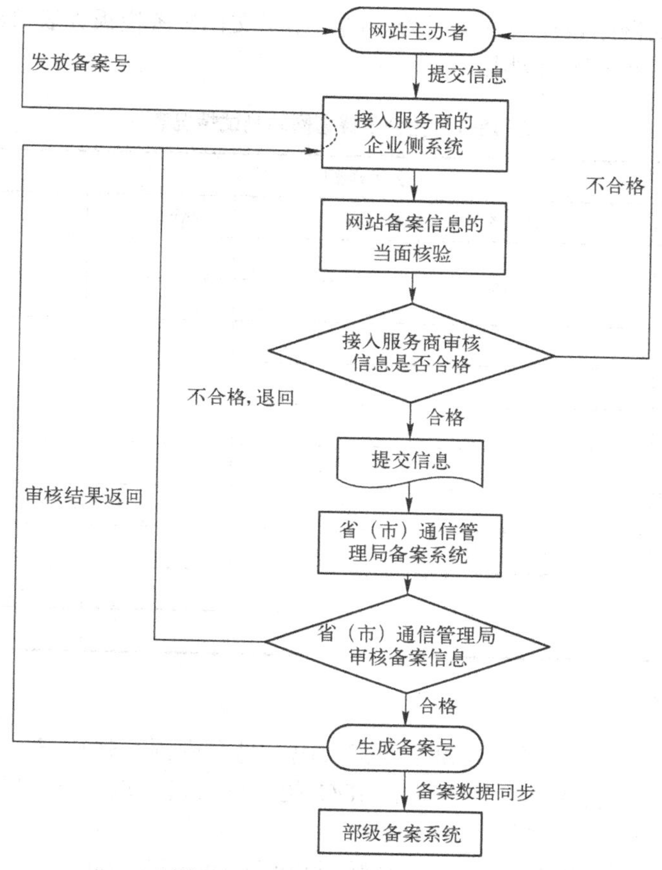

图 18-1　ICP 信息报备流程图

第三步，接入服务商核实备案信息流程。

接入服务商对网站主办者提交的备案信息进行当面核验：当面采集网站负责人照片；依据网站主办者证件信息核验，并提交至接入服务商系统的备案信息；填写“网站备案信息真实性核验单”。如果备案信息无误，接入服务商提交给省（市）通信管理局审核；如果信息有误，接入者在备注栏中注明错误信息提示后退回给网站主办者进行修改。

第四步，网站主办者所在地的省（市）通信管理局审核备案信息流程。

网站主办者所在的省（市）通信管理局对备案信息进行审核，若审核不通过，则退回企业侧系统由接入服务商修改；若审核通过，生成的备案号、备案密码（并发往网站主办者邮箱）和备案信息上传至部级系统，并同时下发到企业侧系统，接入服务商将备案号告知网站主办者。

18.2　任务实现

18.2.1　测试网站

通过前后台整合，整套网站已基本被设计及开发出来了。接着要对整个网站进行测试，测试没问题才进入网站发布环节。如果测试中存在问题，将继续修改直至问题解决为止。

根据编者多年的网站设计与开发经验，测试结果文档参考模板如表 18-1 所示。具体的测试用例和测试情况不再详细列出。

表 18-1　花公子蜂蜜网站测试情况表

花公子蜂蜜网站测试				
测试流程	存在的问题及问题描述	测试结果	测试人员	测试日期
流程测试				
UI 测试				
链接测试				
搜索测试				
表单测试				
输入域测试				
分页测试				
交互性数据测试				
安全性测试				
网站兼容性测试				

18.2.2　注册域名

读者在选择域名提供商时，建议在西部数码、易名中国、阿里云、新网等著名的 IDC 提供商处注册域名，当然价格会比普通的 IDC 提供商要贵一点。下面以广州一代数据中心（域名服务提供商）为例，介绍如何注册域名。

第一步，进入广州一代数据中心官方网站 http://www.gzidc.com/。

第二步，注册成为会员。

第三步，使用第二步注册的会员信息，登录广州一代数据中心官方网站。

第四步，单击导航栏上的“域名注册”标签，并在域名输入框中输入域名，单击“查询”按钮。若域名未被注册，就可以使用该域名。下面以域名 gudaochaxiang.com 为例进行注册，具体操作步骤如下。

步骤一：输入要注册的域名进行查询，如图 18-2 所示。

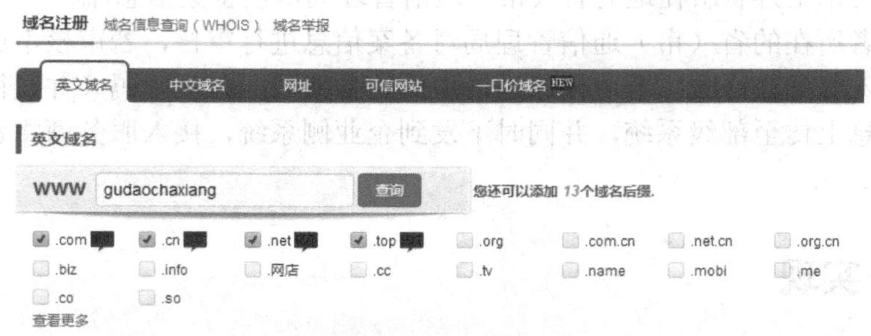

图 18-2　查询域名

步骤二：单击“查询”按钮，此时返回查询结果，从结果中可知该域名未被注册，如图 18-3 所示。

图 18-3　域名查询结果

步骤三：勾选“选择此域名”复选框，并单击“确定购买”按钮，如图 18-4 所示。

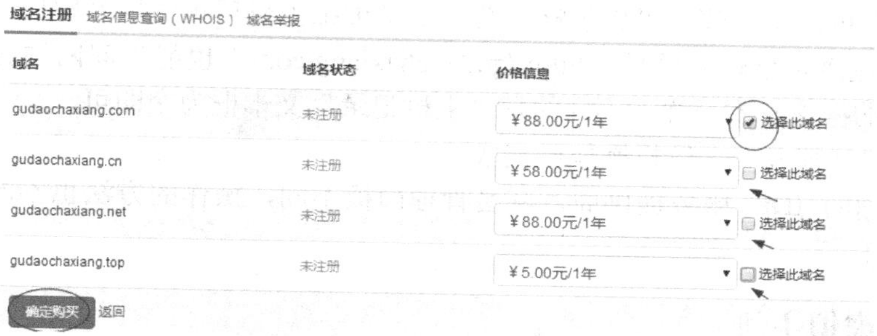

域名注册 域名信息查询（WHOIS） 域名举报

域名	域名状态	价格信息	
gudaochaxiang.com	未注册	¥88.00元/1年	选择此域名
gudaochaxiang.cn	未注册	¥58.00元/1年	选择此域名
gudaochaxiang.net	未注册	¥88.00元/1年	选择此域名
gudaochaxiang.top	未注册	¥5.00元/1年	选择此域名

确定购买　返回

图 18-4　选择注册的域名

步骤四：在进入的购买页面中填写相关信息，包括注册人信息、管理者信息、技术人员信息、付费人信息，填写完成后，选择“同意购买协议”，接着单击“加入购物车”按钮，该购买订单就产生了，然后进入付款环节，付款成功就意味着域名注册成功了。来到会员中心，单击“我的产品”，然后单击“域名”，就可以看到注册的域名，如图 18-5 所示。

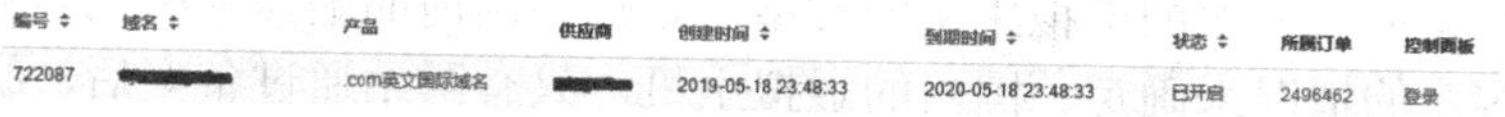

编号	域名	产品	供应商	创建时间	到期时间	状态	所属订单	控制面板
722087		.com英文国际域名		2019-05-18 23:48:33	2020-05-18 23:48:33	已开启	2496462	登录

图 18-5　域名注册成功

步骤五：单击“登录”按钮，进入到控制面板，就可以看到域名的基本信息，如图 18-6 所示。

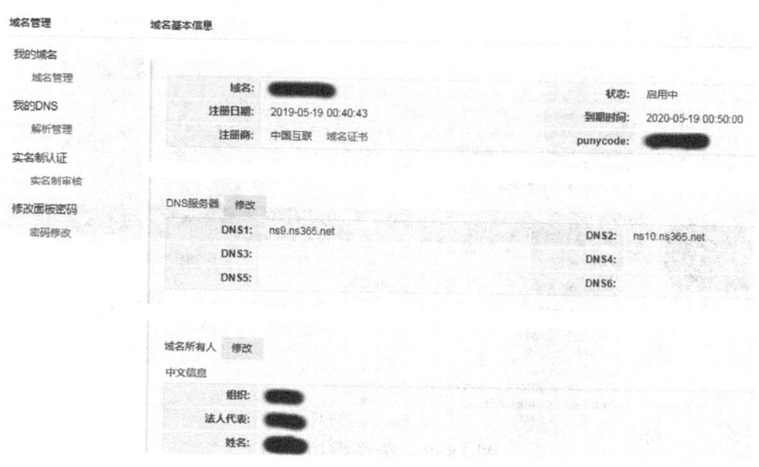

图 18-6　域名基本信息

步骤六：单击图 18-6 中左侧的“解析管理”，进入域名解析页面，然后单击“添加记录”按钮进入添加记录页面，如图 18-7 所示。

图 18-7　添加域名解析记录页面

在图 18-7 中，主机记录填写“www”,记录类型选择“A”，记录值为所购买虚拟主机的 IP 地址，MX 优先级可以不填，然后单击“保存”按钮，就成功添加了一条 A 记录。该记录生效后，就可以在浏览器输入网址“http://www.gudaochaxiang.com”来访问网站了。注意：若还没有虚拟主机，本步骤可以先忽略，待购买了虚拟主机后再做域名解析。继续添加一条 A 记录，使得在浏览器输入网址“http://gudaochaxiang.com”也能访问网站。其操作与添加前一条 A 记录的操作基本一样，不同的是“主机记录”文本框为空即可。

至此，域名注册及域名解析操作已完成。

注意：不同的 IDC 服务提供商，域名管理面板不同，操作的方法也不同，但是要实现的最终目的一样。

18.2.3　购买虚拟主机

读者在购买虚拟主机时，建议选择西部数码、易名中国、阿里云、新网、广州新一代数据中心等著名的虚拟主机提供商。下面以广州新一代数据中心为例介绍如何购买虚拟主机及注意事项。

登录新一代数据中心网站，并进入虚拟主机页面。下面为读者介绍购买虚拟主机的过程，具体的操作步骤如下。

步骤一：确定所要购买的虚拟主机的类型。是购买国内的虚拟主机还是购买国外的虚拟主机，要根据客户的情况来确定。国内的虚拟主机，只有网站通过备案后，绑定的域名才生效；国外的虚拟主机开通后可以直接使用，不需要进行网站备案。图 18-8 中购买的虚拟主机，先选择“基础型空间”，然后选择“飓风 2(S)”，最后选择国内线路。

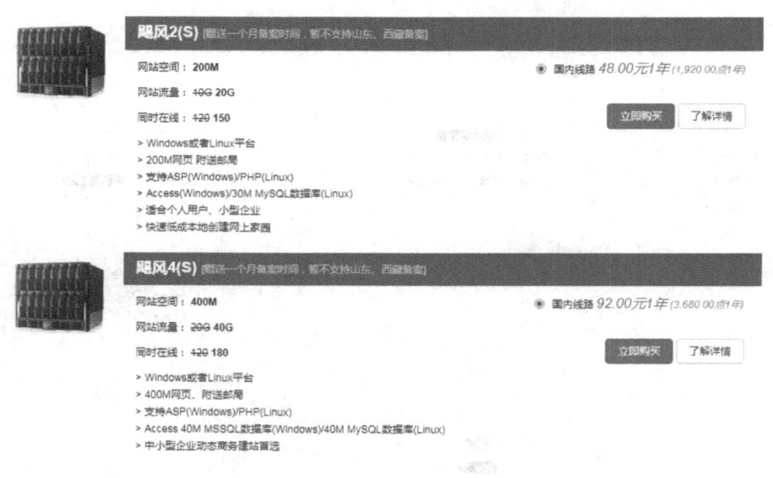

图 18-8　选择虚拟主机

步骤二：单击“立即购买”按钮，将进入购买付款环节。在该环节中应注意，网站的开发语言是 PHP，因此在选择主机类型的时候，应选择 PHP 类型的主机，如图 18-9 所示。付款成功后，虚拟主机就成功购买了。

虚拟主机

产品名称	飓风2s型（单线）买2年送1年 NEW
选择购买时限	240.00元/1年　480.00元/2年　9,600.00点/1年　19,200.00点/2年
绑定域名 *	请不要加'www'前缀, 我们在建站时会自动为您绑定www子域名
主机类型 *	PHP5主机　ASP主机
线路 *	电信单线
管理帐号	webmaster@yourdomain
管理密码	系统自动生成
购买协议	我已经阅读, 理解并接受 购买协议
	确定购买

图 18-9　选择虚拟主机类型

步骤三：进入会员中心，单击左侧的“我的产品”，单击“主机”，就可以看到已购买的主机列表，如图 18-10 所示。

899885		飓风2s型（单线）	2019-05-17 19:27:36	2022-05-17 19:27:36	已开启	2290701	登录

图 18-10　主机列表

步骤四：单击“登录”按钮，进入主机控制面板，单击左侧的“网站基础环境配置”下的“主机域名绑定”，此时的页面如图 18-11 所示。

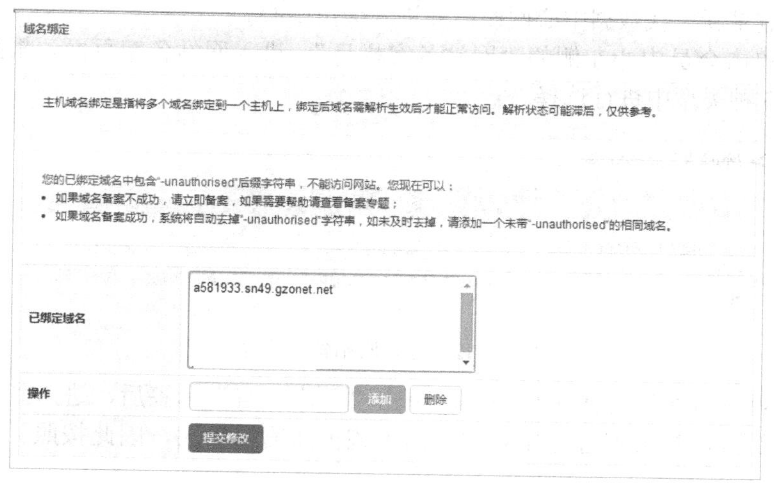

图 18-11　域名绑定页面

在“操作”文本框中分别输入“www.gudaochaxiang.com”和“gudaochaxiang.com”后单击“添加”按钮进行添加，最后单击“提交修改”按钮，完成域名的绑定操作。注意：若未注册域名，应在注册好域名后再进行该步骤的操作。

至此，购买虚拟主机及绑定域名的操作已完成。

注意：不同的虚拟主机提供商，其购买虚拟主机的流程和虚拟主机管理面板不同，但最终的目的一样，即购买虚拟主机，并做好域名绑定操作。

18.2.4 上传花公子蜂蜜网站源文件

虚拟主机购买好后，接下来就可以把本地数据库数据及网站的源文件上传到虚拟主机上了，具体操作步骤如下。

步骤一：导出该网站数据库的 SQL 文件（可使用第三方工具来实现），并使用记事本将其打开，然后查找/web/admin/，并替换成/admin/。因为在本地端，整个网站的源文件是放在根目录（www 文件夹）下的 web 文件夹中，但上传到虚拟主机后，网站的源文件是放在根目录下的，因此需要更改后台上传的图片及相关文件的路径。

步骤二：在虚拟主机管理面板中，创建 MySQL 数据库，并把相关的数据库信息（数据库服务器的 IP 地址、用户名、密码、数据库名称）更新到目录“web/public/”下的 conn.php 文件。

步骤三：利用第三方工具（如 Navicat）或虚拟主机控制面板提供的 MySQL 数据管理工具（通常为 phpMyadmin）连接步骤二所创建的数据库，然后执行导入 SQL 文件操作。此时，网站数据库信息已部署到远程 MySQL 服务器上了。

步骤四：利用 FTP 工具，把 web 目录下的所有文件上传至虚拟主机。此时，整个网站已部署到远程服务器上了。

18.2.5 填报网站备案信息

网站备案是指向主管机关报告事由存案以备查考，下面以新一代数据中心为例讲授如何进行网站备案信息填报，详细的操作步骤如下。

步骤一：登录新一代数据中心网站，并进入会员中心。

步骤二：单击会员中心左侧的“网站备案栏目”，进入网站备案页面，根据实际情况在图 18-12 所示 3 种类型中进行选择。

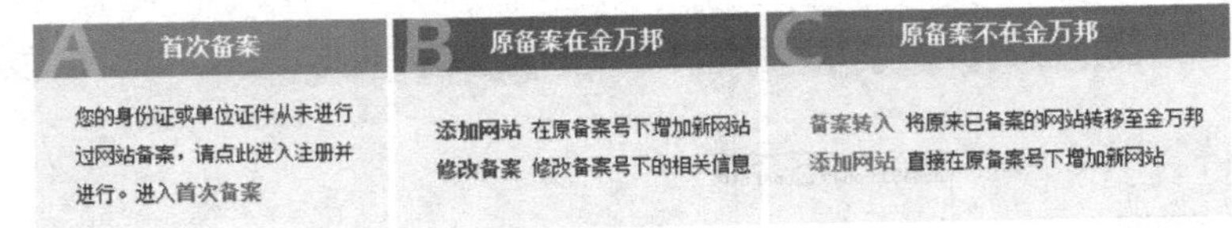

图 18-12 选择网站备案情况

下面以“首次备案”为例进行操作。单击“首次备案”标签后，进入到备案信息输入页面。该页面是按信息类别进行排列的，由于该页面篇幅较大，因此按照类别由上到下进行填写。

ICP 备案主体信息编辑界面如图 18-13 所示。

主办单位负责人基本情况编辑界面如图 18-14 所示。

主办单位相关证件上传编辑界面如图 18-15 所示。

ICP备案主体信息	
主办单位名称*	
主办单位性质*	企业 ▾ 注意：网站内容为企业网站不能使用个人性质来备案
主办单位有效证件类型*	工商营业执照号码 ▾
主办单位有效证件号码*	注意：企业网站主办单位有效证件号码**不能填个人身份证号** 组织机构代码证 8位数字字母-1位数字或1个字母，如0011231231-1。
主办单位有效证件住所*	
投资者或上级主管单位*	注意：1.没有上级主管单位请填写跟主办单位名称一样 2.不能包含工商局,卫生局。
主办单位所在省 / 市 / 县*	北京市 ▾ 市辖区 ▾ 东城区 ▾
主办单位详细通信地址*	北京市东城区 请精确填写到门牌号,填写完后请认真检查

图 18-13　ICP 备案主体信息编辑界面

主办单位负责人基本情况	
姓名*	
有效证件类型*	身份证 ▾
负责人有效证件号码*	身份证15位或18位，全部为数字或最后一位为X（x）。 台胞证10位
办公电话*	国家代码-区号-电话号码，如：086-010-82998299（国家代码和区号前的0请填写完整） 注意：主办单位性质为"个人"时可不填写
中国移动手机号码	* "移动手机号码"与"联通手机号码"至少要填写一项
手机号码特别提醒	请如实填写登记的联系人本人的手机号码，若手机号码填写非本人，视为备案信息虚假，将会注销备案号。
中国联通（或中国电信）手机号码	* "移动手机号码"与"联通手机号码"至少要填写一项 手机号码 必填 必须以130至139、150至159、180至189开头,11位数字组成。 若有两个不同的手机号码,建议移动、联通的号码都填写,以便备案核查。
电子邮箱*	

图 18-14　主办单位负责人基本情况编辑界面

主办单位相关证件上传（只允许.jpg文件上传，大小在200KB以内）	
主办单位有效证件原件扫描件上传（**企业备案请上传营业执照带有年检页的副本扫描件**）*	浏览... 必须对应"主办单位有效证件号码"
主办单位负责人有效证件原件扫描件上传（身份证）*	正面： 浏览.. 反面： 浏览.. 备注： 必须对应"主办单位负责人 有效证件号码"
主办单位负责人法人授权书扫描件上传	浏览... 《法人授权书下载》
网站备案信息真实性核验单扫描件上传*	浏览... 《网站备案信息真实性核验单下载（企业模板）》（在最下方的网站负 《广东《网站备案信息真实性核验单》模板（个人网站）》（主办单位所
负责人现场拍照相片扫描件上传*	浏览... 《备案拍照背景JPG图下载》《备案拍照图范例PSD下载》

图 18-15　主办单位相关证件上传编辑界面

网站信息编辑界面如图 18-16 所示。

网站名称*	⊗ 网站名称不
网站首页网址*	不加http://，在域名列表中要存在，不能超过255个字符，需要加www，多
网站域名列表*	填写网站的主域名，不加www。每行一个域名。
网站语言类型* （请根据网站发布的内容实际选择）	☑中文简体 ☐中文繁体 ☐维吾尔语 ☐哈萨克语 ☐柯尔克孜语 ☐蒙古语 ☐藏语 ☐壮语 ☐朝鲜语 ☐彝文 ☐苗语 ☐英语 ☐日语 ☐法语 ☐俄罗斯语 ☐西班牙语 ☐阿拉伯语

图 18-16　网站信息编辑界面

若是企业网站备案，网站名称通常按"XXXXXX 公司门户网站"的形式填写。网站负责人基本情况编辑界面如图 18-17 所示。

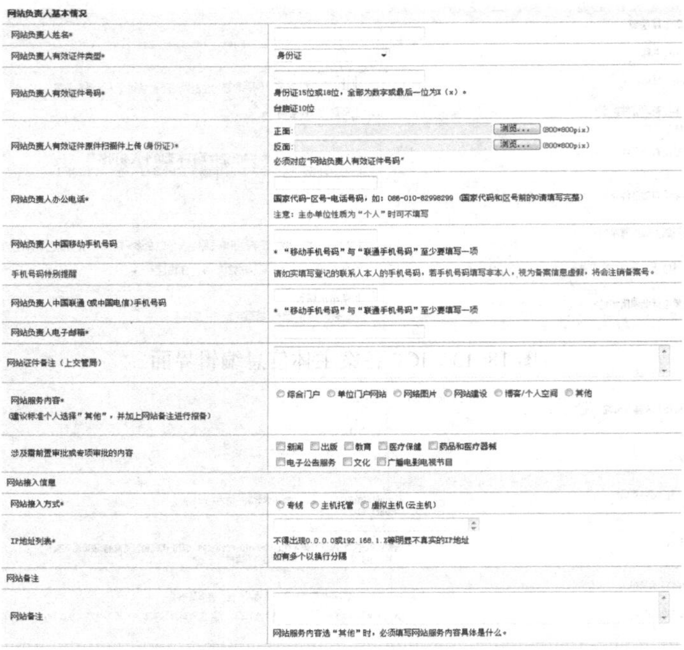

图 18-17　网站负责人基本情况编辑界面

填写完成以上信息后，若有些信息不确定或未填完整，可以单击“保存为草稿”按钮，下次登录后继续填写；若信息已确认无误了，单击“完成 ICP 备案信息填写”按钮即可提交备案申请。

18.3　经验传递

☆ 在网站测试中，通常按照网站栏目或功能模块，融合本项目任务知识准备所介绍的测试内容进行逐项测试；

☆ 购买虚拟主机时，要弄清楚国内虚拟主机与国外虚拟主机的区别；

☆ 在进行网站备案时，应严格按照要求准备材料，备案成功后须把备案号在网站的下方输出。

18.4　知识拓展

FTP 上传工具介绍相关内容可参见本书提供的电子资源中的“电子资源包/任务 18/FTP 上传工具介绍.docx”进行学习。

附　录

本书网站项目搭建所用的知识导图如附图 1-1 所示。

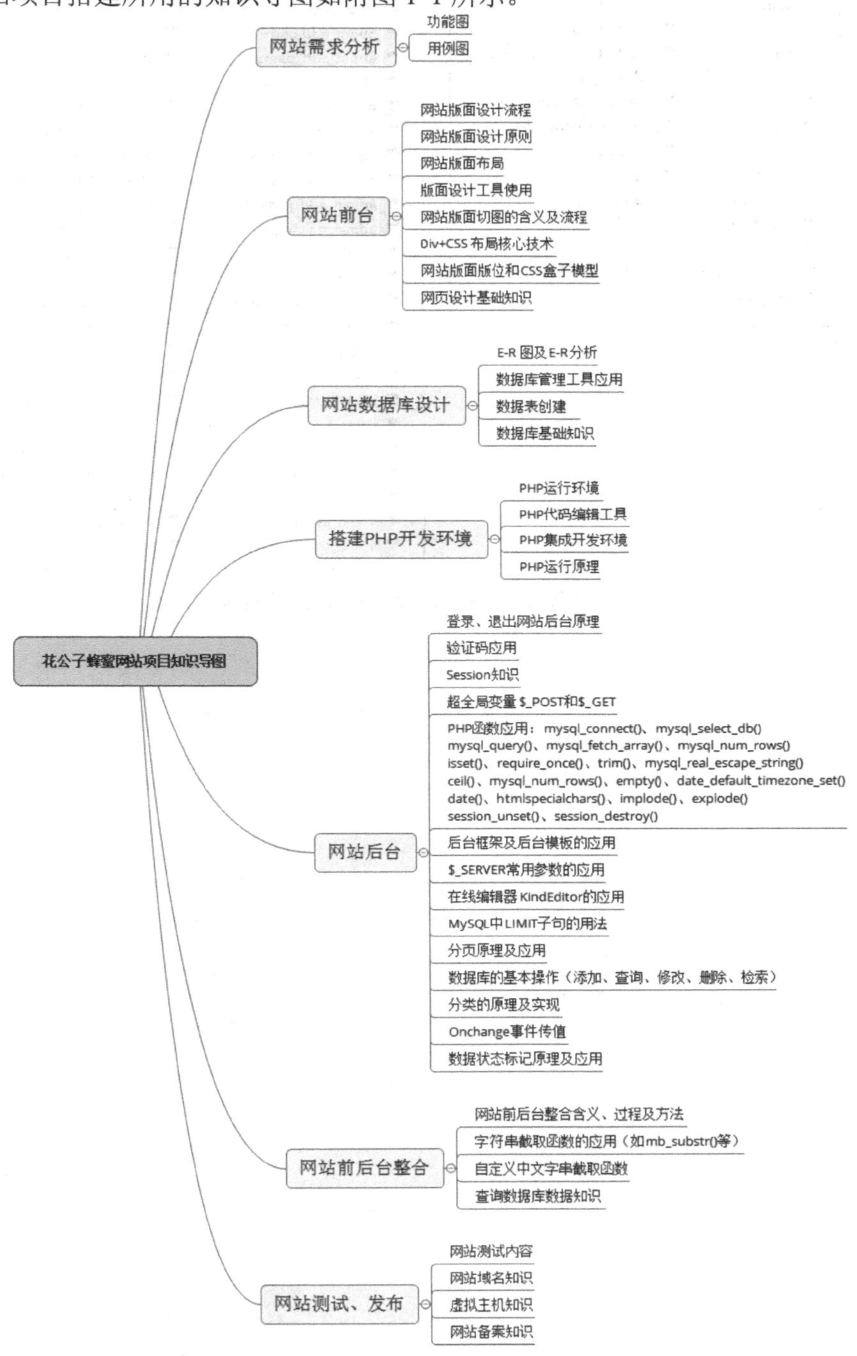

附图 1-1　网站项目知识导图

花公子网站项目文件目录如附图 1-2 所示。

附图 1-2　花公子网站项目文件目录

参 考 文 献

[1] 林龙健，李观金．项目驱动式 PHP 动态网站开发实训教程[M]．北京：清华大学出版社，2017．
[2] 唐俊．PHP+MySQL 网站开发技术项目式教程[M]．北京：人民邮电出版社，2015．
[3] 刘西杰，夏辰．Div+CSS 网页样式与布局从入门到精通[M]．北京：人民邮电出版社，2015．
[4] 传智播客高教产品研发部．PHP 网站开发实例教程[M]．北京：人民邮电出版社，2015．
[5] 盛意文化．网页 UI 设计之道[M]．北京：电子工业出版社，2015．

花公子蜂蜜

服务热线 400-XXXXXXX

首页 关于花公子 新闻动态 产品中心 给我留言 联系我们

关于花公子 | ABOUT US 详细

花公子蜂业科技有限公司成立于2011年，公司注册资金50万元，现已发展成为集科研、生产、经营于一体的蜂产品高新技术企业，公司拥有百花蜜、野蜂蜜、蜂花粉、蜂王浆、蜂胶等系列30多个品种的主营产品。其销售网络遍布全国各地，每年向上百万的消费者提供优质的天然···

新闻动态 | NEWS 更多

- 花公子蜂业喜获老字号优秀企业奖
- 公司派出人员参加广东惠州“互联网+农业”研讨会
- 第三届丝调之路国际食品展
- 花公子蜂业参与e农计划对广东惠东县实施精准扶贫
- 惠州展会倍受青睐
- 花公子参加第九届广东新春年货会
- 广东会员昆明一日游
- 花公子蜂蜜即日起推出买三送一活动

400电话 400-XXXXXXX

xiaomifengwx

访客留言

QQ在线客服

最新蜂蜜 | LATEST PRODUCT 更多

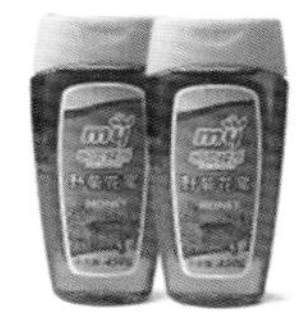

友情链接

花公子天猫旗舰店　花公子蜂业科技有限公司　淘小蜜科技　知网网络科技有限公司　中国蜂蜜网

花公子淘宝店　惠州经济职业技术学院　惠经职院网络技术专业　指尖科技有限公司　惠经论坛

公司地址：广东省惠州市惠城区惠州经济职业技术学院大学生创业园

Copyright ©2019 花公子蜂业科技有限公司 All rights reserved.

联系电话：400-XXXXXXX E-mail:flowerbee@qq.com

备案号：粤ICP备000000号

花公子蜂蜜

服务热线 400-XXXXXXX

首页 关于花公子 新闻动态 产品中心 给我留言 联系我们

新闻类别

 企业新闻

 行内新闻

联系我们

地址：广东省惠州市惠城区

免费热线：400-XXXXXXX

网址：http://www.xxx.com

电子邮箱：huagongzi@163.com

QQ:123456789

微信：xiaomifengwx

您现在的位置：首页>新闻动态

花公子蜂业公司召开2018年工作会	2016-4-21
转载自中华全国供销合作总社:花公子蜂业再获“农业产业化重点龙头企业”	2016-4-21
花公子蜂业率先执行“蜂蜜团体标准”	2016-4-21
花公子芜湖会员乌镇一日游	2016-4-21
花公子蜂业率先执行“蜂蜜团体标准”	2016-4-21
全国蜂业大会在十堰召开 花公子再捧验蜜团体冠军	2016-4-21
花公子小袋蜜荣获北京礼物优秀转化奖	2016-4-21
花公子蜂业科技发展股份公司廊坊生产基地举行开工奠基仪式	2016-4-21
蜂业龙头花公子对接海鲸花	2016-4-21
花公子参加第九届新疆新春年货会	2016-4-21

首页 上一页 1 下一页 尾页

友情链接

花公子天猫旗舰店 花公子淘宝店 花公子蜂业科技有限公司 惠州经济职业技术学院 淘小蜜科技 惠经职院网络技术专业 知网网络科技有限公司 指尖科技有限公司 中国蜂蜜网 惠经论坛

公司地址：广东省惠州市惠城区惠州经济职业技术学院大学生创业园

Copyright ©2019 花公子蜂业科技有限公司 All rights reserved.

联系电话：400-XXXXXXX E-mail:flowerbee@qq.com

备案号：粤ICP备000000号

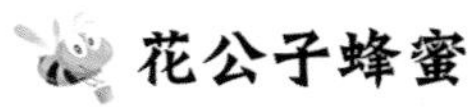

服务热线 400-XXXXXXX

首页 关于花公子 新闻动态 产品中心 给我留言 联系我们

产品类别

- 百花蜜
- 龙眼蜜
- 椴树蜜
- 黄连蜜
- 橙花蜜

联系我们

地址：广东省惠州市惠城区

免费热线：400-XXXXXXX

网址：http://www.xxx.com

电子邮箱：huagongzi@163.com

QQ:123456789

微信：xiaomifengwx

您现在的位置：首页>产品中心

农家野生百花蜜蜂浆60g

百花蜜王浆60g

黄连蜜王浆150g

野菊花蜜蜂浆80g

100%枣花蜜蜂浆60g

枣花蜜王浆60g

野菊花蜜蜂浆80g

优质百花蜜王浆60g

土蜂黄连蜜王浆150g

首页 上一页 1 下一页 尾页

友情链接

花公子天猫旗舰店 花公子淘宝店 花公子科技有限公司 惠州经济职业技术学院 淘小蜜科技 惠经职院网络技术专业 知网网络科技有限公司 指尖科技有限公司 中国蜂蜜网 惠经论坛

公司地址：广东省惠州市惠城区惠州经济职业技术学院大学生创业园

联系电话：400-XXXXXXX E-mail:flowerbee@qq.com

备案号：粤ICP备000000号

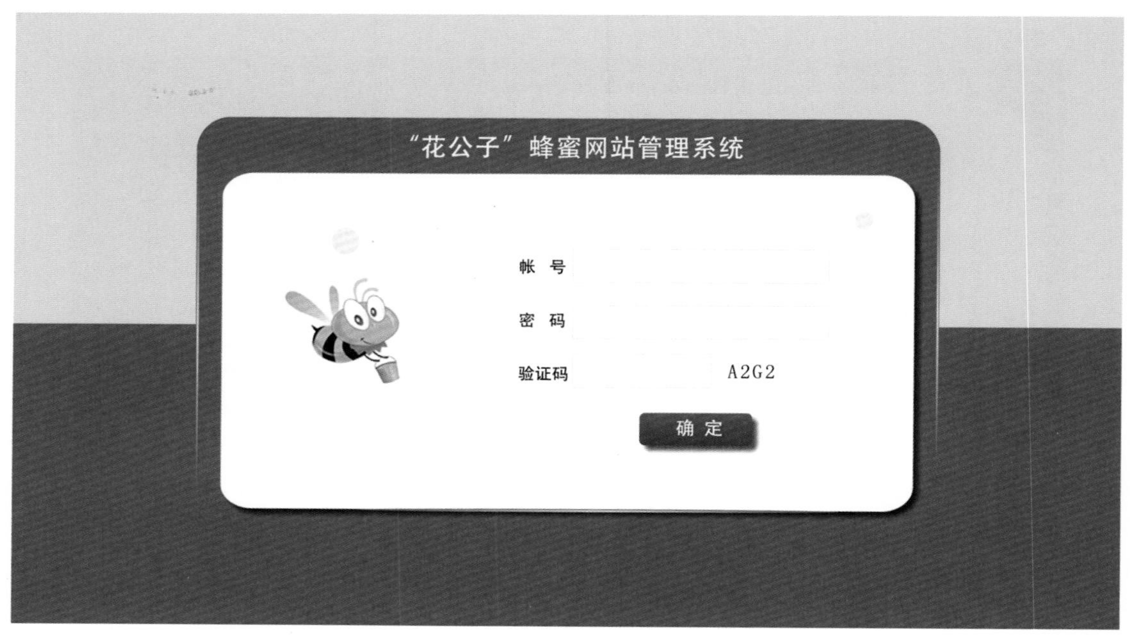

花公子蜂蜜网站后台

当前时间：2019/8/28 下午1:59:35 星期三

当前的用户是：admin

退出

系统首页|网站首页
系统内容管理
网站基本配置
设置网站信息
管理员管理
添加管理员
管理员列表
关于花公子管理
新闻动态管理
产品中心管理
留言管理
友情链接管理
联系我们
退出后台

您现在登录的是花公子蜂蜜后台

提示：

欢迎您登录。

程序说明：

用户名：admin

身份过期：1440

服务器域名：localhost:8081

获取运行方式：apache2handler

服务器端口：8081

ip: ::1

现在时间：19-08-28 01:53:20

脚本解释引擎：Apache/2.4.23 (Win32) OpenSSL/1.0.2j PHP/5.2.17

浏览器版本：Mozilla/5.0 (Windows NT 6.1) AppleWebKit/537.36 (KHTML, like Gecko) Chrome/63.0.3239.132 Safari/537.36

系统类型及版本号：Windows NT WIN-M2BRUHEDC2C 6.1 build 7600

Copyright © 林龙健 2018-2010 All Rights Reserved.